中等职业学校规划教材

U0237680

无机化学基础

曾莉　　赵美丽　　主编
卢秋晓　　主审

化学工业出版社
·北京·

本书涵盖了教育部颁布的中等职业学校工业分析与检验专业的"无机化学教学标准"的全部知识点。介绍了化学基本量的概念、物质结构的基本知识、常见的金属和非金属元素及其化合物、氧化还原反应、化学反应速率与化学平衡、电解质溶液、电化学基础、配合物等。全书共9章，每章后都安排了阅读材料及习题。书中还安排了9个实验和5个综合实验等内容。

　　本书可供中等职业学校的工业分析与检验专业使用，也可作为环境监测类、化学工艺类专业的教材或参考书。

图书在版编目（CIP）数据

　　无机化学基础/曾莉，赵美丽主编．—北京：化学工业出版社，2014.7（2024.8重印）
　　中等职业学校规划教材
　　ISBN 978-7-122-20559-9

　　Ⅰ.①无…　Ⅱ.①曾…②赵…　Ⅲ.①无机化学－中等专业学校－教材　Ⅳ.①O61

　　中国版本图书馆CIP数据核字（2014）第087006号

责任编辑：陈有华　窦　臻　　　　　　　　　文字编辑：糜家铃
责任校对：李　爽　　　　　　　　　　　　　装帧设计：王晓宇

出版发行：化学工业出版社（北京市东城区青年湖南街13号　邮政编码100011）
印　　装：北京虎彩文化传播有限公司
787mm×1092mm　1/16　印张13　彩插1　字数310千字　　2024年8月北京第1版第7次印刷

购书咨询：010-64518888　　　　　　　　　售后服务：010-64518899
网　　址：http://www.cip.com.cn
凡购买本书，如有缺损质量问题，本社销售中心负责调换。

定　　价：29.80元

前 言

FOREWORD

本教材是根据国家中等职业学校示范专业教学改革的需要，从体现中等职业教育培养目标和教育特点出发，根据"石化类中职专业教学标准审定资料——工业分析与检验专业教学标准"编写而成的。

本教材内容以初中化学为基础，覆盖并融合无机化学、基础化学及分析化学等课程的一些基础知识，注重理论与实践紧密结合，列举了很多实例说明无机化学与生产、生活的密切联系，各章都列有学习目标、习题与思考，章后设有阅读材料，介绍一些化学科学家及其他与化学有关的科普知识，安排有一定数量的课堂演示实验和学生实验，无机化学实训项目在本教材中被整合为综合实验内容。

本教材能够满足工业分析专业关于化学基础知识、基本理论、基本运算和基本技能的教学需要。在教材编写中，力求做到通俗易懂、简明精练，做到降低理论部分的难度，突出工业分析专业的职业能力和素质培养。

本教材为中等职业学校工业分析与检验专业的教学用书，也可作为环境监测、化学工艺、精细化工和化学制药等工艺类专业的教学用书。参考教学时数为108～120学时。

本教材由江西省化学工业学校曾莉、赵美丽主编，卢秋晓主审。其中赵美丽编写第1章～第3章；曹秀云编写第4章；付晓风编写第5章、第8章；俞继梅编写第6章、第9章；曾秋莲编写第7章；曾莉编写绪论、综合实验、阅读材料等，并负责全书统稿。本教材在编写过程中，得到了学校领导和老师们的大力支持，特别是得到了其他学校同行们的大力协助，在此深表谢意。

由于编者水平有限，书中难免有疏漏和不妥之处，恳请读者和同行批评指正。

编者

2014年2月

目 录

CONTENTS

绪论 ·· 1

0.1 无机化学的研究对象 ·· 1

0.2 无机化学的地位和作用 ·· 2

0.3 无机化学的学习方法 ·· 3

阅读材料 无机化学发展简史 ·· 4

1 化学基本量和计算 ·· 7

1.1 物质的量 ·· 7

○ 1.1.1 物质的量的引入 ·· 7
○ 1.1.2 物质的量的单位 ·· 7
○ 1.1.3 摩尔质量 ·· 9
○ 1.1.4 有关物质的量的计算 ·· 9

1.2 气体摩尔体积 ·· 10

○ 1.2.1 气体摩尔体积的概念 ·· 10
○ 1.2.2 有关气体摩尔体积的计算 ·· 11

1.3 物质的量浓度 ·· 12

○ 1.3.1 溶液的概念 ·· 12
○ 1.3.2 物质的量浓度 ·· 12
○ 1.3.3 质量分数与物质的量浓度之间的换算 ································ 13
○ 1.3.4 溶液的配制 ·· 14

1.4　化学方程式及计算 ·· 15

○ 1.4.1　化学方程式 ·· 15
○ 1.4.2　根据化学方程式的计算 ····································· 16

阅读材料　人体需要哪些矿物质？ ······················· 17

习题与思考 ··· 18

实验一　化学实验基本操作 ······························· 20

实验二　溶液的配制和稀释 ······························· 23

2　原子结构和化学键 ·· 25

2.1　原子的构成、同位素 ····································· 25

○ 2.1.1　原子的构成 ·· 25
○ 2.1.2　同位素 ··· 26

2.2　原子核外电子的排布 ····································· 27

○ 2.2.1　原子核外电子运动的特征 ·································· 27
○ 2.2.2　原子核外电子的排布 ··· 28

2.3　元素周期律 ··· 30

○ 2.3.1　原子核外电子排布的周期性 ······························ 30
○ 2.3.2　原子半径的周期性变化 ····································· 31
○ 2.3.3　元素主要化合价的周期性变化 ·························· 31
○ 2.3.4　元素化学性质的周期性变化 ······························ 31
○ 2.3.5　元素周期表 ·· 32
○ 2.3.6　元素性质的递变规律 ··· 32
○ 2.3.7　元素周期表的应用 ·· 33

2.4　化学键 ··· 34

○ 2.4.1　离子键 ··· 34
○ 2.4.2　共价键 ··· 34
○ 2.4.3　配位键 ··· 36

2.5 分子间力与晶体 ·······················36

　○ 2.5.1 分子间力 ·······················36
　○ 2.5.2 氢键 ·······························37
　○ 2.5.3 晶体 ·······························38

阅读材料 钻石之谷 ·······················40

习题与思考 ·······························41

3 常见的非金属元素及其化合物 ·······43

3.1 卤素 ·······························43

　○ 3.1.1 氯气 ·······························43
　○ 3.1.2 氯化氢和盐酸 ·······················46
　○ 3.1.3 重要的盐酸盐 ·······················48
　○ 3.1.4 氯的含氧酸及其盐 ·················48
　○ 3.1.5 卤素性质比较 ·······················50
　○ 3.1.6 卤离子的检验 ·······················50

3.2 氧和硫 ·······························51

　○ 3.2.1 氧、臭氧、过氧化氢 ·············51
　○ 3.2.2 硫 ·······························53
　○ 3.2.3 硫化氢 ·······························54
　○ 3.2.4 二氧化硫、亚硫酸及其盐 ·········54
　○ 3.2.5 硫酸及其盐 ·······················54
　○ 3.2.6 硫酸根离子的检验 ·················56

3.3 氮 ·······························56

　○ 3.3.1 氮气 ·······························56
　○ 3.3.2 氨和铵盐 ·······················57
　○ 3.3.3 硝酸及其盐 ·······················58

3.4 碳和硅 ·······························60

　○ 3.4.1 碳及其氧化物 ·······················60

○ 3.4.2 碳酸盐和碳酸氢盐 ··· 60

○ 3.4.3 硅及其化合物 ··· 61

阅读材料 卤素的发现 ··· 62

习题与思考 ··· 64

实验三 卤族元素及其重要化合物的性质 ··· 66

4 常见的金属元素及其化合物 ··· 69

4.1 钠和钠的化合物 ·· 70

○ 4.1.1 钠 ··· 70

○ 4.1.2 钠的重要化合物 ·· 72

○ 4.1.3 焰色反应 ·· 73

4.2 镁、钙和它们的化合物 ··· 74

○ 4.2.1 镁和钙 ··· 74

○ 4.2.2 镁、钙的重要化合物 ·· 75

○ 4.2.3 硬水和软水 ··· 75

4.3 铝和铝的化合物 ·· 77

○ 4.3.1 铝 ··· 77

○ 4.3.2 铝的重要化合物 ·· 78

4.4 其他常见金属及其重要化合物 ·· 78

○ 4.4.1 铬和铬化合物 ·· 78

○ 4.4.2 锰和锰化合物 ·· 80

○ 4.4.3 铁和铁化合物 ·· 81

○ 4.4.4 铜和铜化合物 ·· 82

○ 4.4.5 银和银化合物 ·· 82

○ 4.4.6 锌和锌化合物 ·· 83

○ 4.4.7 汞和汞化合物 ·· 84

阅读材料 微量元素与人体健康 ··· 85

习题与思考 ··· 86

实验四 常见金属及其重要化合物的性质 ··· 88

5 氧化还原反应 ·· 91

5.1 氧化还原反应的基本概念 ····························· 91
○ 5.1.1 氧化还原反应 ·· 91
○ 5.1.2 氧化反应、还原反应 ······························ 92

5.2 氧化剂和还原剂 ···································· 93
○ 5.2.1 氧化剂、还原剂 ···································· 93
○ 5.2.2 常见的氧化剂 ······································ 94
○ 5.2.3 常见的还原剂 ······································ 94

5.3 氧化还原反应方程式的配平 ······················· 94

阅读材料 日常生活中的氧化还原反应 ················· 96

习题与思考 ·· 98

实验五 氧化还原反应 ································· 100

6 化学反应速率与化学平衡 ····························· 102

6.1 化学反应速率 ······································ 102
○ 6.1.1 化学反应速率 ······································ 102
○ 6.1.2 影响化学反应速率的因素 ························· 104

6.2 化学平衡 ·· 107
○ 6.2.1 可逆反应与不可逆反应 ··························· 107
○ 6.2.2 化学平衡 ··· 108
○ 6.2.3 化学平衡常数及计算 ······························ 108

6.3 化学平衡移动 ····································· 110
○ 6.3.1 浓度对化学平衡的影响 ··························· 111
○ 6.3.2 压力对化学平衡的影响 ··························· 112
○ 6.3.3 温度对化学平衡的影响 ··························· 113
○ 6.3.4 勒夏特列原理 ······································ 114

6.4 化学反应速率与化学平衡的综合考虑 ················· 114

阅读材料 神奇的催化剂 ···································· 114

阅读材料 勒夏特列简介 ···································· 115

阅读材料 生活中的化学平衡 ······························ 116

习题与思考 ·· 117

实验六 化学反应速率和化学平衡 ························ 119

7 电解质溶液 ··· 122

7.1 电解质和电离 ·· 122

○ 7.1.1 电解质和非电解质 ································· 122
○ 7.1.2 强电解质和弱电解质 ······························ 123

7.2 弱电解质的电离平衡 ·································· 124

○ 7.2.1 电离平衡与电离平衡常数 ························· 124
○ 7.2.2 有关电离平衡的计算 ······························ 126

7.3 水的电离和溶液的pH ································· 127

○ 7.3.1 水的电离和水的离子积常数 ····················· 127
○ 7.3.2 溶液的酸碱性和pH值 ···························· 128
○ 7.3.3 酸碱指示剂 ··· 130

7.4 离子方程式 ·· 130

○ 7.4.1 离子反应和离子方程式 ···························· 130
○ 7.4.2 离子反应进行的条件 ······························ 132

7.5 盐类的水解 ·· 132

○ 7.5.1 盐类的水解 ··· 132
○ 7.5.2 影响水解的因素及水解的应用 ··················· 135

7.6 缓冲溶液 ··· 135

　　○ 7.6.1　同离子效应 ··135
　　○ 7.6.2　缓冲溶液 ·· 136
　　○ 7.6.3　缓冲溶液的选择和配制 ····································137
　　○ 7.6.4　缓冲溶液的应用 ··· 138

7.7　难溶电解质的沉淀溶解平衡 ······························· 138

　　○ 7.7.1　沉淀溶解平衡与溶度积 ·································· 138
　　○ 7.7.2　溶度积规则 ·· 140
　　○ 7.7.3　沉淀的生成和溶解 ··· 140

阅读材料　生活用水pH与人体健康的关系 ················ 142

阅读材料　盐类水解的应用 ·· 144

习题与思考 ·· 144

实验七　电解质溶液 ··· 146

8　电化学基础 ··· 149

8.1　原电池 ·· 149

　　○ 8.1.1　原电池装置 ··· 149
　　○ 8.1.2　电极 ··· 151
　　○ 8.1.3　原电池表达式 ··· 151

8.2　电极电势 ·· 151

　　○ 8.2.1　概述 ··· 151
　　○ 8.2.2　标准电极电势的应用 ··152

8.3　电解及应用 ·· 154

　　○ 8.3.1　电解池 ·· 154
　　○ 8.3.2　电解的应用 ·· 155

8.4　金属的腐蚀与防护 ·· 156

　　○ 8.4.1　金属的腐蚀 ·· 156
　　○ 8.4.2　金属的防护 ·· 158

阅读材料　化学电源的现状与发展 ································· 158

习题与思考 ··· 160

实验八　电化学基础 ··· 161

9　配合物 ··· 163

9.1　配合物的基本概念 ··· 163
○ 9.1.1　配合物的概念 ··· 163
○ 9.1.2　配合物的组成及结构 ······································· 166
○ 9.1.3　配离子及配合物的命名 ····································· 167

9.2　螯合物 ··· 168
○ 9.2.1　螯合物的基本概念 ··· 168
○ 9.2.2　螯合物的形成条件 ··· 168
○ 9.2.3　常见螯合剂 ··· 169

9.3　配位平衡及应用 ··· 170
○ 9.3.1　配合物的稳定性 ··· 170
○ 9.3.2　配位平衡 ··· 171
○ 9.3.3　配位平衡的移动 ··· 172
○ 9.3.4　配合物的应用 ··· 173

阅读材料　超氧化物歧化酶SOD ····································· 174

阅读材料　甘氨酸螯合物 ··· 174

习题与思考 ··· 175

实验九　配合物 ··· 176

综合实验 ··· 179

综合实验一　硫酸亚铁铵的制备 ····································· 179

综合实验二　七水硫酸锌的制备 ····································· 181

综合实验三　硫酸铜晶体的制取和结晶水含量的测定 ················· 182

综合实验四　粗食盐的提纯 ·································· 184

综合实验五　碳酸钠的制备 ·································· 186

附录 ·································· 189

附录1　国际单位制（SI） ·································· 189

附录2　一些弱酸、弱碱的解离常数（298K） ················· 190

附录3　酸、碱、盐溶解性表（293K） ····················· 190

附录4　一些难溶电解质的溶度积常数（298K） ··············· 191

附录5　标准电极电势（298K） ·························· 192

附录6　常见配离子的稳定常数（298K） ··················· 193

参考文献 ·································· 194

附录　元素周期表

绪论

学习目标

1. 了解无机化学的研究对象；
2. 了解无机化学的地位和作用；
3. 掌握无机化学的学习方法。

0.1 无机化学的研究对象

世界是由物质构成的，物质世界处于永恒的运动之中。如机械运动、物理运动、化学运动、生命运动、社会运动等都是物质运动的基本形式。

化学是一门研究物质化学运动（或称化学变化）的自然科学。当燃料燃烧、钢铁生锈、岩石风化、塑料及橡胶发生老化现象时，总是伴随着原物质的毁灭和新物质的生成，生成新物质就是发生化学变化的标志。

物质的化学变化主要取决于物质的化学性质，而物质的化学性质又是由物质的结构和组成所决定的。同时，改变外界条件（如浓度、压力、温度和催化剂等）时，往往会引起化学反应速率的变化或影响化学平衡移动。此外，化学变化中，还常伴随着热效应、光、电等现象的发生。因此，化学是在分子、原子或离子等层次上研究物质的组成、结构、性质及其变化规律的科学。

自然界的物质可分为无机物和有机物两类。无机物是指所有元素的单质和除碳氢化合物及其衍生物以外的化合物。无机化学就是研究无机物的科学，其研究范围是无机物的存在、制备、组成、结构、性质、变化规律和应用。

研究化学的目的，在于认识物质的性质以及物质化学运动的规律，并将这些规律应用于生产和科学实验，以便合理地利用自然资源，将自然资源经化学变化转化为人类生产、生活服务的各种物质资料，为提高人类生活水平、促进社会发展创造丰富的物质条件。

思考

什么是化学、无机化学？无机化学研究的对象是什么？

0.2 无机化学的地位和作用

随着全球工业的发展，化工产品不断增多，无机化学在工业中的地位逐步加大，而工业的发展关系到一个国家的国民经济和现代人民生活，所以无机化学在国民经济和人民生活中的重要性逐步体现出来。

首先，对于常见的无机化学用品来说，例如，硫酸、硝酸、盐酸、磷酸等无机酸，纯碱、烧碱、合成氨、化肥以及无机盐等都是在化工生产中相当重要的。就无机酸而言，以硫酸为代表，钢铁工业需用硫酸进行酸洗，以除去钢铁表面的氧化铁皮，锦纶的制造过程中，硫酸可溶解环己酮肟而进行贝克曼转位。在塑料工业方面，环氧树脂和聚四氟乙烯等的生产也需用数量可观的硫酸。在染料工业中，硫酸用于制造染料中间体，硫酸与钛铁矿反应可制得重要的白色颜料二氧化钛。可见硫酸对国民经济中常用的钢铁有重大帮助，对广大人民的衣着和他们使用的生活用品也有很大的帮助。就碱而言，常见的就是NaOH，众所周知，烧碱在肥皂、纸、清洁剂等的制造过程中都会用到，而纸张是生活中最常用的、最重要的东西，人民币是用纸做的，各类书籍、文件都离不开纸张，因此NaOH对人类生活的作用是不可估量的。就金属而言，肯定会提到铁，生活中涉及的绝大部分物品都是由铁构成的，交通运输的汽车、火车、飞机，住宅中的水管及大多数电器等，都离不开铁，从而使钢铁的制造体现出了至关重要的作用。就盐类而言，氯化钠是人民生活中必不可缺的食用盐，任何人每天都要摄入一定量的食用盐来维持体内的无机盐平衡，无机盐对维持人体内环境稳定起重要作用，因此盐类对人民生活的重要性自然也就体现出来了。

其次，对于无机化学基础理论知识来说，例如化学平衡的概念、环境问题、原电池、电解池等，就直接关系到了合成氨工业、硫酸工业、氯碱工业等一些化工工业的发展。合成氨的反应是一个放热的、气体总体积缩小的可逆反应，温度升高，虽然反应的速率加快，但平衡向逆反应方向移动，再综合温度对催化剂的影响，因此工业中控制的温度要适宜，在温度一定时，增大压力，平衡向正反应方向移动，氨的平衡浓度增大；但是压力越大，对动力和设备的要求也越高，因此要结合实际情况选择压力的条件，一般采用20.3～50.7MPa。对于尾气，一般都是循环利用的，由于合成氨的反应是可逆反应，所以原料不可能用完，排放也会对环境产生污染。正是因为无机化学基础知识的应用，使得合成氨工业能在原料使用合理、设备使用得当、环境条件控制好的前提下，以相对较少的投入，得到相对较多的产出，使氨大量地应用于国民经济发展之中，从而促进国民经济的发展。原电池原理的产生，使得电池不断发展，广泛应用于人民生活中，手机、电脑等在断电情况下都离不开电池。电解池原理的产生，使得工业上可以用电解饱和 $NaCl$ 溶液的方法来制取重要工业用品 $NaOH$、C_{12} 和 H_2，更进一步促进了化工业的发展。由此看来，无机化学基础知识在国民经济和人民生活中是很重要的。

0.3　无机化学的学习方法

无机化学基础是中等职业学校工业分析与检验专业的一门基础课程，通过学习该课程使学生掌握所必备的无机化学基本知识、基本理论、基本技能和学习的基本方法，并为学生继续学习专业知识和职业技能奠定基础。

根据学科本身的特点，总结出了"观、动、记、思、练"的五字学习法，供读者们参考。

（1）观

"观"即观察。前苏联著名生理学家巴甫洛夫在他的实验室的墙壁上写着六个发人深省的大字：观察、观察、观察！瓦特由于敏锐的观察看到"水蒸气冲动壶盖"而受到有益的启发后，发明了蒸汽机，这些都说明了观察的重要性。在化学实验中，培养自己良好的观察习惯和科学的观察方法是学好化学的重要条件之一。那么怎样去观察实验呢？首先应注意克服把观察停留在好奇、好玩的兴趣中，要明确"观察什么"、"为什么观察"，在老师指导下有计划、有目的地去观察实验现象。观察一般应遵循"反应前—反应中—反应后"的顺序进行，具体步骤是：①反应物的颜色、状态、气味；②反应条件；③反应过程中的各种现象；④反应生成物的颜色、状态、气味。最后对观察到的各种现象在老师的引导下进行分析、判断、综合、概括，得出科学的结论，形成准确的概念，达到理解、掌握知识的目的。

（2）动

"动"即积极动手实验。这也是教学大纲明确规定的、学生们必须形成的一种能力。俗话说："百闻不如一见，百看不如一验"，亲自动手实验不仅能培养动手能力，而且能加深对知识的认识、理解和巩固，成倍地提高学习效率。例如，实验室制氧气的原理和操作步骤，自己动手实验比只凭看老师做和硬记要掌握得快且牢得多。因此，要在老师的安排下积极动手实验，努力达到各次实验的目的。

（3）记

"记"即记忆。与数学、物理相比较，"记忆"对化学显得尤为重要，它是学习化学的最基本方法，离开了"记忆"，谈其他的就成为一句空话。这是由于：①化学本身有着独特的"语言系统"——化学用语，如元素符号、化学式、化学方程式等，对这些化学用语的熟练掌握是化学入门的首要任务，而其中大多数必须通过记忆才能掌握；②一些物质的性质、制备、用途等也必须通过记忆才能掌握它们的规律。

（4）思

"思"指勤于动脑，即多分析、思考。要善于从个别想到一般，从现象想到本质，从特殊想到规律。上课要动口、动手，主要还是动脑，想"为什么"，想"怎么办"。碰到疑难，不可知难而退，要深钻细研，直到豁然开朗；对似是而非的问题，不可模棱两可，应深入思考，弄个水落石出。多想、深想、独立想，就是会想，只有会想，才能想会了。

（5）练

"练"即保证做一定的课内练习和课外练习题，它是应用所学知识的一种书面形式，只有通过应用才能更好地巩固知识、掌握知识，并能检验出自己学习中的某些不足，使自己取得更好的成绩。

 阅读材料

无机化学发展简史

原始人类即能辨别自然界存在的无机物质的性质而加以利用，后来偶然发现自然物质能变化成性质不同的新物质，于是加以仿效，这就是古代化学工艺的开始。

例如，至少在公元前6000年，中国原始人即知烧黏土制陶器，并逐渐发展为彩陶、白陶、釉陶和瓷器。公元前5000年左右，人类发现天然铜性质坚韧，用作器具不易破损。后来又观察到铜矿石如孔雀石（碱式碳酸铜）与燃炽的木炭接触而被分解为氧化铜，进而被还原为金属铜，经过反复观察和试验，终于掌握了以木炭还原铜矿石的炼铜技术。以后又陆续掌握炼锡、炼锌、炼镍等技术。中国在春秋战国时期即掌握了从铁矿冶铁和由铁炼钢的技术，公元前2世纪中国发现铁能与铜化合物溶液反应产生铜，这个反应成为后来生产铜的方法之一，此法也叫"湿法炼铜"。

化合物方面，在公元前17世纪的殷商时期人们即知食盐（氯化钠）是调味品，苦盐（硫酸镁）的味苦。公元前5世纪已有琉璃（聚硅酸盐）器皿。公元7世纪，中国即有焰硝（硝酸钾）、硫黄和木炭做成火药的记载。明朝宋应星在1637年刊行的《天工开物》中详细记述了中国古代手工业技术，其中有陶瓷器、铜、钢铁、食盐、焰硝、石灰、红矾、黄矾等几十种无机物的生产过程。由此可见，在化学科学建立前，人类就已掌握了大量无机化学的知识和技术。

古代的炼丹术是化学科学的先驱，炼丹术就是企图将丹砂（硫化汞）之类药剂变成黄金，并炼制出长生不老之丹的方术。中国炼丹术始于公元前2、3世纪的秦汉时代。公元142年中国炼丹家魏伯阳所著的《周易参同契》是世界上最古老的论述炼丹术的书，约在360年有葛洪著的《抱朴子》，这两本书记载了60多种无机物和它们的许多变化。约在公元8世纪，欧洲炼丹术兴起，后来欧洲的炼丹术逐渐演进为近代的化学科学，而中国的炼丹术则未能进一步演进。

炼丹家关于无机物变化的知识主要从实验中得来。他们设计制造了加热炉、反应室、蒸馏器、研磨器等实验用具。炼丹家所追求的目的虽属荒诞，但所使用的操作方法和积累的感性知识，却成为化学科学的前驱。

由于最初化学所研究的多为无机物，所以近代无机化学的建立就标志着近代化学的创始。建立近代化学贡献最大的化学家有三人，即英国的波义耳、法国的拉瓦锡和英国的道尔顿。

波义耳在化学方面进行过很多实验，如磷、氢的制备，金属在酸中的溶解以及硫、氢等物质的燃烧。他从实验结果方面阐述了元素和化合物的区别，提出元素是一种不能分出其他物质的物质。这些新概念和新观点，把化学这门科学的研究引上了正确的路线，对建立近代化学作出了卓越的贡献。

拉瓦锡采用天平作为研究物质变化的重要工具，进行了硫、磷的燃烧，锡、汞等金属在空气中加热的定量实验，确立了物质的燃烧是氧化作用的正确概念，推翻了盛行百年之久的燃素说。拉瓦锡在大量定量实验的基础上，于1774年提出质量守恒定律，即在化学变化中，物质的质量不变。1789年，在他所著的《化学概要》中，提出第一个化学元素分类表和新的化学命名法，并运用正确的定量观点，叙述当时的化学知识，从而奠定了近代化学的基础。由于拉瓦锡的提倡，天平开始被普遍应用于化合物组成和变化的研究。

1799年，法国化学家普鲁斯特归纳化合物组成测定的结果，提出定比定律，即每个化合物各组分元素的质量皆有一定比例。结合质量守恒定律，1803年道尔顿提出原子学说，宣布一切元素都是由不能再分割、不能毁灭的称为原子的微粒所组成的。并从这个学说引申出倍比定律，即如果两种元素化合成几种不同的化合物，则在这些化合物中，与一定质量的甲元素化合的乙元素的质量必互成简单的整数比。这个推论得到定量实验结果的充分印证。原子学说建立后，化学这门科学开始宣告成立。

19世纪30年代，已知的元素已达60多种，俄国化学家门捷列夫研究了这些元素的性质，在1869年提出元素周期律：元素的性质随着元素相对原子质量的增加呈周期性的变化。这个定律揭示了化学元素的自然系统分类。元素周期表就是根据周期律将化学元素按周期和族类排列的，周期律对于无机化学的研究、应用起了极为重要的作用。

目前已知的元素共有119种，其中92种存在于自然界。代表化学元素的符号大都是拉丁文名称的缩写。中文名称有些是中国自古以来就熟知的元素，如金、铝、铜、铁、锡、硫、砷、磷等；有些是由外文音译的，如钠、锰、铀、氩等；也有按意新创的，如氢（轻的气）、溴（臭的水）、铂（白色的金，同时也是外文名字的译音）等。

周期律对化学的发展起着重大的推动作用。根据周期律，门捷列夫曾预言当时尚未发现的元素的存在和性质。周期律还指导了对元素及其化合物性质的系统研究，成为现代物质结构理论发展的基础。系统无机化学一般就是指按周期分类对元素及其化合物的性质、结构及其反应所进行的叙述和讨论。

19世纪末的一系列发现开创了现代无机化学：1895年伦琴发现X射线；1896年贝克勒尔发现铀的放射性；1897年汤姆逊发现电子；1898年，居里夫妇发现钋和镭的放射性。20世纪初卢瑟福和玻尔提出原子是由原子核和电子所组成的结构模型，改变了道尔顿原子学说的原子不可再分的观念。

1916年科塞尔提出电价键理论，路易斯提出共价键理论，圆满地解释了元素的原子价和化合物的结构等问题。1924年，德布罗意提出电子等物质微粒具有波粒二象性的理论；1926年，薛定谔建立微粒运动的波动方程；1927年，海特勒和伦敦应用量子力学处理氢分子，证明在氢分子中的两个氢核间，电子概率密度有显著的集中，从而提出了化学键的现代观点。

此后，经过几方面的工作，发展成为化学键的价键理论、分子轨道理论和配位场理论。这三个基本理论是现代无机化学的理论基础。

1

化学基本量和计算

!**学习目标**

1. 掌握物质的量、摩尔质量的概念；
2. 掌握物质的量、气体摩尔体积、物质的量浓度的计算；
3. 掌握物质的量在化学方程式计算中的应用。

1.1　物质的量

1.1.1　物质的量的引入

对于一个化学反应要从两个角度去认识：微观和宏观。

$$2H_2 \quad + \quad O_2 \quad == \quad 2H_2O$$

宏观角度	4g氢气	32g氧气	36g水
微观角度	2个氢气分子	1个氧气分子	2个水分子

但无法拿出2个氢气分子去和1个氧气分子反应，因此化学反应总是以宏观量去进行的。为了更好地联系宏观质量与微观粒子，在1971年举行的第14届国际计量大会（CGPM）上决定，在国际单位制❶中引入第6个基本物理量——物质的量，如表1-1所示。

1.1.2　物质的量的单位

不要把物质的量这一物理量看得过于神秘，物质的量与长度、温度和质量一样，是一种

---

❶ 国际单位制，即SI。目前国际上规定了7个基本量及其单位。

物理量的名称，其意义就是含有一定数目微粒的集体，物质的量的基本单位是摩尔（mol）。

表1-1　7个基本物理量

基本物理量	单位名称	单位符号	基本物理量	单位名称	单位符号
长度	米	m	热力学温度	开［尔文］	K
质量	千克（公斤）	kg	物质的量	摩［尔］	mol
时间	秒	s	发光强度	坎［德拉］	cd
电流	安［培］	A			

注：方括号中的字可以省略，去掉方括号中的字即为其名称的简称。

对于物质的量的理解，它只是把计量微观粒子的单位做了一下改变，即将"个"换成"摩尔"，是一个数量的集合。现实生活中也有同样的例子，啤酒可以论"瓶"，也可以论"打"，一打就是12瓶，这里的"打"就类似于上面的微观粒子的"摩尔"。

物质的量用符号n表示，单位名称摩尔（mol），即一个微观粒子群为1mol。如果该物质含有2个微观粒子群，那么该物质的物质的量为2mol。

既然物质的量的单位是mol，那么1mol物质中究竟含有多少微观粒子数呢？国际单位制中规定：1mol任何物质所含的微观粒子数与0.012kg $_6^{12}C$所含的原子数目相等，实验测得，0.012kg $_6^{12}C$所含的原子数目约为$6.02×10^{23}$，这个数值称为阿伏伽德罗常数，单位是mol^{-1}，用符号N_A表示。即$N_A = 6.02×10^{23}mol^{-1}$。

物质的量（n）与物质的微观粒子数（N）、阿伏伽德罗常数（N_A）之间的关系如下：

$$n = \frac{N}{N_A} \tag{1-1}$$

式中　n——物质的量，mol；

　　　N——物质的微观粒子数；

　　　N_A——阿伏伽德罗常数，$6.02×10^{23}mol^{-1}$。

式（1-1）表明，物质的量与物质的微观粒子数成正比，所以可以用物质的量数值比较微观粒子数的多少。

在书写物质的量时，应在"n"的后面括号内用正体写明微观粒子的基本单元。基本单元是指构成物质的微观粒子，如分子、原子、离子、电子等粒子，或是这些粒子的特定组合。例如$n(H_2SO_4)$、$n(\frac{1}{2}H_2SO_4)$等。例如：

1mol O中含有$6.02×10^{23}$个O；1mol O_2中含有$6.02×10^{23}$个O_2；1mol $(\frac{1}{2}H_2SO_4)$中含有$6.02×10^{23}$个$(\frac{1}{2}H_2SO_4)$基本单元，或含有$3.01×10^{23}$个H_2SO_4分子。同理，$2×6.02×10^{23}$个CO_2就是2mol CO_2；$3×6.02×10^{23}$个Cl^-就是3mol Cl^-。

使用摩尔这个单位要注意：

（1）量度对象是构成物质的基本微粒（如分子、原子、离子、质子、中子、电子等）或它们的特定组合。例如1mol $CaCl_2$可以说含1mol Ca^{2+}、2mol Cl^-或3mol阴阳离子，或含54mol质子，54mol电子。"摩尔"这个单位不能量度宏观物质，如"中国有多少摩尔人"的说法是错误的。

（2）使用"摩尔"这个单位时应该用化学式或微粒的符号指明物质微粒的种类。例如"1mol氢"的说法就不对，因为氢是元素名称，而氢元素可以是氢原子（H）也可以是氢离子（H⁺）或氢分子（H₂），不知所指。例如1mol H表示1mol氢原子，1mol H₂表示1mol氢分子（或氢气），1mol H⁺表示1mol氢离子。因此在使用"摩尔"时一定要确切地指明微粒的种类。

（3）多少摩尔物质指的是多少摩尔组成该物质的基本微粒。例如1mol H_3PO_4 表示1mol磷酸分子，而不是1mol磷原子或1mol氢原子。

1.1.3　摩尔质量

摩尔质量指的是单位物质的量（1mol）的物质所具有的质量，用符号M表示，因此可得出如下计算公式：

$$M = \frac{m}{n}$$

（1-2）

式中　n——物质的量，mol；

　　　m——物质的质量，g；

　　　M——摩尔质量，常用单位 g/mol。

根据摩尔的定义可知，1mol $_6^{12}C$原子的质量是0.012kg（12g），即碳原子的摩尔质量：$M=$12g/mol。由此可以推算出1mol任何原子的质量。例如，1个碳原子的质量与1个氧原子的质量之比为12：16，1mol碳原子的质量是12g，则1mol氧原子的质量就是16g。可以推算，任何元素原子的摩尔质量在以"g/mol"为单位时，数值上等于其相对原子质量。例如，氢原子的摩尔质量为1g/mol，铁原子的摩尔质量为55.85g/mol。

同理，还可以推出分子、离子或其他基本单元的摩尔质量。即任何物质的摩尔质量在以"g/mol"为单位时，数值上等于其相对基本单元质量。例如：

二氧化碳分子的摩尔质量$M(CO_2)=44$g/mol；

硫酸分子的摩尔质量$M(H_2SO_4)=98$g/mol；

氢氧根离子的摩尔质量$M(OH^-)=17$g/mol（电子的质量极小，失去或得到的电子质量可以忽略不计）。

1.1.4　有关物质的量的计算

物质的量（n）、物质的摩尔质量（M）、物质的质量（m）、基本单元数（N）及阿伏伽德罗常数（N_A）之间有如下关系：

$$\frac{N}{N_A} = n = \frac{m}{M}$$

可见，通过物质的量（n）这个桥梁，把肉眼看不见的微粒和可称量的物质紧密联系起来，给实际应用带来很大的方便。

【例1-1】88g二氧化碳的物质的量是多少？

解　已知　　　　　　　　$M(CO_2)=44$g/mol，$m(CO_2)=88$g

$$n = \frac{m}{M} = \frac{88}{44} \text{mol} = 2\text{mol}$$

答：88g二氧化碳的物质的量是2mol。

【例1-2】0.5mol氧气的质量是多少？含有多少个氧分子？多少个氧原子？

解　（1）$M(O_2) = 32g/mol$；$n(O_2) = 0.5mol$

$$m(O_2) = n(O_2)M(O_2) = 32 \times 0.5g = 16g$$

（2）$N(O_2) = n(O_2)N_A = 0.5 \times 6.02 \times 10^{23} = 3.01 \times 10^{23}$

（3）$N(O) = n(O)N_A = 2 \times 0.5 \times 6.02 \times 10^{23} = 6.02 \times 10^{23}$

答：0.5mol氧气的质量是16g，含有3.01×10^{23}个氧气分子或含有6.02×10^{23}个氧原子。

【例1-3】4.9g硫酸里含有多少个硫酸分子？含有多少摩尔氧原子？

解　　　　　　　$M(H_2SO_4) = 98g/mol$；$m(H_2SO_4) = 4.9g$

（1）$n(H_2SO_4) = \dfrac{m(H_2SO_4)}{M(H_2SO_4)} = \dfrac{4.9}{98}mol = 0.05mol$

（2）$N(H_2SO_4) = n(H_2SO_4)N_A = 0.05 \times 6.02 \times 10^{23} = 3.01 \times 10^{22}$

$n(O) = 0.05 \times 4mol = 0.2mol$

答：4.9g硫酸里含有3.01×10^{22}个硫酸分子，含有0.2mol氧原子。

思考

为什么要引入物质的量？为什么说物质的量可以让计算更为简便？

1.2　气体摩尔体积

1.2.1　气体摩尔体积的概念

我们已经知道，1mol任何物质都含有相同数目的基本单元，但质量并不相同。那么，1mol任何物质的体积是否相同呢（见图1-1和表1-2）？

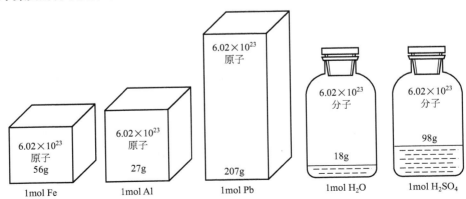

图1-1　1mol不同物质的体积示意图

表1-2　20℃时1mol某些固态或液态物质的体积

物质	碳	铝	铁	水	硫酸	蔗糖
体积/cm³	3.4	10	7.1	18	54.1	215.5

　　从图1-1和表1-2可知，1mol的固态或液态物质，它们的体积是不相同的。这是因为对固态或液态物质来说，构成它们的微粒间的距离是很小的，所以物质的体积主要是由粒子的大小决定的。

　　对于气体而言，分子间的距离显著大于气体分子本身的大小，气体分子在较大的空间里运动，如图1-2所示。气体的体积主要决定于分子之间的平均距离，而气体分子间的距离受温度和压力的影响。因此，比较气体的体积的大小，必须在同温同压下进行。

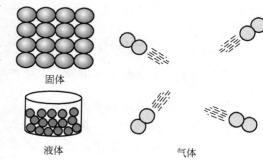

图1-2　固体、液体、气体的分子间距

　　为了便于研究，人们规定温度为273.15K（0℃）和压力为$1.01325×10^5$Pa时的状态叫做标准状况。通常把标准状况下，单位物质的量的气体所占有的体积叫做气体摩尔体积，用V_m表示，常用单位是L/mol。

　　标准状况下，气体的摩尔体积（V_m）与标准状况下气体占有的体积（V）和物质的量（n）三者之间的关系是：

$$V_m = \frac{V}{n}$$

　　表1-3中列举了几种单位物质的量的气体在标准状况下的体积。

表1-3　几种单位物质的量的气体在标准状况下的体积

气体物质	1mol气体所含分子数	1mol气体质量/g	密度(标准状况)/（g/L）	体积(标准状况)/L
H_2	$6.02×10^{23}$	2.016	0.0899	22.4
O_2	$6.02×10^{23}$	32.00	1.429	22.4
CO_2	$6.02×10^{23}$	44.01	1.977	22.3

　　大量实验证明：在标准状况下任何气体的摩尔体积都约是22.4L/mol。因为在相同温度、相同压力下，不同种类的气体分子之间的平均距离，几乎是相等的。

　　由此可以推论，即在相同的温度和压力下，相同体积的任何气体都含有相同数目的分子，这就是阿伏伽德罗定律。

1.2.2　有关气体摩尔体积的计算

　　【例1-4】88g二氧化碳在标准状况下所占体积是多少？

　　解　已知　　　　　　　$M(CO_2) = 44g/mol，m(CO_2) = 88g$

$$n(CO_2) = \frac{m(CO_2)}{M(CO_2)} = \frac{88}{44}mol = 2mol$$

$$V(CO_2) = n(CO_2)V_m = 2×22.4L = 44.8L$$

　　答：在标准状况下，88g二氧化碳所占体积是44.8L。

【例1-5】标准状况下，44.8L的氧气与标准状况下多少升的氢气质量相等？

解 $$m(O_2)=m(H_2)$$

$$m(O_2) = \frac{V(O_2)}{V_m} M(O_2) = \frac{44.8}{22.4} \times 32g = 64g$$

$$V(H_2) = n(H_2)V_m = \frac{m(H_2)}{M(H_2)} V_m = \frac{64}{2} \times 22.4L = 716.8L$$

答：标准状况下，716.8L氢气与44.8L氧气质量相等。

【例1-6】已知在标准状况下，10L二氧化碳气体的质量为19.64g，求二氧化碳的摩尔质量。

解 $$M(CO_2) = \frac{V_m}{V(CO_2)} m = \frac{22.4}{10} \times 19.64g/mol = 43.99g/mol$$

答：二氧化碳的摩尔质量为43.99g/mol。

计算时，应该注意以下问题：

（1）计算气体体积时，首先要注意条件，即当使用V_m时，必须是在标准状况下。

（2）做气体体积计算时，使用的基本单元均为分子。

思考

气体的体积主要由分子间距决定，那么气体的分子间距受哪些因素的影响？如何从宏观和微观两个角度去理解气体摩尔体积？

1.3 物质的量浓度

1.3.1 溶液的概念

溶液是由两种以上物质组成的均匀的、稳定的分散体系。对于气体或固体溶于液体而成的溶液，习惯上把气体或固体叫溶质，液体叫溶剂。对于两种液体所组成的溶液，则把含量较多的组分叫溶剂，少者叫溶质，它们具有相对的意义。

水是常用的溶剂，所以通常会把水溶液称为溶液。汽油、酒精等也是较常用的溶剂，所得的溶液叫做非水溶液。

1.3.2 物质的量浓度

（1）物质的量浓度的概念

用每升溶液中所含溶质的物质的量来表示溶液组成的物理量叫做物质的量浓度，简称浓度。物质的量浓度用c表示，常用单位为mol/L，其数学表达式为：

$$c = \frac{n}{V} \qquad\qquad (1\text{-}3)$$

使用c时，要注明基本单元。由于溶液的体积和溶质的质量都比较容易得到，所以对于溶液而言，物质的量浓度是比较常用的。

注意：表达式（1-3）中，体积V是指溶液的体积；物质的量n是指溶质的物质的量。

（2）有关物质的量浓度的计算

① 溶液的物质的量浓度（c）、溶质的质量（m）和溶液的体积（V）三者之间的换算。

【例1-7】用4g NaOH配制成500mL溶液，求此NaOH溶液的物质的量浓度。

解

$$n(\text{NaOH}) = \frac{m(\text{NaOH})}{M(\text{NaOH})} = \frac{4}{40}\text{mol} = 0.1\text{mol}$$

$$c(\text{NaOH}) = \frac{n(\text{NaOH})}{V} = \frac{0.1}{500 \times 10^{-3}}\text{mol/L} = 0.2\text{mol/L}$$

答：此NaOH溶液的物质的量浓度为0.2mol/L。

【例1-8】在200mL稀盐酸里溶有0.73g HCl，计算该溶液的物质的量浓度。

解　已知$M(\text{HCl})$=36.5g/mol，$m(\text{HCl})$=0.73g，那么HCl的物质的量为：

$$n(\text{HCl}) = \frac{m(\text{HCl})}{M(\text{HCl})} = \frac{0.73\text{g}}{36.5\text{g/mol}} = 0.02\text{mol}$$

又已知$V(\text{HCl})$=200mL=0.2L，根据式（1-3）得：

$$c(\text{HCl}) = \frac{n(\text{HCl})}{V(\text{HCl})} = \frac{0.02\text{mol}}{0.2\text{L}} = 0.1\text{mol/L}$$

答：该盐酸溶液的物质的量浓度是0.1mol/L。

② 溶液稀释的问题　浓溶液配制稀溶液，稀释前后，溶质的物质的量不变。数学表达式为：

$$c_1 V_1 = c_2 V_2 \qquad\qquad (1\text{-}4)$$

式中　c_1——浓溶液的物质的量浓度，mol/L；

　　　c_2——稀溶液的物质的量浓度，mol/L；

　　　V_1——浓溶液体积，L或mL；

　　　V_2——稀溶液体积，L或mL。

稀释前后，溶液的浓度和体积单位必须一致。

【例1-9】实验室要配制3.0mol/L的H_2SO_4溶液3L，需要18.0mol/L的H_2SO_4溶液多少毫升？

解　由溶液稀释的关系式$c_1 V_1 = c_2 V_2$得：

$$V_1 = \frac{c_2 V_2}{c_1} = \frac{3.0\text{mol/L} \times 3\text{L}}{18.0\text{mol/L}} = 0.5\text{L} = 500\text{mL}$$

答：需要18.0mol/L的H_2SO_4溶液500mL。

1.3.3　质量分数与物质的量浓度之间的换算

按照国际标准，溶液的浓度应以物质的量浓度表示。但是，在实际工作中，往往会使用其他浓度，常用的浓度表示方法，还有用质量分数表示法，因此有必要进行浓度之间的换算，以适应实际工作的需要。

浓度换算公式：

$$c = \frac{1000\rho w}{M} \tag{1-5}$$

式中　c——溶液的物质的量浓度，mol/L；

ρ——溶液的密度，g/cm^3；

w——溶质的质量分数；

M——溶质的摩尔质量，g/mol。

1.3.4　溶液的配制

配制一定物质的量浓度溶液需要使用的仪器根据所需要的浓度要求而定，即要配制准确浓度的溶液时，需要用容积较为精确的仪器，包括电子天平和容量瓶等，如果配制的是粗略的浓度，则常用托盘天平和烧杯。

配制步骤（按容量瓶的配制过程）如下（见图1-3）。

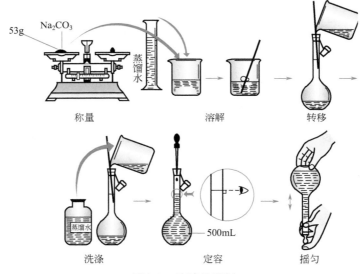

图1-3　溶液的配制

（1）计算：配制溶液所需的溶质的质量或浓溶液的体积；

（2）称量/量取：根据计算结果在天平上称量固体药品的质量或用量筒量取浓溶液的体积；

（3）溶解/稀释：将固体药品放入烧杯中，用蒸馏水溶解或在烧杯中将浓溶液稀释；

（4）转移：将烧杯中的溶液小心地转移至所需体积的容量瓶中，并用蒸馏水将烧杯内壁洗涤2～3次，洗液仍转移至容量瓶中；

（5）定容：缓慢地将蒸馏水注入容量瓶中，在2/3处要平摇，直到液面接近刻度1～2cm处，改用胶头滴管滴加，使液面正好与刻度线相切（浅色溶液看凹液面，深色溶液看凸液面）；

（6）摇匀：塞好瓶塞，上下颠倒摇匀，倒入试剂瓶中贴上标签。

说明：使用容量瓶配制溶液时，不应该使用托盘天平称量药品或用量筒量取溶液。此处只是为了练习容量瓶的使用。以后在分析化学课程中会涉及容量瓶配套使用的分析天平、移液管等仪器的使用。

演示实验 1-1

用 $CuSO_4 \cdot 5H_2O$ 配制 500mL 0.1mol/L $CuSO_4$ 溶液。

实验报告：

实验仪器	实验过程

注：需要用容量瓶配制。

解　（1）计算 $CuSO_4 \cdot 5H_2O$ 的需要量

$m(CuSO_4 \cdot 5H_2O) = nM = cVM = 0.1 \times 500 \times 10^{-3} \times (64 + 96 + 5 \times 18)g = 12.5g$

（2）配制 500mL 0.1mol/L $CuSO_4$ 溶液

① 在托盘天平上准确称量 12.5g $CuSO_4 \cdot 5H_2O$。

② 放入盛有适量蒸馏水的烧杯中，溶解，可用玻璃棒搅拌。

③ 将溶液转移至 500mL 容量瓶中，并将烧杯、玻璃棒各清洗 3 次，洗液全部转移至容量瓶中。

④ 在容量瓶中加入蒸馏水，至刻度，并振荡。

⑤ 将配制好的溶液转移至干燥、洁净的试剂瓶中，贴上标签。

? 思考

将 342g 蔗糖溶解在 1L 水中，所得的溶液的物质的量浓度是 1mol/L 吗？（蔗糖的摩尔质量是 342g/mol）

1.4　化学方程式及计算

1.4.1　化学方程式

化学方程式是指用化学式来表示物质之间化学反应的式子，它是国际通用的化学用语。

掌握化学方程式是学好化学的基础。

化学方程式反映的是客观事实。因此书写化学方程式要遵守两个原则：①必须以客观事实为基础，绝不能凭空臆想、臆造事实上不存在的物质和化学反应；②要遵守质量守恒定律，等号两边各原子种类与数目必须相等。

书写步骤如下。

（1）写出反应物和生成物的化学式。例：

$$NaHCO_3 \longrightarrow Na_2CO_3 + H_2O + CO_2$$

（2）配平。例：

$$2NaHCO_3 = Na_2CO_3 + H_2O + CO_2$$

（3）注明反应条件和物态等。例：

$$2NaHCO_3 \xrightarrow{\triangle} Na_2CO_3 + H_2O + CO_2\uparrow$$

（4）检查化学方程式是否正确。

1.4.2　根据化学方程式的计算

化学方程式中，各物质的系数比既表示它们基本单元数之比，也表示物质的量之比。所以根据物质的量的意义，可以进一步得到各物质间其他多种数量关系。例如：

	$2H_2$	$+$	O_2	$\xrightarrow{\text{点燃}}$	$2H_2O$
基本单元数之比	2	:	1	:	2
物质的量之比	2mol	:	1mol	:	2mol
物质的质量之比	2×2g	:	1×32g	:	2×18g
标准状况下气体的体积之比	2×22.4L	:	1×22.4L		

可根据需要选择以上合适的数量关系，来解决实际的计算问题。

【例1-10】实验室用130g锌与足量的稀硫酸反应，能生成硫酸锌多少克？

解　可以用初中时学过的质量比来计算（略）。

还可以用物质的量之比来进行计算。

已知　　　　$M(Zn) = 65$g/mol，$M(ZnSO_4) = 161$g/mol

$$Zn + H_2SO_4 = ZnSO_4 + H_2\uparrow$$

1mol　　　　　　1mol

$$\dfrac{130\text{g}}{65\text{g/mol}} \qquad \dfrac{x}{161\text{g/mol}}$$

$$\dfrac{1}{\dfrac{130\text{g}}{65\text{g/mol}}} = \dfrac{1}{\dfrac{x}{161\text{g/mol}}} \qquad x = 322\text{g}$$

答：能生成硫酸锌322g。

【例1-11】1.15g金属钠跟水反应后，得到100mL溶液，试计算：

（1）生成的气体在标准状况下是多少毫升？

（2）反应后所得溶液的物质的量浓度是多少？

解析：金属钠跟水反应生成NaOH和H_2，要求生成H_2的体积和NaOH溶液的物质的量浓度，只要写出化学方程式，找到有关物质的量的关系即可求解。

解（1）

$$2Na+2H_2O \xrightarrow{\quad\quad} 2NaOH + H_2\uparrow$$

$$2 \qquad\qquad\qquad 2 \qquad\quad 1$$

$$\dfrac{1.15g}{23g/mol} \qquad\qquad n(NaOH) \qquad \dfrac{V(H_2)}{V_m}$$

$$\dfrac{V(Na)}{V(H_2)}=\dfrac{n(Na)}{n(H_2)}=\dfrac{\dfrac{1.15g}{23g/mol}}{\dfrac{V(H_2)}{V_m}}$$

$$V(H_2)=\dfrac{1.15g}{23g/mol}\times\dfrac{1}{2}\times 22400mL/mol=560mL$$

（2）

$$n(NaOH)=n(Na)=\dfrac{1.15g}{23g/mol}=0.05mol$$

$$c(NaOH)=\dfrac{n(NaOH)}{V}=\dfrac{0.05mol}{100\times10^{-3}L}=0.5mol/L$$

本题还可用以下格式作解。

解　$2Na + 2H_2O \xrightarrow{\quad\quad} 2NaOH + H_2\uparrow$

（1）$n(Na)=\dfrac{1.15g}{23g/mol}=0.05mol$

$n(H_2)=\dfrac{1}{2}n(Na)=0.025mol$

$V(H_2)=0.025mol\times 22400mL/mol=560mL$

（2）$n(NaOH)=n(Na)=0.05mol$

$c(NaOH)=\dfrac{0.05mol}{0.1L}=0.5mol/L$

答：（1）生成的气体在标准状况下是560mL。

（2）反应后所得溶液的物质的量浓度是0.5mol/L。

思考

利用化学方程式计算时，常常会用到"上下一致，左右相当"的原则，你怎么理解这句话？

　阅读材料

人体需要哪些矿物质？

人体所需要的矿物质或无机盐类，也就是指钠、钾、钙、镁、铁、硫、磷、硅、氯、碘、氟等元素的化合物。这些盐类必须能够溶解于水，而且能够为肠胃所吸收，才能为人体所利用。最容易为肠胃所吸收的是氯化物与醋酸盐，其次是硝酸盐，硫酸盐与磷酸盐最难吸收。

钙盐是骨骼和牙齿的主要成分，根据专家的分析，骨的基本成分是磷酸钙与碳酸钙的重盐 $[Ca_3(PO_4)_2]_n \cdot CaCO_3$。所以婴儿和儿童在发育的时期，钙质的供给量必须充足。钙质在饮食中的分布以乳类为最多，其次是叶菜和豆类等。

磷也是骨骼及牙齿的构成要素，如磷酸钙。人体肌肉、脑及神经中也都含有磷质。人多吃含磷的食物，即可使发育完善，更能增加智力，富含磷化合物的食物有乳类、蛋黄、瘦肉、豆类及蔬菜等。

铁盐对人身体也非常重要，人体中的铁质多含在血红素中。血红素是输送氧的重要物质，如果人体中缺乏铁盐，血红素不足，结果就会发生贫血症。各种补血药，多是用铁盐制成的。人体除了血液以外，肝、脾、肌肉、胆汁和细胞核等也都含有铁质。含铁盐的食物有瘦肉、内脏、蛋黄以及绿叶蔬菜等。

人体中含碘化合物的量不多，但是缺乏了它就会发生鹅喉症病状。碘化合物多含在海水及海产动、植物中，我国沿海各省居民多食海盐，得鹅喉症的极少。

人体所需要的钠盐和氯化物大多取自食盐，钾盐则大多取自蔬菜类。其余几种矿物质，因为人体很少有缺乏的现象，这里就不多谈了。

 习题与思考

1. 选择题（每小题有一个或两个答案符合题意）

（1）下列说法正确的是（　　）。

A．物质的量可理解为物质的质量

B．物质的量是量度物质所含粒子多少的一个物理量

C．物质的量就是物质的粒子数目

D．物质的量的单位——摩尔只适用于原子、分子和离子

（2）下列叙述中错误的是（　　）。

A．H_2SO_4 的摩尔质量是 98g/mol

B．2mol NO 和 2mol NO_2 所含原子数相同

C．等质量的 O_2 和 O_3 中所含氧原子个数相同

D．等物质的量的 CO 和 CO_2 中所含碳原子数相等

（3）在标准状况下，跟11.2L氨气中所含氢原子数目相同的下列物质是（　　）。

A．8.4L CH_4　　　　　　　　　　B．0.3mol HCl

C．49g H_2SO_4　　　　　　　　　D．18g H_2O

（4）100mL 0.3mol/L Na_2SO_4 溶液和 50mL 0.2mol/L $Al_2(SO_4)_3$ 溶液混合后，溶液中 SO_4^{2-} 的物质的量浓度为（　　）。

A．0.20mol/L　　　　　　　　　B．0.25mol/L

C．0.40mol/L　　　　　　　　　D．0.50mol/L

（5）标准状况下，350体积的氨气溶解在1体积的水中，这种氨水的物质的量浓度是（　　）。（氨水密度为0.924g/cm³）

A．14.4mol/L　　　　B．28.8mol/L　　　　C．15.6mol/L　　　　D．0.04mol/L

（6）当氢气（H_2）和氦气（He）的质量比为1：2时，它们具有相同的（　　）。

A．质子数　　　　　　　　　　　　　　B．体积

C．原子数　　　　　　　　　　　　　　D．中子数

（7）在下列溶液中Cl^-的物质的量浓度最大的是（　　）。

A．0.5L 0.1mol/L 的 NaCl 溶液　　　　B．100mL 0.2mol/L 的 $MgCl_2$ 溶液

C．1L 0.2mol/L 的 $AlCl_3$ 溶液　　　　D．1L 0.3mol/L 盐酸溶液

（8）将32.2g $Na_2SO_4 \cdot 10H_2O$ 溶于水配成500mL溶液，取出其中1/10的溶液，其溶液的物质的量浓度为（　　）。

A．0.1mol/L　　　　B．0.2mol/L　　　　C．0.3mol/L　　　　D．0.4mol/L

（9）同温同压下，分别为1mol的氢气和氧气，它们的（　　）。

A．质量相同，体积不同　　　　　　　　B．分子个数相同，质量不同

C．体积相同，分子数不同　　　　　　　D．体积相同，分子数也相同

（10）判断下列叙述正确的是（　　）。

A．标准状况下，1mol任何物质的体积都约为22.4L

B．1mol任何气体所含分子数都相同，体积也都约为22.4L

C．在常温常压下金属从盐酸中置换出1mol H_2 转移电子数为 1.204×10^{24}

D．在同温同压下，相同体积的任何气体单质所含原子数目相同

2．填空题

（1）物质的量相等的CO和O_2，其质量比是＿＿＿＿＿＿＿＿＿＿，所含分子个数比是＿＿＿＿＿＿＿＿＿。所含的氧原子数比是＿＿＿＿＿＿＿＿＿。

（2）在标准状况下，5.6L氢气的物质的量为＿＿＿＿＿＿＿＿＿＿，所含氢分子个数为＿＿＿＿＿＿＿＿＿。

（3）配制浓度为0.5mol/L NaOH溶液1000mL，需要称取固体NaOH的质量是＿＿＿＿＿＿。取该溶液20mL，其物质的量浓度为＿＿＿＿＿＿＿＿＿，物质的量为＿＿＿＿＿＿＿＿＿，质量是＿＿＿＿＿＿＿＿＿。

3．计算

（1）计算1mol下列物质的质量。

Fe　　　He　　　O_2　　　Al_2O_3　　　H_2SO_4　　　Na_2SO_4

（2）配制0.2mol/L下列物质的溶液各200mL，需要下列物质各多少克？

H_2SO_4　　　　HCl　　　　Na_2SO_4

（3）计算实验室常用的质量分数为0.65，密度为1.4g/mL的浓硝酸的物质的量浓度。要配制2mol/L的硝酸溶液100mL，需用这种浓硝酸多少毫升？

（4）某化工厂生产出来的盐酸，密度为1.19 g/cm^3，取此盐酸0.6mL放入100mL容量瓶中，加水至刻度线，取出稀释后的盐酸50mL与30mL 0.1mol/L的NaOH溶液恰好完全反应，求：

① 稀释后盐酸的物质的量浓度；

② 原溶液的物质的量浓度；

③ 原溶液溶质的质量分数。

实验一 化学实验基本操作

一、实验目的

1. 掌握试管、烧杯、容量瓶等玻璃仪器的洗涤和干燥；
2. 能正确使用托盘天平、量筒等仪器；
3. 掌握一般化学药品的取用。

二、实验仪器与试剂

试管、试管夹、试管刷、烧杯、酒精灯、托盘天平及砝码、药匙、蒸发皿、研钵、玻璃棒、铁架台（附铁圈、铁夹）、石棉网、量筒。

去污粉（或洗衣粉）、蒸馏水。

三、实验内容与步骤

（一）玻璃仪器的洗涤与干燥

1. 洗涤

为了保证实验结果的准确，实验所用的玻璃仪器都应该是洁净的，所以，要学会玻璃仪器的洗涤方法。

应根据实验要求、污物性质和污染程度选用适当的洗涤方法。

（1）用水刷洗：一般的玻璃仪器可先用自来水冲洗，再用试管刷刷洗。刷洗时，将试管刷在器皿里转动或上下移动，然后再用自来水冲洗几次，最后用少量蒸馏水淋洗1～2次。此方法可洗去器皿上的可溶物，但往往不能洗去油污和有机物质。

（2）用去污粉（或洗衣粉）洗：先把器皿用水润湿，用试管刷蘸少量去污粉刷洗。再依次用自来水、蒸馏水冲洗，此法适宜洗涤油污。

（3）用铬酸洗液洗：如果仪器污染严重，可用铬酸洗液洗涤。洗液有强烈的腐蚀性，使用时要注意安全，防止溅到皮肤或衣服上。

把洗涤过的仪器倒置，如果观察内壁附有一层均匀的水膜，证明已洗干净；如果挂有水珠，则表明仍有残存油污，还要洗涤。

2. 干燥

（1）晾干：不急等着用的仪器可放置于干燥处，任其自然晾干。

（2）烘干：把仪器内的水倒干后，放进电烘箱内烘干。

（3）烤干：急用的烧杯、蒸发皿可置于石棉网上用小火烤干；试管可直接烤干，但要从底部加热，试管口向下倾斜，以免水珠倒流炸裂试管。不断地来回移动试管，不见水珠后，将试管口向上，赶尽水汽。

（4）吹干：带有刻度的计量仪器，不能用加热的方法进行干燥，而应在洗净的仪器中加入少量易挥发的有机溶剂（酒精或酒精与丙酮按体积比1：1的混合物），用电吹风吹干，如不急用可晾干。

（二）常用仪器使用及化学药品的取用

1．托盘天平的使用

托盘天平如图1-4所示，用于精密度不高的称量，能称准到0.1g。它附有一套砝码，放在砝码盒中。砝码的总质量等于天平的最大承载质量。砝码须用镊子夹取。

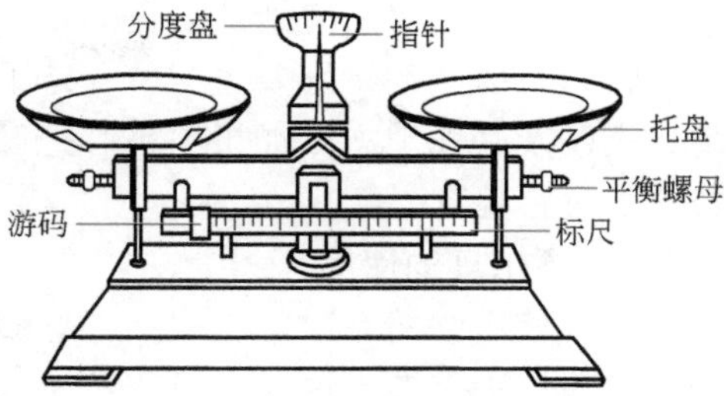

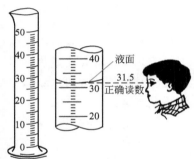

图1-4　托盘天平

托盘天平使用步骤如下。

（1）在称量前调零点。先检查天平的指针是否停在刻度盘上的中间位置，若不在中间，可调节天平下面的螺旋钮，使指针指在中间的零点。

（2）称量时左盘放物品，右盘放砝码。如果要称量一定质量的药品，则先在右盘加够砝码，在左盘加、减药品，使天平平衡；如果称量某药品的质量，则先将药品放在左盘，在右盘加、减砝码，使天平至平衡为止。有些托盘天平附有游码及刻度尺，称少量药品可用游码，游码刻度尺上每一大格表示1g，每小格有的表示0.5g、有的表示0.1g。称量时不可将药品直接放在天平盘上，可在两盘上放等质量的纸片或用已称过质量的小烧杯盛放药品。

（3）称量后，把砝码放回砝码盒中，并将天平两盘重叠一起，以免天平摆动磨损刀口。

2．量筒的使用

量筒是常用的有刻度的量器，用于较粗略地量取一定体积的液体，可根据需要选用不同容积的量筒，可准确到0.1mL。

图1-5　量筒及数据读取

量取液体时，如图1-5所示，应该使视线与量筒内液体的凹液面底部，处于水平位置，凹液面所切的刻度就是所要取用的溶液的体积。视线偏高或偏低都会产生误差。

当量取的溶液表面张力较大时，界面呈凸面，这时看液体的凸液面顶部与刻度相切。

量筒等带有刻度的量器都不能加热，也不可作为反应容器。

3．化学试剂的取用

（1）不要用手直接接触试剂，更不要品尝试剂的味道。不能直接嗅闻气体，应用手扇闻。

（2）取用一定体积的液体时，要用量筒。向量筒或试管中倒入液体的方法如图1-6所示。倾倒完毕将瓶口在容器中轻轻碰一下，使残留的液滴流入容器。

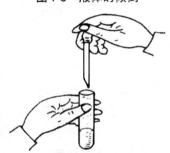

图1-6　液体的倾倒

（3）取少量液体时，要用滴管吸取，如图1-7所示。操作时不要把滴管口伸入容器内或与器壁接触，以免沾污滴管。

图1-7　使用滴管将试剂滴入试管

（4）取用粉末状固体试剂应用药匙或纸槽，如图1-8所示。将装有试剂的纸槽平伸入试管底部，然后竖直取出纸槽。块状固体试剂的取用要用镊子，将试剂平放入试管口，再将试管慢慢竖起，使试剂缓慢滑到试管底部。

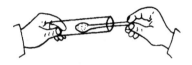

图1-8　固体药品的取用

（5）取放试剂特别要注意：一定不要使试剂溅到皮肤、眼睛、桌子及其他地方！如果不小心把腐蚀性药剂溅到人的身上，应立即用水冲洗，并及时报告老师进行处理。

4．酒精灯的使用

（1）使用酒精灯时，应先摘去灯帽，再将火柴移近灯芯点燃。绝对不能将酒精灯移近另一个酒精灯去点燃，这样，很容易使酒精漏出发生危险，如图1-9所示。

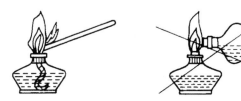

图1-9　酒精灯的点燃

（2）酒精灯使用完毕后，要用灯帽将火焰罩熄，不可吹灭。吹会使灯内酒精燃烧着火，少量酒精着火时，只需用湿抹布覆盖即可熄灭。

（3）加热时要使受热容器接触火焰的外焰部分，不要用内焰加热。

（4）加热液体可用试管、烧瓶、烧杯等。加热固体可用干燥的试管和蒸发皿等。

（5）加热容器里的物质，应用试管夹夹持住容器或固定在铁架台上。加热前应将容器外部擦干，用烧杯或烧瓶加热时底都应垫上石棉网，使其均匀受热，如图1-10所示。同时烧热的玻璃器皿绝对不能和冷物体接触。

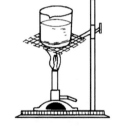

图1-10　烧杯的加热

（6）用试管加热时，试管夹应夹在距试管口1/4～1/3处，不得压住短柄，以免松脱试管夹，如图1-11所示。

图1-11　用试管加热液体药品

（7）加热盛有液体的试管时，液体的体积一般不要超过试管容积的1/3。加热时，试管与桌面呈45°，先将试管均匀受热。然后在试管中下部加热，并不断上下移动试管，火焰高度不能超过液面。加热时，一定不要将管口对着人体，以防液体沸腾喷出伤人。

（8）加热试管里的固体药品时，应将固体试剂斜铺在试管底部，试管口略向下倾斜，均匀加热后再集中加热，火焰由前向后缓慢移动，如图1-12所示。

有关分液漏斗、移液管等仪器的操作见后面相应章节的介绍。

四、思考与提示

1．如何洗涤，才能使各种玻璃仪器洗涤干净？
2．取用固体和液体药品时，应该注意什么问题？
3．如何检查装置的气密性？
4．用酒精灯加热时应该注意哪些问题？

图1-12　加热试管中的固体

实验二　溶液的配制和稀释

一、实验目的

1．学会配制一定物质的量浓度溶液的方法；
2．掌握容量瓶的使用和药品的称量；
3．通过实验对溶液的概念有进一步的了解。

二、实验仪器与试剂

托盘天平、量筒（10mL，50mL）、容量瓶（250mL）、烧杯、滴管、药匙、玻璃棒。
固体氢氧化钠、浓硫酸、蒸馏水。

三、实验内容与步骤

1．配制1mol/L的氢氧化钠溶液250mL

（1）计算：计算出配制1mol/L的氢氧化钠溶液250mL所要的固体氢氧化钠的质量。

（2）称量：用托盘天平称量一个干燥洁净的烧杯的质量，再将氢氧化钠放入烧杯中，按照计算结果，称出所需质量的氢氧化钠。

（3）配制溶液：向烧杯中加入适量蒸馏水，用玻璃棒搅拌使氢氧化钠完全溶解，冷却后将溶液移至250mL容量瓶中。并分别用少量水洗涤烧杯和玻璃棒2～3次，洗液全部转移至容量瓶中。然后按照图1-3所示，配制成250mL溶液（注意：使用容量瓶前，应先检查容量瓶塞是否严密。振荡之前，要将瓶塞塞紧）。

（4）配好的溶液倒入试剂瓶中，贴上标签。

2．用市售浓硫酸配制250mL $c(H_2SO_4) = 1mol/L$ 的稀硫酸

（1）市售浓硫酸的质量分数为98.0%，密度为1.84g/cm³，使用浓度换算公式：

$$c = 1000\rho w/M, \ mol/L$$

计算出浓硫酸的物质的量浓度。并根据稀释公式 $c_1V_1 = c_2V_2$，求所需浓硫酸的体积。

（2）量取：用量筒量取所需浓硫酸的体积。

说明：使用容量瓶配制溶液时，不应该使用量筒量取溶液。此处只是为了强调容量瓶的使用。

（3）稀释：将上述量取的浓硫酸慢慢地沿着烧杯内壁倒入盛有约100mL蒸馏水的烧杯中，边倒边搅拌并冷却。

注意：不可将水倒入浓硫酸中。

（4）按图1-3配制溶液。

（5）将配好的溶液倒入试剂瓶中，贴上标签。

四、思考与提示

1．称量氢氧化钠时，为什么要使用烧杯？

2．浓硫酸配制稀硫酸时，应该注意哪些问题？

3．将烧杯里的溶液倒入容量瓶后，为什么还要洗涤烧杯2～3次，并将洗液全部转移至容量瓶中？

2 原子结构和化学键

学习目标

1. 了解原子的组成、核外电子的运动状态和核外电子的排布规律；
2. 理解原子结构和元素周期律的关系；
3. 掌握化学键的类型及特点；
4. 理解常见晶体的类型。

　　自然界中为什么会形成如此繁多的化合物，而它们又具有各种特性与功能？物质之间究竟为什么会发生这样、那样的化学变化？这些问题的回答涉及物质内部的组成及其结构，因此必须从更深的层次、从微观的角度来研究物质，了解原子的结构，特别是核外电子的运动规律，继而了解物质内部的原子和分子等是如何通过化学键等相互作用力结合在一起的。

2.1　原子的构成、同位素

2.1.1　原子的构成

　　原子是构成物质的一种微粒，原子是否可以再分？如果原子可以再分，它是由哪些更小的微粒构成的呢？

　　19世纪初，人们发现，原子虽小，但仍能再分。科学实验证明，原子由原子核和核外电子组成。原子核带正电荷，居于原子的中心，电子带负电荷，在原子核周围空间作高速运动。原子核所带的正电荷数（简称核电荷数）与核外电子所带的负电荷数相等，所以整个原子是电中性的。原子很小，原子核更小，它的半径小于原子的万分之一，它的体积只占原子体积的几千亿分之一。

科学实验证实，原子核可以再分，原子核由质子和中子构成。质子带一个单位正电荷，中子不带电荷，因此原子核所带的电荷数（Z）由核内质子数决定，即：

核电荷数（Z）＝质子数＝核外电子数

构成原子的三种粒子的基本物理数据见表2-1。

表2-1　构成原子的三种粒子的基本物理数据

原子的构成	质子	中子	电子
质量/kg	1.67×10^{-27}	1.675×10^{-27}	9.1×10^{-31}
相对质量	1.007	1.008	质子的1/1836
电性	单位正电荷	中性	单位负电荷

质子的质量为 1.6726×10^{-27}kg，中子的质量为 1.6748×10^{-27}kg，作为相对原子质量标准的 ${}^{12}_{6}C$ 原子的质量是 1.9927×10^{-27}kg，它的1/12为 1.6606×10^{-27}kg。质子和中子对它的相对质量分别为1.007和1.008，取近似值为1。如果忽略电子的质量，将原子核内所有的质子和中子的相对质量取近似整数值加起来，所得的数值，叫质量数，用符号 A 表示。中子数用符号 N 表示，质子数（也是原子序数）用符号 Z 表示，则：

质量数（A）＝质子数（Z）＋中子数（N）

质量数是原子的质量数，就是原子的近似相对原子质量。已知上述三个数值中的任意两个，就可以推算出另一个数值来。

例如，已知硫原子的核电荷数为16，质量数为32，则：

硫原子的中子数＝$A-Z$＝32-16＝16

归纳起来，如果以X代表一个质量数为 A，质子数为 Z 的原子，那么构成原子的粒子间的关系可以表示如下：

$$原子\ {}^{A}_{Z}X \begin{cases} 原子核 \begin{cases} 质子（Z） \\ 中子（{}^{1}_{1}H除外）（N） \end{cases} \\ 核外电子（Z） \end{cases}$$

2.1.2　同位素

具有相同核电荷数的同一类原子叫做元素。科学实验证明，同种元素原子的质子数相同，中子数、质量数不一定相同。具有相同核电荷但不同原子质量的原子（核素）称为同位素。例如氢有三种同位素：${}^{1}_{1}H$、${}^{2}_{1}H$、${}^{3}_{1}H$ 称为H气、D氘（又叫重氢）、T氚（又叫超重氢），如图2-1所示；碳有多种同位素，如 ${}^{12}_{6}C$、${}^{13}_{6}C$、${}^{14}_{6}C$（有放射性）等。

到目前为止，已发现的元素有119种，只有20种元素未发现稳定的同位素，但所有的元素都有放射性同位素。大多数的天然单质都是由几种同位素组成的混合物，稳定同位素有300多种，而放射性同位素竟达1500种以上。由于质子数相同，所以它们的核电荷数和核外电子数都是相同的（质子数＝核电荷数＝核外电子数），并具有相同电子层结构。因此，同位素的化学性质是相同的，但由于它们的中子数不同，所以各原子质量会有所不同，涉及原

1个质子　　　　1个质子　　　　1个质子
　　氕　　　　1个中子　　　　2个中子
　　　　　　　　　氘　　　　　　氚

图2-1　氢的同位素示意图

子核的某些物理性质（如放射性等），也有所不同。例如，$^{12}_{6}C$就是作为相对原子质量基准的那种碳原子，通常也叫碳12；$^{235}_{92}U$是制造原子弹的材料和核反应堆的燃料；$^{2}_{1}H$、$^{3}_{1}H$是制造氢弹的材料。

天然存在的元素，不论是游离态还是化合态，各种同位素原子含量（又称丰度）一般是不变的。我们平常所说的某种元素的相对原子质量，是按各种天然同位素原子的相对原子质量和丰度算出来的平均值。

同位素的发现，使人们对原子结构的认识更深一步。这不仅使元素概念有了新的含义，而且使相对原子质量的基准也发生了重大的变革，再一次证明了决定元素化学性质的是质子数（核电荷数），而不是原子质量数。

思考

（1）原子的质量虽然很小，它又是由哪几种粒子的质量构成的？

（2）原子的质量主要集中在哪里？

2.2　原子核外电子的排布

电子是质量很小的带负电荷的微粒，它在原子这样小的空间（直径约10^{-10}m）怎样运动？它的运动跟宏观物体有什么不同？下面将对这些问题进行阐述。

2.2.1　原子核外电子运动的特征

我们知道，行星（如地球等）都是以固定轨道围绕着恒星（如太阳）运转，这些大物体的运动（宏观运动）有着共同的规律，人们可以在任何时间内准确地测量出它们的位置和运行的速度。

原子核外电子的运动特征是怎样的呢？由于氢原子核外只有一个电子，研究起来更为方便，用连续拍照的方式记录氢原子的核外电子的运动轨迹。先给氢原子拍5张照片，如图2-2所示，继续拍大量的照片，并将这些照片叠加起来研究，则得到它的大致形状，如图2-3所示。

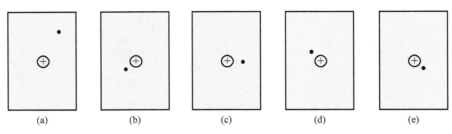

图2-2 氢原子瞬间照片

(a) 5张照片叠印　　(b) 20张照片叠印　　(c) 约500张照片叠印　　(d) 约1000张照片叠印

图2-3 氢原子瞬间照片的叠加

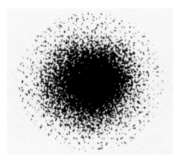

图2-4 电子云示意图

从照片统计结果可见，氢原子的核外电子的运动并没有确定的轨道，而是在原子范围内做高速无规则运动。

我们不能测定或计算出它在某一时刻所在的位置，也不能描画它的运动轨迹。只能用统计的方法描述它在核外空间某区域出现机会的多少（数学上称为概率）。电子在不同的区域内出现的概率是不一样的，如果把这些概率用图形来表示的话，就像是笼罩在原子周围的一层带负电的云雾，称为电子云，如图2-4所示。图中电子密集的程度表示电子在该处出现的概率大小。

2.2.2 原子核外电子的排布

我们知道，随着原子核电荷数的增加，核外电子数目也增加。那么，在含有多个电子的原子中，这些电子在核外是怎样排布的呢？近代原子结构理论认为，在含有多个电子的原子中，电子的能量并不相同，能量低的，在离核近的区域运动；能量高的，在离核远的区域运动。通常用电子层（如图2-5所示）来表明这种离核远近不同的区域。把能量低的叫第一层（电子层的序数 $n=1$），能量稍高、离核稍远的第二层（$n=2$），由里向外依此类推，叫第三（$n=3$）、第四（$n=4$）、第五（$n=5$）、第六（$n=6$）、第七（$n=7$）层。并依次用

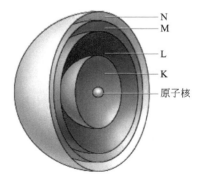

图2-5 原子核内电子层示意图

K、L、M、N、O、P、Q等符号来表示。目前已知最复杂的原子，其电子层不超过七层。

核外电子的分层运动，又叫核外电子的分层排布。下面将核电荷数从 $1 \sim 20$ 的元素原子和6种稀有气体元素原子的核外电子排布情况列入表2-2和表2-3中。

表2-2 核电荷数1～20的元素原子的核外电子排布

核电荷数	元素名称	元素符号	各电子层电子数			
			K	L	M	N
1	氢	H	1			
2	氦	He	2			
3	锂	Li	2	1		
4	铍	Be	2	2		
5	硼	B	2	3		
6	碳	C	2	4		
7	氮	N	2	5		
8	氧	O	2	6		
9	氟	F	2	7		
10	氖	Ne	2	8		
11	钠	Na	2	8	1	
12	镁	Mg	2	8	2	
13	铝	Al	2	8	3	
14	硅	Si	2	8	4	
15	磷	P	2	8	5	
16	硫	S	2	8	6	
17	氯	Cl	2	8	7	
18	氩	Ar	2	8	8	
19	钾	K	2	8	8	1
20	钙	Ca	2	8	8	2

表2-3 稀有气体元素原子的核外电子排布

核电荷数	元素名称	元素符号	各电子层的电子数					
			K	L	M	N	O	P
2	氦	He	2					
10	氖	Ne	2	8				
18	氩	Ar	2	8	8			
36	氪	Kr	2	8	18	8		
54	氙	Xe	2	8	18	18	8	
86	氡	Rn	2	8	18	18	18	8

从表2-2、表2-3可见，核外电子的分层排布是有一定规律的。

首先，各电子层最多容纳的电子数目是$2n^2$，即K层（$n=1$）为$2\times1^2=2$个；L层（$n=2$）为$2\times2^2=8$个；M层（$n=3$）为$2\times3^2=18$个；N层（$n=4$）为$2\times4^2=32$个等。

其次，最外层电子数目不超过8个（K层为最外层时不超过2个）。

第三，次外层电子数目不超过18个，倒数第三层电子数目不超过32个。

科学研究还发现核外电子总是尽可能先排布在能量最低的电子层里，然后再由里往外，依次排布在能量逐步升高的电子层里，即按K、L、M电子层的顺序，先后依次排满电子。

以上几点是互相联系的，不能独立地理解。例如，当M层不是最外层时，最多可以排布18个电子，而当它是最外层时，则最多可以排布8个电子。又如，当O层为次外层时就不是最多排布$2\times5^2=50$个电子，而是最多排布18个电子。

知道原子的核电荷数和电子层排布以后，可以画出原子结构示意图。例如图2-6是钠原子和氯原子的结构示意图。图2-6中＋11表示原子核及核内有11个质子，弧线表示电子层，弧线上面的数字表示该层的电子数。

图2-6　钠原子和氯原子的结构示意图

思考

（1）电子为何不会被原子核吸引到核内？

（2）能量大稳定还是能量小稳定？

（3）原子希望自己稳定还是不稳定？

2.3　元素周期律

2.3.1　原子核外电子排布的周期性

元素周期律，指元素的性质随着元素的原子序数（即原子核外电子数或核电荷数）的增加呈周期性变化的规律。周期律的发现是化学系统化过程中的一个重要里程碑。

为了认识元素之间的相互联系和内在规律，将原子序数为1～18的元素原子的有关数据和性质变化列入表2-4中，通过此表可以寻找元素性质的变化规律。

表2-4　元素性质随着核外电子周期性的排布而呈周期性的变化

原子序数	1	2	3	4	5	6	7	8	9
元素名称 元素符号	氢 H	氦 He	锂 Li	铍 Be	硼 B	碳 C	氮 N	氧 O	氟 F
电子层结构	1	2	2 1	2 2	2 3	2 4	2 5	2 6	2 7
原子半径/pm	37	122	123	89	82	77	75	74	71
化合价	＋1	0	＋1	＋2	＋3	＋4，－4	＋5，－3	－2	－1

原子序数	10	11	12	13	14	15	16	17	18
元素名称 元素符号	氖 Ne	钠 Na	镁 Mg	铝 Al	硅 Si	磷 P	硫 S	氯 Cl	氩 Ar
电子层结构	2 8	2 8 1	2 8 2	2 8 3	2 8 4	2 8 5	2 8 6	2 8 7	2 8 8
原子半径/pm	160	186	160	143	117	110	102	99	191
化合价	0	＋1	＋2	＋3	＋4，－4	＋5，－3	＋6，－2	＋7，－1	0

为了方便，人们按核电荷数由小到大的顺序给元素编号，这种序号叫原子序数。随着原子序数的递增，元素原子的最外层电子排布呈周期性的变化。从表2-4中可以看出，原子序数为3～10的元素的原子，即从Li～Ne，均有2个电子层，最外层的电子数由1个递增到8个，Ne原子达到了稳定结构；原子序数为11～18的元素的原子，即从Na～Ar，均有3个电子层，最外层的电子数由1个递增到8个，Ar原子达到了稳定结构；将原子序数为18以后的元素的原子继续排列起来，也会发现类似的规律，即每隔一定数目的元素，重复出现元素的原子最外层电子从1个递增到8个的变化。

2.3.2　原子半径的周期性变化

随着原子序数的递增，元素的原子半径呈现周期性的变化，如图2-7所示。

除第1周期外，其他周期元素（惰性气体元素除外）的原子半径随原子序数的递增而减小；同一族的元素从上到下，随电子层数增多，原子半径增大。

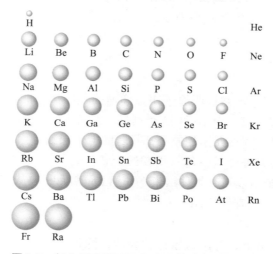

图2-7　部分元素的原子半径规律性变化示意图

稀有气体元素的原子半径的测定方法与其他元素不同，所以图2-7中未加显示。

2.3.3　元素主要化合价的周期性变化

除第1周期外，同周期从左到右，元素最高正价由碱金属＋1递增到＋7，非金属元素负价由碳族－4递增到－1（氟无正价，氧无＋6价）。

同一主族的元素的最高正价、负价均相同。所有单质都显零价。

2.3.4　元素化学性质的周期性变化

（1）元素的金属性与非金属性

同一周期的元素从左到右金属性递减，非金属性递增；

同一主族的元素从上到下金属性递增，非金属性递减。

（2）最高价氧化物的水化物的酸碱性

元素的金属性越强，其最高价氧化物的水化物的碱性越强；元素的非金属性越强，最高价氧化物的水化物的酸性越强。

（3）非金属气态氢化物稳定性

元素非金属性越强，气态氢化物越稳定。同周期非金属元素的非金属性越强，其气态氢化物水溶液一般酸性越强；同主族非金属元素的非金属性越弱，其气态氢化物水溶液的酸性越弱。

（4）单质的氧化性、还原性

一般元素的金属性越强，其单质的还原性越强，其氧化物的氧化性越弱；元素的非金属性越强，其单质的氧化性越强，其简单阴离子的还原性越弱。

2.3.5　元素周期表

根据元素周期律，将目前已经发现的元素，按照原子序数递增的顺序排列，将电子层数相同的元素从左到右排成横行；再将最外层电子数相同的元素，按照电子层数递增的顺序从上到下排成纵行，所得到的表叫元素周期表。元素周期表是元素周期律的具体表现形式，不仅反映了元素之间相互联系的规律性，同时，为进一步研究和学习元素分类打下基础。

元素周期表的结构如下。

（1）周期

将具有相同的电子层数，并按照原子序数递增的顺序排列的一系列元素叫做一个周期。元素周期表共有7个横行，每一个横行叫1个周期，共有7个周期，依次用1、2、3、4、5、6、7表示。周期的序数就是该周期元素的原子都具有的电子层数。

除第1周期和第7周期外，其余每一周期的元素都是从活泼的金属元素开始，逐渐过渡到活泼的非金属元素，最后以稀有气体结束。如第3周期元素，从碱金属Na开始逐渐过渡到卤族元素Cl，最后终止于稀有气体Ar。

（2）族

元素周期表中共有18个纵行，将纵行称为族，除8、9、10三个纵行外，每一纵行称为一族，共有16个族。族的序数用罗马数字Ⅰ、Ⅱ、Ⅲ、Ⅳ、Ⅴ、Ⅵ、Ⅶ、Ⅷ表示。族又分为主族和副族。元素周期表中，共有8个主族、8个副族。

① 主族　由短周期元素和长周期元素共同构成的族，称为主族，在族的序数后面标上A，如ⅠA、ⅡA、ⅢA、…、ⅧA。主族元素的序数，就是该族元素原子的最外层电子数，也是该元素的最高正化合价。

② 副族　完全由长周期元素构成的族，称为副族，在族的序数后面标上B，如ⅠB、ⅡB、ⅢB、…、ⅧB。

2.3.6　元素性质的递变规律

在元素周期律和元素周期表的基础上，以下主要讨论主族元素性质在元素周期表中的递变规律。

（1）同周期

在同一周期中，各元素都具有相同的电子层数。从左到右，随着原子序数的递增，原子半径逐渐减小，原子失电子能力逐渐减弱，得电子能力逐渐增强。元素的金属性逐渐减弱，元素的非金属性逐渐增强。

（2）同主族

在同一主族中，各元素的原子核外最外层电子数相同，从上到下，随着原子序数的增加，电子层数依次增多，原子半径逐渐增大，元素原子失去电子能力逐渐增强，得电子能力逐渐减弱，即元素的金属性逐渐增强，非金属性逐渐减弱。

由于元素的金属性和非金属性没有明显的界限，所以表2-5中位于折线附近的元素为表现双重性质的两性元素。表2-5中左下角原区域内的元素全部是金属元素；表中右上角区域内的元素（不包括O族元素）均是非金属元素。一般认为，铯元素是金属性最强的元素；氟元素是非金属性最强的元素。

表2-5　主族元素金属性和非金属性的递变

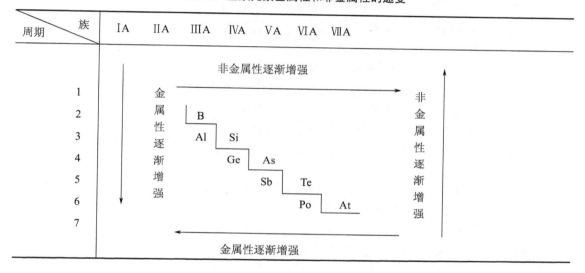

2.3.7　元素周期表的应用

历史上，为了寻求各种元素及其化合物间的内在联系和规律性，许多人进行了各种尝试。1869年，俄国化学家门捷列夫在前人探索的基础上，总结出元素周期律，并编制出第一张元素周期表（当时只发现63种元素），它是元素周期律和周期表的最初形式。直到20世纪原子结构理论逐步发展之后，元素周期律和元素周期表才发展成为现在的形式。

运用元素周期律和元素在周期表中的位置及其相邻元素的性质关系，可以推断元素的一般性质，预言和发现新元素，寻找和制造新材料等。元素周期表对工、农业生产具有一定的指导作用。因为周期表中位置靠近的元素性质相近，这样为人们寻找新材料提供了一定的线索。

思考

（1）同一周期元素的金属性和非金属性变化有何规律？

（2）元素周期表对理解元素的性质有何意义？

分子是由原子组成的。原子能结合成分子是由于原子之间存在着相互作用，这种相互作用不仅存在于直接相邻的原子之间，而且也存在于分子内的非直接相邻的原子之间。这种相邻的两个或多个原子之间强烈的相互作用，叫做化学键。化学键的主要类型有离子键、共价键和金属键。本节学习离子键和共价键，金属键将在后面的章节作介绍。

2.4.1 离子键

我们通过实验来学习离子键的形成。例如，金属钠在氯气中燃烧生成氯化钠的反应（见图2-8）。

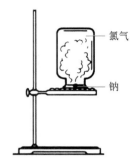

图2-8 钠在氯气中燃烧

$$2Na + Cl_2 \rule[0.5ex]{1.5em}{0.4pt} 2NaCl$$

当钠与氯气反应时，钠原子的最外电子层的1个电子转移到氯原子的最外层电子层上去。这时钠原子因失去了1个电子而形成了带正电荷的钠离子（Na^+），它具有类似氖原子的稳定结构。而氯原子因得到了1个电子而形成带负电荷的氯离子（Cl^-），具有类似氩原子的稳定结构。

钠离子和氯离子之间依靠静电吸引而相互靠近。随着两种离子的逐渐接近，两者之间的电子和电子、原子核和原子核的相互排斥作用也逐渐增强，当两种离子接近至一定距离时，吸引和排斥作用达到平衡，于是阴、阳离子都在一定的平衡位置上振动，形成了稳定的化学键。像氯化钠一样，凡由阴、阳离子间通过静电作用所形成的化学键叫做离子键。

在化学反应中，一般是原子的最外层电子发生变化，为简便起见，可以在元素符号周围用小黑点•（或×）来表示原子的最外层电子，这种式子叫做电子式。例如：

$$H\cdot \quad Na\cdot \quad \times Mg\times$$

也可以用电子式来表示物质形成的过程。例如，氯化钠的形成过程用电子式表示如下：

$$Na\times + \cdot\ddot{\underset{\cdot\cdot}{C}}l\colon \longrightarrow Na^+[\colon\!\ddot{\underset{\cdot\cdot}{C}}l\colon]^-$$

一般情况下，活泼的金属元素与活泼的非金属元素之间相互化合时，都能形成离子键。在元素周期表中ⅠA、ⅡA族元素与ⅥA、ⅦA族元素相互化合时，一般形成离子键。

例如，氧化镁的形成可以用电子式表示为：

$$\times Mg\times + \cdot\ddot{\underset{\cdot\cdot}{O}}\cdot \longrightarrow Mg^{2+}[\colon\!\overset{\times}{\underset{\cdot\cdot}{O}}\colon]^{2-}$$

氟化钙的形成也可以用电子式表示为：

$$\colon\!\ddot{\underset{\cdot\cdot}{F}}\cdot + \times Ca\times + \cdot\ddot{\underset{\cdot\cdot}{F}}\colon \longrightarrow [\colon\!\ddot{\underset{\cdot\cdot}{F}}\times]^- \quad Ca^{2+} \quad [\colon\!\ddot{\underset{\cdot\cdot}{F}}\colon]^-$$

以离子键结合的化合物称为离子化合物。绝大多数的盐、碱和金属氧化物都是离子化合物。

2.4.2 共价键

（1）共价键的形成

以氢分子为例来说明共价键的形成。在通常状况下，当一个氢原子和另一个氢原子接近时，就相互作用而生成氢分子：

$$H + H = H_2$$

在形成氢分子的过程中，由于两个氢原子吸引电子的能力相等，所以电子不是从一个氢原子转移到另一个氢原子上，而是在两个氢原子间共用两个电子，形成共用电子对。这两个共用的电子在两个原子核周围运动。因此，在氢分子中每个氢原子都好像具有类似氦原子的稳定结构，如图2-9所示。

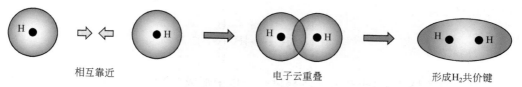

相互靠近　　　　　　　　　　　　　　电子云重叠　　　　　形成H_2共价键

图2-9　氢分子的形成

氢分子的生成可以用电子式表示为：

$$H \cdot + {}_{\times} H \longrightarrow H {:}_{\times} H$$

在化学上常用一根短线来表示一对共用电子对，因此氢分子又可表示为$H—H$，这种表示形式称为氢分子的结构式。

像氢分子一样，原子间通过共用电子对所形成的化学键，叫做共价键。

非金属元素之间都是以共价键相结合的，例如下列分子的形成：

分子式	结构式
Cl_2	$Cl—Cl$
HCl	$H—Cl$
H_2O	$\begin{matrix} O \\ H\ \ H \end{matrix}$
N_2	$N≡N$
CO_2	$O=C=O$

上述前三种分子内原子间只有一对共用电子对，称为单键；CO_2分子内的碳、氧原子间有两对共用电子对，则是双键，碳形成两个双键；N_2分子内有三对共用电子对，形成三键。

（2）极性键和非极性键

在一些非金属单质分子中，存在同种原子形成的共价键，由于两个原子吸引电子的能力相同，共用电子对不偏向任何一个原子，成键的原子不显电性。这样的共价键叫做非极性共价键，简称非极性键，如$H—H$键、$Cl—Cl$键就是非极性键。

在不同的非金属元素的原子所形成的化合物分子中，共价电子对偏向于吸引电子能力强的一方，使得吸引电子能力较强的原子带部分负电荷，吸引电子能力较弱的原子带部分正电荷。这样的共价键叫做极性共价键，简称极性键。例如，在HCl分子中，Cl原子吸引电子的能力比H原子强，共用电子对偏向于Cl原子一方，使Cl原子相对地显负电性，H原子相对地显正电性，因此，HCl分子中的$H—Cl$键是极性键。同样地，H_2O分子中的$H—O$键也是极性键。

化合物中键的类型并不一定是单一的，例如，在$NaOH$中，Na^+和OH^-之间是离子键，而OH^-中H、O之间是共价键。

2.4.3　配位键

在前面介绍的共价键中，共用电子对是由成键的两个原子共同提供的，即每个原子提供一个电子。还有一类特殊的共价键，共用电子对是由一个原子或离子单方面提供而与另一个原子或离子（不需要提供电子）共用。这样的共价键叫做配位键。配位键是有极性的。配位键用 A→B 表示，其中 A 是单方面提供电子的一方，B 是接受电子的一方。例如铵根离子（NH_4^+）中就存在配位键：

NH_4^+ 中氮原子与其中 3 个氢原子各提供一个电子形成 3 个 N—H 共价键，还有一个是氮原子单方面提供的一对电子与一个氢离子共用形成配位键，即 N→H 键。

在 NH_4^+ 中，虽然有一个 N—H 键形成过程与其他 3 个 N—H 键形成过程不同，但是一旦形成之后，4 个共价键就完全相同。

思考

（1）阴、阳离子结合在一起，彼此电荷是否会中和呢？

（2）共价键是否一定存在于共价化合物中？

（3）判断 H—Cl、Cl—Cl、N≡N、C—C、S—H、F—H 键是极性键还是非极性键？从中能得出什么规律吗？

2.5　分子间力与晶体

化学键讨论的是分子内原子之间的相互作用，那么，分子与分子之间是否也存在相互作用呢？下面将对此进行阐述。

2.5.1　分子间力

根据经验，在温度足够低时，许多气体能凝聚为液体，甚至凝结为固体，这说明分子间存在着一种相互吸引的作用，即分子间力。荷兰物理学家范德华（Van der Waals）首先对分子间力进行了研究，因此分子间力又称为范德华力。

分子间的作用力包括引力和斥力，斥力在分子间作用的范围较小，分子间力一般常表现为引力。而且固态时分子间作用力较大，液态时分子间力次之，而气态时分子间力很小。

从能量上来看，分子间力比化学键要小得多。化学键键能在 125.4 ~ 836kJ/mol，而分子间力的能量为 10 ~ 40kJ/mol。例如，HCl 分子内的键能为 431kJ/mol，而 HCl 分子间的相互作用能量为 21.14kJ/mol。

分子间力的大小对物质的熔点、沸点、溶解度等物理性质有一定的影响。分子间力越大，物质的熔点、沸点就越高。这主要是因为物质熔化或汽化，需要吸收能量克服分子间力（指共价分子）。一般的说，组成和结构相似的物质，随着相对分子质量的增大，其分子间力也增大，熔点、沸点也随之升高。例如，卤素单质的熔点和沸点随相对分子质量的增大而升高，就能说明这一规律。

2.5.2　氢键

氢键是一种存在于分子之间也存在分子内部的作用力，它比化学键弱，又比范德华力强。

氢键是怎样形成的呢？下面以HF分子为例来说明。

在HF分子中，H和F原子以共价键结合，但因F原子的电负性大，电子云强烈地偏向于F原子一方，结果使H原子一端显正电性。由于H原子半径很小，又只有一个电子，当电子强烈地偏向于F原子后，H原子几乎成为一个"裸露"的质子，因此正电荷密度很高，可以和相邻的HF分子中的F原子产生静电吸引作用，形成氢键。氟化氢的氢键表示为F—H…F（见图2-10）。

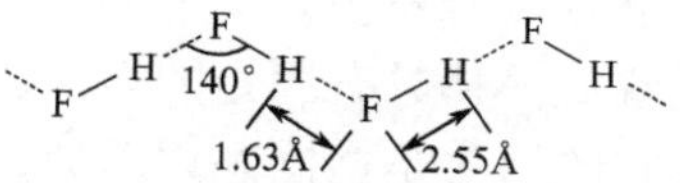

图2-10　固体HF中的氢键（1Å＝1×10⁻¹⁰m）

不仅同种分子间可形成氢键，不同种分子间也可以形成氢键，NH_3和H_2O间的氢键如图2-11所示。

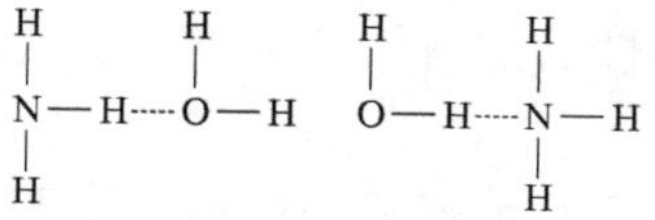

图2-11　NH_3和H_2O间的氢键

氢键通常用X—H---Y表示，X和Y代表F、O、N等电负性大，半径较小的原子。

除了分子间的氢键外，某些物质的分子也可以形成分子内氢键，如邻硝基苯酚、$NaHCO_3$晶体等，如图2-12所示。

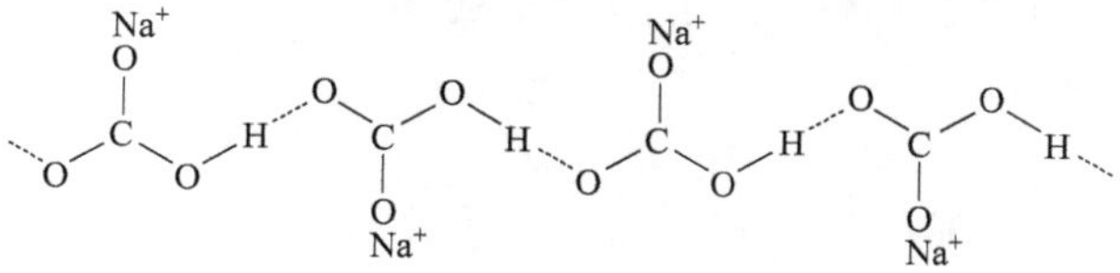

图2-12　$NaHCO_3$分子内氢键

总之，分子欲形成氢键必须具备两个基本条件，其一是分子中必须有一个与电负性很强的元素形成强极性键的氢原子。其二是分子中必须有带孤电子对、电负性大且原子半径小的元素。

氢键不是化学键，而是一种特殊的分子间作用力。这种作用力的能量一般在41.8kJ/mol以下，与分子间力相近，但比化学键的能量弱得多。由于氢键的存在使得氢化物中NH_3、H_2O、HF的熔点、沸点都高于第三周期相应的氢化物。

2.5.3 晶体

原子、分子和离子按一定的方式相互聚集可以形成气体、液体、固体等状态的物质。对于固体而言，不仅具有一定体积而且还具有一定形状。固体物质分为晶体和非晶体两大类，绝大多数固体属于晶体。

2.5.3.1 晶体的特征

（1）具有一定的几何外形

晶体具有一定的几何外形。例如，食盐晶体具有立方体形（见图2-13）；石英晶体是六方柱体形；明矾晶体则是八面体形。

非晶体，如玻璃、橡胶、沥青和松香等，则没有一定的几何外形，故称为无定形体。

（2）有固定的熔点

晶体在一定的温度下转变为液体时的温度叫做该晶体的熔点或叫做该液体的凝固点（对水来说，称为冰点）。加热晶体达到熔点即开始熔化，继续加热，温度保持不变，只有待晶体完全熔化后，温度才开始上升，这说明晶体具有固定的熔点。

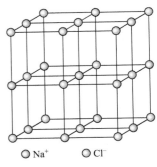

图2-13 NaCl的晶体结构

而非晶体没有固定的熔点，它的熔化是由固态逐渐软化，流动性增加，最后变成液体，从软化到完全熔化。这个过程要经历一个较宽的温度范围。

（3）各向异性

晶体的许多物理性质具有方向性。例如石墨的层向导电率比垂直于层向方向的导电率高出10^4倍；晶体破碎时，特别容易沿着某一平面裂开。例如云母特别容易沿着某一方向的平面分裂成薄片。非晶体是各向同性的，例如当打碎一块玻璃时，它不会沿着一定的方向破裂，而是得到形状不同的碎片。

晶体和非晶体性质的差异，主要是由内部结构决定的。应用X射线研究晶体的结构表明，组成晶体的粒子（分子、原子、离子），以确定位置的点在空间有规则地排列。这些点按一定规则排列所形成的几何图形称为晶格，如图2-13所示，每个粒子在晶格中所占有的位置称为晶格点。非晶体的微粒在空间的排列是不规则的。

2.5.3.2 晶体的基本类型

晶体的基本类型分为以下四种：离子晶体、原子晶体、分子晶体和金属晶体。

（1）离子晶体

在晶格点上交替地排列着阳离子和阴离子，两者之间通过离子键结合而形成的晶体叫做离子晶体。例如图2-13中的NaCl就是离子晶体。

由于阴、阳离子之间存在着较强的离子键，作用力较大，因此，离子晶体一般具有较高的熔点、沸点和较大的硬度、密度，难以压缩和挥发。

（2）原子晶体

原子间以共价键结合而形成的晶体叫做原子晶体。例如金刚石的晶体，如图2-14所示。

碳原子　　　　　共价键

图2-14 金刚石晶体的结构

在金刚石晶体中，每个碳原子都被相邻的4个碳原子包围，处于4个碳原子的中心，以共价键与这4个碳原子结合，成为正四面体结构。这种正四面体结构向空间延伸，形成三维网状结构的巨型"分子"。常见的原子晶体还有可作半导体元件的硅和锗，以及金刚砂（SiC）、石英（SiO_2）等。

在原子晶体中，由于原子间的共价键结合力很强，破坏它所需的能量很高，因此这类晶体具有很高的熔点和硬度（金刚石的熔点高达3843K，硬度为10，是自然界中最硬的晶体），因此，原子晶体在工业上常被用作耐磨、耐熔或耐火材料。例如，金刚石、金刚砂都是十分重要的磨料；SiO_2是应用极为广泛的耐火材料；水晶、紫晶和玛瑙等，是工业上的贵重材料。原子晶体的延展性较差，不溶于溶剂。一般不导电，但某些原子晶体如硅、锗、镓、砷可作为优良的半导体材料。

（3）分子晶体

构成晶体的微粒间通过分子间作用力相互作用所形成的晶体，称为分子晶体。分子晶体中存在的微粒是分子，不存在离子。较典型的分子晶体有非金属氧化物、部分非金属单质、部分非金属氧化物、几乎所有的酸、绝大多数有机物的晶体等。

固态二氧化碳（干冰）就是一种典型的分子晶体，如图2-15所示。

由于分子间作用力很弱，只要供给较少的能量，分子晶体就会被破坏，因此分子晶体的硬度较小，熔点、沸点较低，挥发性大，在常温下多数以气态或液态存在。即使在常温下呈固态的，其挥发性大，蒸气压高，常具有升华性，如碘（I_2）、萘（$C_{10}H_8$）等。由于分子是电中性的，所以分子晶体无论是固态、熔融态还是液态都不导电，它们都是性能较好的绝缘材料。

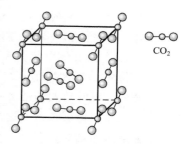

图2-15　二氧化碳分子晶体

需要说明的是，有些晶体，如石墨是介于原子晶体、金属晶体和分子晶体之间的一种过渡型晶体。石墨具有层状结构，在每一层内，碳原子排列成六边形，一个六边形排列成平面的网状结构，每一个碳原子都跟其他3个碳原子以共价键相结合，如图2-16所示。同一平面层中，有可以流动的电子，使石墨具有良好的导电性和传热性，在工业上用石墨制作电极和冷却器。此外，由于同一平面层上的碳原子间结合力很强，极难破坏，所以石墨的化学性质稳定，熔点也很高。在石墨晶体中，层与层之间以微弱的分子间力结合，因此石墨片层之间容易滑动，性质柔软，可用作固体润滑剂和铅笔芯。

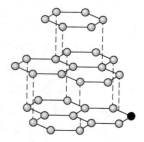

图2-16　石墨结构示意图

思考

（1）氧气在水中的溶解度为什么会比氮气的溶解度大？

（2）分子晶体有哪些共同的物理性质？

钻石之谷

美丽的东西必难求，就像钻石总是与毒蛇共生一样。听听古罗马的著名哲学家普林尼（Pliny）给您带来的钻石之谷的故事。

相传公元前350年，马其顿国王亚历山大（Alexander）东征印度，在一个深坑中发现有钻石，但深坑内有许多毒蛇守护着，这些毒蛇可以在数丈远的地方就能使人毙命。亚历山大命令士兵用镜子折光（聚光），将毒蛇烧死，然后把羊肉扔进坑内，坑中的钻石就粘在羊肉上面，羊肉引来了秃鹰，秃鹰连羊肉带钻石吃进腹内飞走后，士兵跟踪追杀秃鹰得到了钻石。从此传说毒蛇是金刚石的守护神。

毒蛇真是被派来守护金刚石的吗？与蛇共舞，其实靠的还是金刚石的独特魅力，这就是金刚石特有的荧光现象。金刚石受X射线或者紫外线的照射后会发光，特别是在黑暗的地方或夜里会发出蓝、青、绿、黄等颜色的荧光。我国古时候称有这种特性的金刚石为"夜明珠"。印度木夫梯里附近深谷中的金刚石，白天受到太阳紫外线照射后，夜里会发出淡青色的荧光。这些荧光吸引了许多有趋光性的昆虫飞来，昆虫又引来大量的青蛙，青蛙又招来许多毒蛇。环环相扣，这就是有金刚石的深谷中多毒蛇的原因。

直到19世纪中叶，人们还把金刚石视为一种神奇的石头。在已知的全部大约4200种矿物中，金刚石为什么会最坚硬？金刚石是在何地、如何产生出来的？所有这些问题的答案，当时的人们还都全然不知。

人类同金刚石打交道有悠久的历史。早在公元1世纪，当时罗马的文献中就有了关于金刚石的记载。那时，罗马人还没有把金刚石当作装饰用的宝石，只是利用它们无比的硬度，当作雕琢工具使用。

后来，随着技术的进步，金刚石才被当作宝石用于饰品，而且价格越来越昂贵。到了15世纪，在欧洲的一些城市，如巴黎、伦敦和安特卫普(比利时北部城市）等，已经能够看到一些匠人利用金刚石的粉末来研磨大块金刚石，对金刚石进行加工。

金刚石作为宝石越来越昂贵，然而，对金刚石的科学研究却相对比较迟缓。一个重要的原因就是，长期以来始终未能发现储藏有金刚石的"矿山"，已经发现的金刚石全都是在印度和巴西等地的河沙及碎石中靠运气采集到的，数量极少，十分稀罕。特别是高品质的金刚石，极其昂贵，只有王公贵族才享用得起。对如此昂贵的金刚石进行研究，在那样一种情况下，几乎是不可能的。

进入19世纪，情况才有了变化。1866年，住在南非一家农场的一位叫做伊拉兹马斯·雅可比的少年在奥兰治河滩上玩耍，无意中捡到一块重达21.25克拉(4.25g。克拉，宝石的质量单位，1克拉=0.2g）的金刚石原石。那粒金刚石立即被英国的殖民总督送到巴黎的万国博览会(1867 ~ 1868)上展览，并取名为"尤瑞卡"(希腊语，意思是"我找到了"）。

听到在南非发现金刚石的消息，一时间有成千上万的探矿者赶到奥兰治河，形成了一股寻找金刚石的狂潮。其中有一对姓伯纳特的兄弟，不久就非常幸运地在金伯利附近发现了一座金刚石矿。

发现金刚石矿意义十分重大，通过研究矿山的地质结构，便有可能知道在哪些地点有可能形成金刚石。

习题与思考

1. 选择题

（1）某原子的质子数为26，中子数比质子数多4，则该原子中所含微粒总数为（　　）。

A. 26　　　　　　　B. 56　　　　　　　C. 82　　　　　　　D. 86

（2）构成氧原子的微粒有（　　）。

A. 8个质子，8个中子，16个电子　　　　B. 8个质子，8个电子

C. 8个质子，8个中子，8个电子　　　　　D. 8个原子核，8个中子，8个电子

（3）根据原子序数，下列哪组原子能以离子键结合（　　）。

A. 6与15　　　　　B. 8与16　　　　　C. 11与17　　　　　D. 10与16

（4）下列说法正确的是（　　）。

A. 阴、阳离子间通过静电作用所形成的化学键叫做共价键

B. 键能越大，共价键越牢固

C. 键长越长，共价键越牢固

D. 共价键是极性键

（5）下列物质中，既有离子键又有共价键的是（　　）。

A. NaOH　　　　　B. CO_2　　　　　C. KCl　　　　　D. H_2

（6）下列递变情况不正确的是（　　）。

A. Na、Mg、Al最外层电子数依次增多

B. P、S、Cl最高正价依次升高

C. C、N、O原子半径依次增大

D. Na、K、Rb原子半径依次减小

（7）元素的化学性质主要决定于原子的（　　）。

A. 质子数　　　　B. 中子数　　　　C. 核外电子数　　　　D. 最外层电子数

（8）X元素原子的最外层电子数与次外层电子数的差值等于电子层数；Y元素的原子比X元素的原子多2个最外层电子，则X与Y所形成的化合物为（　　）。

A. X_3Y_2　　　　　B. X_2Y　　　　　C. XY_2　　　　　D. XY_3

2. 填空题

（1）从Na到Cl，它们的原子核外电子层数均为_____层，但随着核电荷数的增加，核对外层电子的吸引力依次_____，因此，从Na到Cl原子半径越来越_____。

（2）稀有气体元素的原子的最外层都有_____个电子（氦是2个），通常认为这种最外层都有8个电子（最外层是K层时，有2个电子）的结构是一种_____结构。

（3）有A、B、C、D、E五种元素，它们的核电荷数依次增大，且都小于20。其中C、E是金属元素；A与E元素原子的最外层电子数都只有一个电子，且A元素的单质是最轻的气

体，B和D的元素原子的最外层电子数相同，且B元素原子L层电子数是K层电子数的3倍，C元素原子最外层电子数是D元素原子最外层电子数的一半。由此推知（填元素符号）：

A是_____；B是_____；C是_____；D是_____；E是_____。

（4）质子数少于18的元素A、B，A原子最外层电子数为a个，次外层电子数为b个；B原子M层电子数为$(a-b)$个，L层为$(a+b)$个，则A为_____，B为_____。

（5）A、B、C、D、E五种元素，已知：

① A原子最外层电子数是次外层电子数的两倍。B的阴离子与C的阳离子跟氖原子的电子层结构相同，E原子M层上的电子比K层多5个。

② 常温下B_2是气体，它对氢气的相对密度是16。

③ C的单质在B_2中燃烧，生成淡黄色固体F。F与AB_2反应可生成B_2。

④ D的单质在B_2中燃烧，发出蓝紫色火焰，生成有刺激性气味的气体DB_2。D在DB_2中的含量为50%。

根据以上情况回答：

① A是_____、B是_____、C是_____、D是_____、E是_____（写元素符号）；

② E的原子结构示意图_____，C的离子结构示意图_____；

③ F和AB_2反应的化学方程式_____。

3．计算题

在标准状况下，11.2L某气体（AO_2）的质量为32g，其中原子A的中子数和质子数相等，求：

① A的相对原子质量和核内质子数各是多少？A是什么元素？

② 若要使AO_2还原为A的单质，应将AO_2与何种气体混合反应？在反应中AO_2是氧化剂是还原剂？

3

常见的非金属元素及其化合物

学习目标

1. 掌握卤素、氧族元素、氮族元素、碳族元素及其重要化合物的主要性质；
2. 了解氯气、氨、硝酸的制法，了解氯的含氧酸及其盐；
3. 了解卤素、浓硫酸的特性；
4. 了解卤离子、硫酸根、铵根离子的检验方法。

3.1　卤　素

　　元素周期表中第ⅦA族元素氟（F）、氯（Cl）、溴（Br）、碘（I）和砹（At）统称卤族元素，其中砹为放射性元素❶，在自然界的含量很少。它们在自然界都以典型的盐类存在，是成盐元素。

　　卤素原子最外层电子都是7个，它们都容易获得1个电子而显非金属性，并且具有相似的化学性质。但从氟到碘，随着它们的相对原子质量的增大，非金属性逐渐减弱。

3.1.1　氯气

3.1.1.1　氯气的物理性质

　　氯（拼音：同"绿"）气常温常压下是具有强烈刺激性气味的黄绿色气体，有毒，吸入

---

❶ 物质能自动产生射线的性质，叫做放射性。具有放射性的元素叫做放射性元素。

少量氯气会刺激鼻腔和喉头的黏膜，引起胸部疼痛和咳嗽；吸入大量氯气就会窒息死亡。因此，实验室中闻氯气时，必须用手在容器口边轻轻煽动，让微量的气体进入鼻孔，如图3-1所示。

氯气很容易液化，将它在常压下冷却到238.8K或常温下加压到$6 \times 10^5 Pa$时，就能变成液态氯，工业上称为"液氯"，通常储存于涂有草绿色的钢瓶中，以便运输和使用。

图3-1 闻氯气的方法

3.1.1.2 氯气的化学性质

氯气是典型的非金属元素单质化合物，化学性质很活泼，能与许多物质发生反应。

（1）与金属反应

氯气能与活泼金属如钠、钾、钙等能直接化合。例如金属钠，在氯气中剧烈燃烧产生黄色火焰，生成白色的氯化钠颗粒。反应方程式为：

$$2Na + Cl_2 =\!=\!= 2NaCl$$

不活泼的金属如锡、铅、铜等，加热后放入氯气中也能燃烧。

演示实验3-1

如图3-2所示，把一束细铜丝灼热后，立即放进盛有氯气的集气瓶中，观察现象。再将少量的水注入集气瓶中，用毛玻璃片盖住瓶口，振荡，观察溶液颜色。

实验报告：

实验操作	实验现象	思考后得出结论
铜丝放进盛有氯气的集气瓶中		
注入少量的水		

图3-2 Cu在Cl_2中燃烧

可以观察到如下现象：

① 赤热的铜丝在氯气中剧烈燃烧，瓶里充满了棕黄色的烟，这是氯化铜晶体颗粒。

② $CuCl_2$溶解在水里，成为绿色的$CuCl_2$溶液。注意：溶液浓度不同时，溶液颜色略有不同。

反应方程式为：

$$Cu + Cl_2 \xrightarrow{\text{燃烧}} CuCl_2$$

（2）与非金属的反应

氯气能与许多非金属直接反应，在常温下（没有光照射时），氯气和氢气化合非常缓慢。如果点燃（见图3-3）或用强光直接照射（见图3-4），氯气和氢气的混合气体就会迅速化合生成氯化氢气体，甚至发生爆炸。

图3-3 H_2在Cl_2中燃烧

反应方程式为：

$$H_2 + Cl_2 \xrightarrow[\text{或光照}]{\text{点燃}} 2HCl$$

当氢气在氯气中燃烧时，发出苍白色的火焰，生成无色的氯化氢气体，它立即吸收空气中的水蒸气呈现雾状，即形成了细小的盐酸液滴。

氯气还能与其他非金属化合。

图3-4　H_2 与 Cl_2 迅速化合而爆炸

如图3-5所示，将红磷放在燃烧匙中，加热后插入盛有氯气的集气瓶里，观察现象。

实验报告：

实验操作	实验现象	思考后得出结论
红磷点燃后插入盛有氯气的集气瓶里		

注：红磷需要加热。

图3-5　磷在氯气中燃烧

可以观察到：氯气和磷剧烈反应，同时出现白色的烟雾。白色烟雾是三氯化磷和五氯化磷的混合物。

$$2P + 3Cl_2 \xrightarrow{\text{点燃}} 2PCl_3$$

$$2P + 5Cl_2 \xrightarrow{\text{点燃}} 2PCl_5$$

PCl_3 在常温下为无色液体，PCl_5 是略带黄色的固体，它们都是重要的化工原料，可用来合成许多含磷的有机化合物，如敌百虫等农药助剂等。

（3）与水的反应

氯气溶解于水得到氯水。在氯水中，溶解的氯气，其中一部分能与水反应，生成盐酸和次氯酸（HClO），同时该反应是可逆反应。

$$Cl_2 + H_2O \rightleftharpoons HCl + HClO$$

因此氯水是复杂的混合液体，其中除水外，还含有相当数量的游离氯和少量的盐酸及次氯酸。次氯酸是一种很弱的酸，不稳定，容易分解，放出氧气，在日光下分解更快。

$$2HClO \xrightarrow{} 2HCl + O_2 \uparrow$$

次氯酸是强氧化剂，能杀死病菌，所以常用氯气对自来水（1L 水中约通入 0.002g 氯气）进行杀菌消毒。次氯酸还具有漂白能力，可以使染料和有机色素褪色，可用作漂白剂。

氯气具有杀菌漂白能力，是由于它与水作用而生成次氯酸，而干燥的氯气没有这种性质。

（4）与碱的反应

氯气与碱起反应，生成次氯酸和金属氯化物。例如：

$$Cl_2 + 2NaOH = NaCl + NaClO + H_2O$$

实验室制取氯气时，就是利用这个反应来吸收多余的氯气的。

3.1.1.3 氯气的制法

在实验室里，用浓盐酸与二氧化锰反应来制取氯气，实验装置如图3-6所示。反应方程式如下：

$$4HCl(浓)+MnO_2 \xrightarrow{\triangle} MnCl_2+2H_2O+Cl_2\uparrow$$

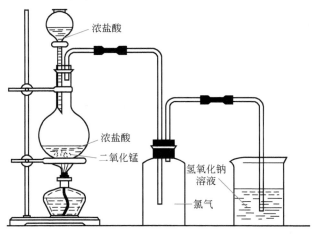

图3-6　实验室制取氯气的装置

工业上，氯气用电解饱和食盐水溶液的方法来制取，同时可制得烧碱。反应方程式如下：

$$2NaCl+2H_2O \xrightarrow{电解} 2NaOH+H_2\uparrow+Cl_2\uparrow$$

3.1.1.4 氯气的用途

氯气是一种重要的化工原料，除用于制漂白粉和盐酸外，还用于制造橡胶、塑料、农药和有机溶剂等。氯气也用作漂白剂，在纺织工业中用来漂白棉、麻等植物纤维，在造纸工业中用来漂白纸浆。氯气还可用于饮用水、游泳池的消毒杀菌。

3.1.2 氯化氢和盐酸

（1）氯化氢

在实验室里用食盐与浓硫酸反应来制取氯化氢（HCl），实验装置如图3-7所示。食盐与浓硫酸混合稍微加热时，生成硫酸氢钠和氯化氢。

$$NaCl+H_2SO_4(浓) \xrightarrow{\triangle} NaHSO_4+HCl\uparrow$$

在温度大于773K的条件下，继续发生反应生成硫酸钠和氯化氢。

$$NaHSO_4+NaCl \xrightarrow{>773K} Na_2SO_4+HCl\uparrow$$

总的化学方程式为：

$$2NaCl+H_2SO_4(浓) \xrightarrow{强热} Na_2SO_4+2HCl\uparrow$$

观察图3-6和图3-7的实验装置，可以发现用来吸收多余气体的装置不同。由于氯化氢在水中的溶解度很大，为防止倒吸，导管不宜直接插入水中。通常在导管上连接一个漏斗，如图3-7所示，这样就不会由于氯化氢的溶解，使导管内的压强减小，而导致烧杯内的水倒吸入集气瓶中，而且还可以使氯化氢被充分吸收。

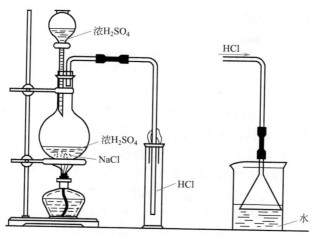

图3-7　实验室制取氯化氢的装置

在工业上，采用合成炉来生产氯化氢。合成炉是用钢板制成的，呈双圆锥形，内有一个燃烧器，俗称"灯头"，由既耐高温又耐腐蚀的石英做成。开始时先把"灯头"喷出的氢气点燃，然后通入氯气，使二者发生反应，合成氯化氢。

氯化氢是无色具有刺激性气味的气体，有毒。它极易溶于水，在0℃时，1体积的水大约能溶解500体积的氯化氢。氯化氢的水溶液就是盐酸。氯化氢在潮解的空气中与水蒸气形成盐酸液滴而呈现白雾。

（2）盐酸

工业上，可将合成得到的氯化氢气体经冷却和吸收来生产盐酸。盐酸是重要的工业"三酸"之一。纯净的盐酸是无色有氯化氢气味的液体，具有较强的挥发性。通常市售盐酸的密度为1.19g/cm³，含HCl的质量分数为0.37。工业用的盐酸因含有$FeCl_3$杂质而略带黄色。

盐酸是强酸，它具有酸的通性，能与金属活动顺序表中氢以前的金属发生置换反应，能和碱发生中和反应，与盐发生复分解反应等。

盐酸是重要的工业原料，用途很广泛。例如在化工生产中用来制备金属氯化物，如$ZnCl_2$、$BaCl_2$等。在食品工业中盐酸常用于制造淀粉、葡萄糖、酱油及味精等。盐酸在机械、纺织、皮革、冶金、电镀、轧钢、焊接、搪瓷等行业也有广泛的应用。此外，人胃里含少量的盐酸（约0.4%），能促进消化和杀死一些病菌。医药上用极稀的盐酸溶液治疗胃酸过少。

氯化氢与盐酸都可用HCl表示，但它们的成分不同，性质不同。两者的性质比较见表3-1。

表3-1　氯化氢与盐酸的性质比较

项　目	氯化氢	盐酸
组成	HCl分子	H^+、Cl^-、H_2O（极少量OH^-）
分类	纯净物	混合物
物理性质	无色、有刺激气味气体、不导电	无色溶液、有挥发性、可导电
化学性质	①与氨气反应生成NH_4Cl；②不具有含H^+的酸的通性（无H^+存在）；③稳定	①具有含H^+的酸的通性：与碱、碱性氧化物反应；与活泼金属反应放出H_2；②具有Cl^-的性质：与$AgNO_3$溶液反应产生白色沉淀；被氧化生成Cl_2

3.1.3 重要的盐酸盐

盐酸的盐类就是金属氯化物，如 $NaCl$、KCl、$MgCl_2$、$BaCl_2$、$CaCl_2$、$ZnCl_2$、$AgCl$等。这里介绍几个重要的盐类。

（1）氯化钠（$NaCl$）

氯化钠（$NaCl$），外观是白色晶体状，其来源主要是海水。它是食盐的主要成分，易溶于水、甘油，微溶于乙醇、液氨，不溶于浓盐酸，易于潮解。

食盐的用途很广，成人每天需要5～15g食盐，来补充从尿液和汗水里所排泄掉的 $NaCl$。日常生活中用作食品的调味剂和许多食品如蔬菜、肉、鱼等的防腐剂。它也是重要的化工原料，用于生产氯气、金属钠、盐酸、烧碱和纯碱等多种化工产品的基本原料。此外，在肥皂、烟草、造纸、制革和纺织等工业生产中也要用到食盐。

（2）氯化钾（KCl）

KCl在自然界里的分布比 $NaCl$ 要少得多，它主要蕴藏在地壳的矿层里。

KCl 是白色晶体，易溶于水。它可用作植物的肥料（钾肥），对一般植物都可施用，但对马铃薯、烟草有不良效果。因为它所含的氯元素会降低马铃薯中淀粉的含量和影响烟草的气味。

在工业上，氯化钾用来制钾的化合物以及制造质量优良的钾玻璃。

（3）氯化锌（$ZnCl_2$）

氯化锌是白色晶体，极易溶解于水。木材经氯化锌溶液浸过后，可以防腐。焊接金属时，常用锌与盐酸作用，制得氯化锌溶液作为"焊液"，把这种焊液涂在金属表面，使金属易于焊接。

3.1.4 氯的含氧酸及其盐

（1）次氯酸及其盐

① 次氯酸 由于次氯酸中正一价的氯很容易被还原成负一价的氯离子，从而具有很强的氧化性，次氯酸具有很强的漂白能力，可以使很多有色物质被氧化而褪色。

次氯酸（$HClO$）是由氯气溶于水而得到的浓度很稀的溶液，是无色、有刺激性气味的溶液。它是一种弱酸，其酸性比碳酸还弱，很不稳定，极易分解，光照下分解得更快。

② 次氯酸盐 次氯酸盐的稳定性大于次氯酸。次氯酸盐可由氯气在常温下和碱作用制得。例如将氯气通入氢氧化钠中可得次氯酸钠，次氯酸钠是强氧化剂，有杀菌、漂白的作用。常用于制药和漂白工业。

氯气与消石灰反应的产物是次氯酸钙和氯化钙，反应方程式为：

$$2Ca(OH)_2+2Cl_2 = Ca(ClO)_2+CaCl_2+2H_2O$$

次氯酸钙和氯化钙的混合物就是漂白粉的主要成分，漂白粉的有效成分是次氯酸钙。由于氯化钙的存在并不妨碍漂白粉的漂白作用，因此可不必除去。次氯酸钙的漂白能力是由于它与稀酸或空气里的二氧化碳、水蒸气反应生成具有强氧化性的次氯酸。

$$Ca(ClO)_2+2HCl = CaCl_2+2HClO$$

$$Ca(ClO)_2+CO_2+H_2O = CaCO_3\downarrow +2HClO$$

因此，漂白粉应密封保存、注意防潮，否则它将在空气中吸收水蒸气和二氧化碳而失效。漂白粉常用来漂白棉、麻、丝、纸等，漂白粉也能消毒杀菌，如用于污水坑和厕所的消毒等。

在充满氯气的集气瓶中注入一定量的蓝墨水，振荡。观察现象。

实验报告：

实验操作	实验现象	思考后得出结论
在充满氯气的集气瓶中注入一定量的蓝墨水，振荡		

现象：深蓝色的墨水变成淡黄色。

对于氯气可以使湿润的有色布条或纸张褪色的实验已经很常见了。这里介绍一个有趣的实验。用干燥的旧报纸和湿润的旧报纸做这个实验。观察现象。

实验报告：

实验操作	实验现象	思考后得出结论
氯气通入湿润的有色布条中		
氯气通入干燥的有色布条中		
氯气通入湿润的旧报纸中		
氯气通入干燥的旧报纸中		

现象：干燥的旧报纸没有褪色。湿润的旧报纸没有褪色，反而字迹更加清晰。

解释：干燥的旧报纸没有褪色很好解释，因为没有水，无法反应生成次氯酸。而湿润的旧报纸呢？

氯水的漂白能力固然很强，可以使染料和有机色质褪色。不过，由于报纸油墨中的颜料是烟墨，烟墨极难被氧化，即使次氯酸也不能使之氧化，因此不褪色。

（2）氯酸及其盐

① 氯酸（$HClO_3$）　氯酸可用氯酸钡和硫酸发生复分解反应制得。

$$Ba(ClO_3)_2+H_2SO_4 =\!=\!= BaSO_4\downarrow +2HClO_3$$

氯酸是强酸，稳定性强于次氯酸，但也只能存在于溶液中。

② 氯酸盐　氯酸盐比氯酸稳定。将氯气通入热的氢氧化钾溶液中，生成氯酸钾和氯化钾。冷却溶液，氯酸钾从溶液中结晶析出。

$$3Cl_2+6KOH =\!=\!= KClO_3+5KCl+3H_2O$$

氯酸钾是一种白色晶体，有毒，它在冷水中的溶解度较小，但易溶于热水中。

固体氯酸钾是强氧化剂。在有催化剂 MnO_2 存在时受热分解生成氯化钾和氧气，实验室利用该反应来制取氧气。

$$2KClO_3 \xrightarrow[\triangle]{MnO_2} 2KCl+3O_2\uparrow$$

氯酸钾能和易燃物质如碳、磷、硫及有机物质混合，在撞击时会剧烈爆炸、着火，因此可以用来制造炸药，也可以用来制造火柴、焰火等。

3.1.5　卤素性质比较

（1）氟（F₂）

氟常温下是淡黄色有强烈刺激性气味的气体，比空气稍重，有剧毒，腐蚀性极强。

氟是最活泼的非金属，是很强的氧化剂，比氯更容易和氢、金属及多种非金属直接化合且反应十分剧烈。例如，它和氢气混合，即使在暗处也会发生爆炸，同时放出大量的热，生成氟化氢（HF）。氟化氢是有刺激性臭味的气体，易溶于水，溶于水后即得氢氟酸。氢氟酸有毒，碰到皮肤能引起有毒的"烫伤"。它和玻璃中的二氧化硅作用生成四氟化硅气体和水。

$$SiO_2 + 4HF = SiF_4\uparrow + H_2O$$

利用这一特性，氢氟酸被广泛用于玻璃器皿上刻蚀花纹和标记。实验室里常用的量筒、滴定管等的刻度就是用这个方法来刻画的。毛玻璃和灯泡的"磨砂"也用氟化氢腐蚀。此外在冶金上用氟化氢来清除铸件上的沙子。氟化氢应保存在硬橡皮容器或塑料容器中。

自然界中没有游离的氟，它主要以萤石矿（CaF₂）、冰晶石（Na₃AlF₆）等形式存在。大量的氟可用来制取有机氟化物，如制冷剂氟利昂、高效灭火剂、杀虫剂，能耐腐蚀、耐高温的"塑料王"聚四氟乙烯和耐高温的润滑剂等。液态氟是导弹、火箭和发射人造卫星的高能燃料。

（2）溴（Br₂）

溴常温下是红棕色的液体，易挥发，具有刺激性臭味，能深度地灼伤皮肤和损伤眼球及喉鼻黏膜。保存溴时，瓶口应密封，并放在阴凉的地方。

溴能微溶于水，在汽油、煤油、苯、二硫化碳等有机溶剂中的溶解度相当大。利用这几种溶剂，可以把溴从它的水溶液里抽取出来。

溴和金属、非金属的反应与氯相似，但不如氯那样剧烈。在自然界里没有单质溴存在，溴的化合物（溴化钾、溴化钠）主要存在于海水里，数量要比氯化物少得多。

溴常用来制造药剂，如溴化钾在医药上用作镇静剂。溴化银（AgBr）是电影和照相用的胶片、感光纸的主要感光剂。在军事上，溴可用作催泪性毒剂。

（3）碘（I₂）

碘是紫黑色晶体，具有金属光泽。碘能升华成为深蓝色蒸气，若混杂有空气，即呈紫红色。碘的蒸气具有刺激性气味，还有很强的腐蚀性和毒性。

碘难溶于水，易溶于碘化钾溶液或酒精、汽油、四氯化碳等有机溶剂中。

碘的化学性质与氯、溴相似，但活泼性比溴差。

3.1.6　卤离子的检验

卤离子常用硝酸银（AgNO₃）来检验。

演示实验3-5

在三支分别盛有1mL 0.1mol/L KCl、KBr和KI溶液的试管中，各加入几滴0.1mol/L AgNO₃溶液。观察试管中沉淀的生成和颜色。再在三支试管中分别加入少量的稀硝酸，观察现象。

实验报告：

过程1	实验现象	过程2	实验现象	思考后得出结论
KCl溶液中加入AgNO₃溶液		加入稀硝酸		
KBr溶液中加入AgNO₃溶液		加入稀硝酸		
KI溶液中加入AgNO₃溶液		加入稀硝酸		

KCl、KBr和KI溶液能与AgNO₃溶液反应分别生成AgCl白色沉淀、AgBr浅黄色沉淀和AgI黄色沉淀。

$$KCl+AgNO_3 = AgCl\downarrow +KNO_3$$

$$KI+AgNO_3 = AgI\downarrow +KNO_3$$

$$KBr+AgNO_3 = AgBr\downarrow +KNO_3$$

三种沉淀呈现不同的颜色，不溶于水，也不溶于稀硝酸。根据此性质，可以用来鉴定卤离子。注意，因AgF易溶，F^-不能用AgNO₃溶液检验。

卤离子也可以用卤素之间的置换反应来鉴别。例如，用加氯水和不溶于水的有机溶剂（如CCl_4）来检验Br^-和I^-。利用上面的演示实验，如果CCl_4层呈紫色就是碘，呈红棕色就是溴。

思考

（1）卤族元素的性质为什么都很活泼？

（2）如何进行卤离子检验？

3.2 氧和硫

氧族元素属于VI主族元素，原子核最外层都有6个电子，容易从其他原子获得2个电子而显–2价，表现了较强的非金属性，但由于得电子能力比同周期的卤素差，非金属性要弱于同周期的卤素。氧族元素单质的熔、沸点随元素原子序数的增加而逐渐升高。

3.2.1 氧、臭氧、过氧化氢

（1）氧

氧主要以单质、水、氧化物、含氧酸盐的形式广泛存在于地壳中，含量达48.6%，是地壳中含量最高的元素。氧约占空气的21%，是生物呼吸（见图3-8）、物质燃烧的基础。

图3-8 医用氧

氧气（O_2）是无色、无臭的气体。在标准状况下，氧气的密度为1.429g/L，比空气略重。氧气不易溶于水，293K时1L水仅能溶解30mL氧气，但它却是水中生物赖以生存的基础。

氧气的化学性质较为活泼。在加热条件下，除少数贵金属（Au、Pt等）及稀有气体外，氧气几乎能与所有的元素直接化合形成相应的氧化物。

（2）臭氧

臭氧（O_3）是氧气的同素异形体，是氧的另一种单质形态。臭氧是淡蓝色的气体，其化学性质与氧气相似，但物理性质及化学活泼性有差异，如表3-2所示。

表3-2　氧气与臭氧的性质比较

性　　质	氧气（O_2）	臭氧（O_3）
气味	无味	鱼腥臭性
气体颜色	无色	淡蓝色
液体颜色	淡蓝色	深蓝色
熔点/K	54	80
沸点/K	90	161
273K时在水中的溶解度/（mL/L）	49.1	494
稳定性	较强	高温分解为O_2
氧化性	强	很强

O_3是三个氧原子组成的单质分子，在地面附近的大气层中的含量极少，而在离地面约25km的高空处有个臭氧层。它是氧气吸收太阳紫外线辐射而形成的。反应方程式为：

$$3O_2 \xrightleftharpoons{\text{紫外线或电火花}} 2O_3$$

O_3很不稳定，紫外线照射时，又能分解产生O_2。因此高层大气中存在着O_3和O_2互相转化的动态平衡，消耗了太阳辐射到地球能量的5%。从而使地球上的生物免遭紫外线的伤害，因此高空臭氧可称为地球上一切生命的保护伞。近年来，由于人类大量使用氟利昂制冷剂及矿物燃料，引起臭氧分解，使得大气上空臭氧锐减，甚至在南极和北极上空已形成了臭氧空洞。

（3）过氧化氢

过氧化氢（H_2O_2）是一种无色黏稠的液体，沸点为423K，熔点为273K。273K时液体H_2O_2的密度是1.465g/cm³。它可以和水以任意比例混溶，其水溶液称为双氧水，常使用的是其稀溶液。

过氧化氢不稳定。纯的过氧化氢在426K以上发生爆炸性分解，在较低温度下分解速度较平稳。

$$2H_2O_2 \longrightarrow 2H_2O + O_2 \uparrow$$

演示实验3-6

在盛有4mL 3%H_2O_2溶液的试管中，加入少量MnO_2粉末。观察现象。

实验报告：

实验操作	实验现象	思考后得出结论
在盛有4mL 3%H_2O_2溶液的试管中，加入少量MnO_2粉末		
火柴余烬靠近试管		

可以看到，双氧水剧烈分解，产生的气体可使火柴余烬复燃。

强光的照射也会加速过氧化氢的分解。因此，过氧化氢应保存在棕色瓶中，并置于阴凉处，同时可加入少许稳定剂（如锡酸钠、焦磷酸钠等）以抑制其分解。

特别要注意的是，过氧化氢中氧的化合价是−1价，介于氧单质0价和氧化物中氧的−2价之间，所以过氧化氢既有氧化性也有还原性，但主要用作氧化剂。

工业上利用过氧化氢的氧化性，漂白棉织物及羊毛、丝、羽毛、纸浆等，用于处理竹制产品，如竹席等。医药上用质量分数为3%的稀H_2O_2溶液作伤口等的消毒杀菌剂。

3.2.2 硫

硫在地壳中的含量为0.048%。硫的用途很广，化工生产中主要用来制硫酸及用于橡胶制品、纸张、硫酸盐、硫化物等的生产，还有一部分硫用于农业和漂染、医药等。

3.2.2.1 物理性质

硫为淡黄色晶体，俗称硫黄，如图3-9所示。有单质硫和化合态硫两种形态。硫是一种很活泼的元素，在适宜的条件下能与除惰性气体、碘、氮分子以外的元素直接反应，硫主要显示出−2、＋2、＋4、＋6价。

3.2.2.2 硫的化学性质

（1）硫与金属反应

硫能和许多金属反应，生成金属硫化物。

图3-9　硫黄

演示实验3-7

把盛有硫粉的大试管加热到沸腾，当产生蒸气时，用坩埚钳夹住一束擦亮的细铜丝伸入管口，观察发生的现象。

实验报告：

实验操作	实验现象	思考后得出结论
硫粉蒸气中加入细铜丝		

可以看到铜丝在硫蒸气里燃烧，生成黑色的硫化亚铜。

$$2Cu+S \xrightarrow{\triangle} Cu_2S$$

硫与铁反应时，生成黑色的硫化亚铁。

$$Fe+S \xrightarrow{\triangle} FeS$$

用湿布蘸上硫粉在银器上摩擦也可使光亮的银器变黑。

$$2Ag+S \longrightarrow Ag_2S$$

（2）硫与非金属反应

硫具有还原性，能跟氧气发生反应生成二氧化硫。

$$S+O_2 \xrightarrow{点燃} SO_2 \uparrow$$

硫也具有氧化性，其蒸气能与氢气直接化合生成硫化氢气体。

$$S+H_2 \xrightarrow{\triangle} H_2S \uparrow$$

3.2.3　硫化氢

自然界中的硫化氢存于原油、天然气、火山气体和温泉之中，它也可以在细菌分解有机物的过程中产生。

（1）物理性质

硫化氢（H_2S）是无色、有刺激性（臭鸡蛋）气味的气体，密度比空气略大，有剧毒，是一种大气污染物。吸入微量的硫化氢，会引起头痛、眩晕，吸入较多量时，会引起中毒昏迷，甚至死亡。

硫化氢比空气重，能溶于水，在常温常压下，溶解比例为 1 ： 2.6。它的水溶液叫做氢硫酸。

（2）化学性质

① 酸性　硫化氢的水溶液是氢硫酸，是一种弱酸，具有酸的通性。

② 不稳定性　硫化氢不稳定，受热至 573K 以上时会分解。

$$H_2S \xrightarrow{>573K} H_2+S$$

③ 可燃性　硫化氢可燃烧，产生淡蓝色火焰。若氧气充足，则完全燃烧生成二氧化硫和水。

$$2H_2S+3O_2(充足) \xrightarrow{点燃} 2H_2O+2SO_2$$

若氧气不充足，则不完全燃烧生成单质硫和水。

④ 还原性　硫化氢中硫的化合价为 –2，不可能再得电子，而只能失去电子，故硫化氢具有还原性。

$$2H_2S+SO_2 \longrightarrow 3S \downarrow +2H_2O$$

3.2.4　二氧化硫、亚硫酸及其盐

二氧化硫是最常见的硫氧化物，是无色而有刺激性气味的有毒气体，也是常见的大气污染物。其密度比空气大，易溶于水，在常温下溶解体积比例为 1 ： 40。

二氧化硫分子中的硫为 ＋4 价，处于中间价态，因此它既可被氧化而呈现出还原性，又可被还原而呈现出氧化性。例如：

$$2SO_2 + O_2 \xrightarrow[400 \sim 500℃]{V_2O_5} 2SO_3 （二氧化硫的还原性）$$

$$SO_2 + 2H_2S =\!=\!= 3S \downarrow + 2H_2O （二氧化硫的氧化性）$$

上述后一个反应是很有用的反应，它将两种有毒的气体转化为无毒的硫和水。

二氧化硫是酸性氧化物，它与水化合生成亚硫酸（H_2SO_3）。因此，二氧化硫又叫做亚硫酸酐。亚硫酸不稳定，容易分解，只存在于水溶液中。

$$SO_2 + 2H_2O =\!=\!= H_2SO_3$$

3.2.5　硫酸及其盐

纯硫酸是无色、难挥发的稠状液体。硫酸可与水以任意比例混溶，溶解时放出大量的热。故稀释浓硫酸时只能将浓硫酸缓缓注入水中，并不断搅拌，以防溶解时，剧烈放热，使

酸液飞溅伤人。浓度大的硫酸有强腐蚀性和氧化性，操作时要格外注意安全。

3.2.5.1 硫酸的工业制法

硫酸的工业制法主要采用接触法，在催化剂的作用下，将二氧化硫氧化为三氧化硫，再制成硫酸，其过程如下。

（1）二氧化硫的制取

硫铁矿（FeS_2）在空气中燃烧生成二氧化硫。

$$4FeS_2 + 11O_2 \xrightarrow{\text{燃烧}} 8SO_2 \uparrow + 2Fe_2O_3$$

此反应在沸腾炉中进行。

（2）二氧化硫氧化为三氧化硫

二氧化硫氧化时，必须加热并使用催化剂才能顺利进行。目前使用的催化剂是五氧化二钒（V_2O_5）。

$$2SO_2 + O_2 \xrightarrow[400\sim500℃]{V_2O_5} 2SO_3$$

此反应在接触室中进行，三氧化硫是无色易挥发的气体。它是酸性氧化物，具有酸性氧化物的通性。

（3）三氧化硫的吸收和硫酸的生成

三氧化硫与水化合生成硫酸，同时放出大量的热。

$$SO_3 + H_2O = H_2SO_4$$

由于反应放热，可使水蒸发，影响吸收效率，故工业上一般不用水直接吸收，而用98.3%的浓硫酸吸收三氧化硫，再用较稀的硫酸将其稀释为商品硫酸。反应在吸收塔中进行。

（4）尾气的回收

浓硫酸吸收了三氧化硫后，剩余的气体在工业上叫尾气。尾气中含有二氧化硫，如果直接排入大气，会造成环境污染，所以在尾气排入大气之前，必须经回收、净化处理，防止二氧化硫污染空气并充分利用原料。

3.2.5.2 硫酸的特性

硫酸是强酸，其水溶液具有酸类的通性。此外，浓硫酸还具有其他特性。

（1）浓硫酸的氧化性

浓硫酸是氧化性酸，加热时氧化性更为显著，可以氧化许多非金属和金属。

$$C + 2H_2SO_4(浓) \xrightarrow{\triangle} CO_2 \uparrow + 2SO_2 \uparrow + 2H_2O$$

演示实验3-8

在盛有少量浓硫酸的试管中，投入一小块铜片，加热，观察现象。用湿润的石蕊试纸检验试管口的气体。

实验报告：

实验操作	实验现象	思考后得出结论
浓硫酸的试管中，投入一小块铜片，加热		
用湿润的石蕊试纸检验试管口的气体		

可能得到的现象是：浓硫酸与铜反应，放出有刺激性气味的气体（SO_2），可使湿润的蓝

色石蕊试纸变为红色。

$$Cu + 2H_2SO_4(浓) \xrightarrow{\triangle} CuSO_4 + SO_2 \uparrow + 2H_2O$$

浓硫酸在常温下与铁、铝等接触可使金属表面生成一层致密的氧化膜，阻止了内部的金属与浓硫酸继续反应，这种现象叫做钝化。因此，可用铁或铝的容器储存冷的浓硫酸。

（2）浓硫酸的吸水性和脱水性

浓硫酸很容易和水结合成多种水化物，所以它有强烈的吸水性，常被用作气体（不和硫酸起反应的，如氯气、氢气和二氧化碳等）的干燥剂。

浓硫酸还具有脱水性，能夺取许多有机化合物（如糖、淀粉和纤维等）中与水的组成相当的氢、氧原子，从而使有机物炭化。

3.2.6 硫酸根离子的检验

硫酸和可溶性硫酸盐溶液中都含有硫酸根离子（SO_4^{2-}）。可以利用硫酸钡的不溶性来检验硫酸根离子。

演示实验 3-9

在盛有 1mol/L Na_2SO_4 溶液的试管中，滴加 0.1mol/L $BaCl_2$ 溶液，观察现象。再加入 1mL 2mol/L HNO_3 溶液，继续观察现象。

实验报告：

实验操作	实验现象	思考后得出结论
Na_2SO_4 溶液的试管中，滴加 $BaCl_2$ 溶液		
加入稀 HNO_3 溶液		

可以得到的现象是：SO_4^{2-} 与 $BaCl_2$ 生成不溶于酸的白色 $BaSO_4$ 沉淀，且此沉淀不溶于稀硝酸。这是检验 SO_4^{2-} 的最好方法。

$$SO_4^{2-} + Ba^{2+} = BaSO_4 \downarrow$$

思考

（1）氧气为什么可以支持燃烧？

（2）硫酸与盐酸的化学性质有哪些相同与不同之处？

3.3 氮

3.3.1 氮气

氮气（N_2）是空气的主要成分，同时氮也以化合态的形式存在于很多无机物和有机物中。氮气分子结构示意如图3-10所示。

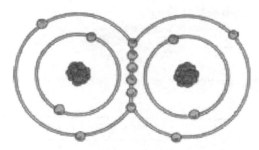

图3-10　氮气分子结构示意图

（1）物理性质

氮气是无色、无味、难溶于水的气体，工业上一般以空气为原料，将空气液化，利用液态氮的沸点比液态氧的沸点低，而加以分离制备氮气。

（2）化学性质

氮气的性质非常稳定，很难和其他物质发生化学反应。但在高温或放电条件下，氮分子获得了足够的能量，还是能与氢气、氧气、金属等物质发生化学反应的。

①与活泼金属反应　氮气在高温下可与镁、铝、钙等活泼金属反应生成金属氮化物。

$$N_2 + 3Mg \xrightarrow{\text{高温}} Mg_3N_2$$

金属氮化物只存在于固态，遇水迅速水解。

$$Mg_3N_2 + 6H_2O \longrightarrow 3Mg(OH)_2 + 2NH_3 \uparrow$$

②与非金属反应　氮气和氢气在高温、高压及催化剂存在下可直接化合生成氨。

$$N_2 + 3H_2 \xrightleftharpoons[\text{催化剂}]{\text{高温、高压}} 2NH_3 \uparrow$$

这是一个可逆反应，是工业上合成氨的方法。

在放电条件下，氮气可以直接和氧气化合生成无色的一氧化氮（NO）。

$$N_2 + O_2 \xrightarrow{\text{电火花}} 2NO$$

因此，在雷雨天，大气中的氮和氧结合生成一氧化氮，进而转化为硝酸随雨水降到地面为植物所利用，是土壤氮的重要来源。

（3）氮气的用途

大量的氮气用来生产氨、硝酸和氮肥。由于氮的化学性质很稳定，常用来填充灯泡，防止灯泡中钨丝氧化，也可用作焊接金属的保护气以及利用氮气来保存水果、粮食等农副产品。

3.3.2　氨和铵盐

（1）氨

氨（NH_3）或称氨气，是一种无色而有强烈刺激气味的气体，氨极易溶于水。氨以游离态或以其盐的形式存在于大气中。氨是一种重要的化工产品，是氮肥工业的基础，也是制造硝酸、铵盐等的原料。在有机合成工业中氨用于制造合成纤维、塑料、染料、尿素等，此外，氨也是一种常用的制冷剂。

氨的化学性质主要表现在以下方面：

①氨水　氨的水溶液呈碱性称为氨水（$NH_3 \cdot H_2O$ 或 NH_4OH），呈碱性。

② 氨与酸的反应　从实验可见，有大量的白烟产生。这些白烟是氨水里挥发的氨和浓盐酸挥发的氯化氢化合生成微小的氯化铵晶体。

取两根玻璃棒，分别蘸有浓氨水和浓盐酸，使两根玻璃棒靠近，观察发生的现象。
实验报告：

实验操作	实验现象	思考后得出结论
蘸有浓氨水和浓盐酸的两根玻璃棒靠近		

$$NH_3 + HCl = NH_4Cl$$

氨同样能与其他酸化合生成铵盐。

③ 氨与氧的反应　在无催化剂的情况下，氨可在纯氧中燃烧，发出黄色的火焰。

$$4NH_3 + 3O_2 \xrightarrow{\text{燃烧}} 6H_2O + 2N_2$$

在催化剂（铂或氧化铁等）的作用下，氨被氧化生成一氧化氮。

$$4NH_3 + 5O_2 \xrightarrow[773K]{Pt} 4NO + 6H_2O$$

（2）铵盐

铵盐一般用作肥料，如氯化铵、磷酸铵和硝酸铵等。硝酸铵也可作民用炸药；过硫酸铵可用作水溶液聚合反应的引发剂。

3.3.3　硝酸及其盐

（1）硝酸

硝酸（HNO_3）是一种强氧化性、腐蚀性的强酸，结构式如图3-11所示，是重要的工业"三酸"之一。无水纯硝酸是无色液体，易分解出二氧化氮，因而呈红棕色。通常所用的浓硝酸HNO_3含量为65%左右，密度为1.42g/cm³。遇皮肤有灼痛感，呈黄色斑点，几乎能与所有的金属发生反应。含量在86%以上的浓硝酸由于挥发出来的NO_2遇到空气中的水蒸气，形成极微小的硝酸雾滴而产生"发烟"现象，通常称发烟硝酸。

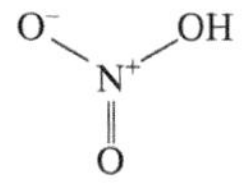

图3-11　硝酸分子结构式

硝酸是重要的化工原料，在酸类的生产中产量仅次于硫酸。硝酸主要用于化肥和炸药工业，也用于染料、制药、塑料等的生产。

硝酸是一种强酸，除了具有酸的通性以外，还具有其特殊的化学性质。

① 不稳定性。浓硝酸见光或受热易分解。

$$4HNO_3 \xrightarrow{\triangle \text{或光照}} 4NO_2 \uparrow + O_2 \uparrow + 2H_2O$$

硝酸越浓，就越容易分解。分解放出的二氧化氮溶于硝酸而使硝酸呈黄色。应把硝酸储存在棕色瓶里，并放置在阴凉处。

②氧化性。硝酸具有强氧化性，浓硝酸的氧化性比稀硝酸的更强。它们几乎能和所有的金属（除金、铂等少数金属外）发生氧化还原反应。跟金属反应，一般不生成氢气，在通常情况下，浓硝酸的主要还原产物是红棕色的NO_2气体，稀硝酸的主要还原产物是无色的NO气体。

演示实验3-11

在放有铜片的两支试管中，分别加入1mL浓硝酸和3mol/L HNO_3，观察现象。
实验报告：

实验操作	实验现象	思考后得出结论
铜片中加入1mL浓硝酸		
铜片中加入1mL 3mol/L HNO_3		

可以得到的现象是：浓硝酸与铜反应剧烈，生成红棕色的气体。

$$Cu + 4HNO_3(浓) == Cu(NO_3)_2 + 2NO_2 \uparrow + 2H_2O$$

稀硝酸与铜反应较缓慢，有无色气体产生，在试管上部变为红棕色。

$$3Cu + 8HNO_3(稀) == 3Cu(NO_3)_2 + 2NO \uparrow + 4H_2O$$

应注意铁、铝等金属溶于稀HNO_3，但与冷的浓HNO_3会发生钝化现象，所以可以用铝槽车或铁制容器盛装浓HNO_3。

浓硝酸和浓盐酸的混合物（体积比为1∶3）叫做王水。它的氧化能力更强，能使一些不溶于硝酸的金属，如金、铂等溶解。

（2）硝酸盐

硝酸盐大部分是结晶得很好的、易溶于水的盐，部分晶体带有不等数量的结晶水。硝酸盐的典型的化学性质是热分解，而且都会放出氧气。所以若以硝酸盐与可燃物质混合加热，很有可能发生爆炸性反应。将硝酸钾、硫和炭混合而得的黑火药就是一例。一般认为，硝酸盐的分解规律为：硝酸盐热解规律好，金属铜镁定界限；放出氧气是共性，亚硝酸盐在镁前，二氧化氮氧化物处于铜镁间。

硝酸与氨作用生成硝酸铵，它也是一种化肥，含氮量比硫酸铵高，对于各种土壤都有较高的肥效。硝酸铵在气候比较潮湿时容易结块，使用时不太方便。有些人看到硝酸铵结块后，就用铁锤来砸碎，这是万万做不得的事情，因为硝酸铵受到冲击就可能发生爆炸。

军事上用得比较多的是梯恩梯（英文TNT的译音）炸药。它是由甲苯与浓硝酸和浓硫酸反应制得的，是一种黄色片状物，具有爆炸威力大、药性稳定、吸湿性小等优点，常用作炮弹、手榴弹、地雷和鱼雷等的炸药，也可用于采矿等爆破作业。

思考

（1）氮的氧化物有哪几种存在形式？

（2）硝酸是强酸还是弱酸，有什么特点？

碳族元素在元素周期表中是第ⅣA族,包括碳(C)、硅(Si)、锗(Ge)、锡(Sn)、铅(Pb)五种元素。它们位于周期表里容易失去电子的主族元素和容易得到电子的主族元素之间,容易生成共价化合物。它们的原子核最外层都是4个电子,最高正价是+4价,除此以外,还有+2价。

3.4.1 碳及其氧化物

碳在自然界分布很广,多数以化合态的形式存在于碳酸盐、煤、天然气、石油、动植物和空气中,金刚石、石墨是天然存在的游离碳单质。碳单质很早就被人认识和利用,碳的一系列化合物——有机物更是生命的根本。

(1)碳单质

碳单质通常是无臭无味的固体。碳单质的物理和化学性质取决于它的晶体结构,外观、密度、熔点等各自不同。碳常有以下同素异形体:金刚石、石墨、无定形碳。由于它们内部结构不同,性质上有较大的差别。

(2)一氧化碳(CO)和二氧化碳(CO_2)

碳在高温和氧气不足的条件下燃烧时,生成一氧化碳。一氧化碳是一种无色无味的气体,比空气略轻,几乎不溶于水。CO有毒!吸入少量CO就会使人头晕、头痛,吸入较多CO会使人因缺氧而死亡。

CO具有还原性,可从许多金属氧化物中夺取氧而将金属还原出来。因此,CO可作还原剂用于冶炼金属。

$$Fe_2O_3 + 3CO \xrightarrow{\triangle} 2Fe + 3CO_2$$

二氧化碳(CO_2)为无色略带酸味的气体,微溶于水,常温常压下,溶解于水的体积比为1∶1。固态的CO_2叫做"干冰",可不经熔化而直接升华,常用作制冷剂。

CO_2一般比较稳定,由于CO_2不能燃烧,密度比空气的大。所以,CO_2可用来灭火。

3.4.2 碳酸盐和碳酸氢盐

CO_2溶于水后,与水反应,部分生成碳酸(H_2CO_3),它是一种非常弱的酸,只能使紫色石蕊试纸变成浅红色。碳酸是二元酸,其对应的盐有两种:酸式盐和正盐。如$NaHCO_3$和Na_2CO_3;$Ca(HCO_3)_2$和$CaCO_3$。

碳酸盐中,只有碱金属盐和铵盐可溶于水,其他金属盐都难溶于水。酸式盐,即碳酸氢盐,大部分都易溶于水,但钾、钠、铵的碳酸氢盐比相应的碳酸盐的溶解度小。

而向澄清石灰水中通入CO_2时,生成白色沉淀,但继续通入CO_2时,沉淀又会溶解,再经加热所得的透明溶液又重新变浑浊。

$$Ca(OH)_2 + CO_2 == CaCO_3 \downarrow + H_2O$$
$$CaCO_3 + CO_2 + H_2O == Ca(HCO_3)_2$$
$$Ca(HCO_3)_2 \xrightarrow{\triangle} CaCO_3 \downarrow + CO_2 \uparrow + H_2O$$

碳酸盐的热稳定性比碳酸氢盐大。碳酸氢盐受热易分解成碳酸盐、CO_2 和 H_2O。例如：

$$Mg(HCO_3)_2 \stackrel{\triangle}{=\!=\!=} MgCO_3\downarrow + CO_2\uparrow + H_2O$$

$$2NaHCO_3 \stackrel{\triangle}{=\!=\!=} Na_2CO_3 + CO_2\uparrow + H_2O$$

而碳酸盐在高温下也可分解生成金属氧化物和 CO_2。

$$MgCO_3 \stackrel{高温}{=\!=\!=} MgO + CO_2\uparrow$$

碳酸盐和碳酸氢盐均能与酸发生复分解反应，并放出 CO_2。例如：

$$Na_2CO_3 + 2HCl =\!=\!= 2NaCl + H_2O + CO_2\uparrow$$

$$NaHCO_3 + HCl =\!=\!= NaCl + H_2O + CO_2\uparrow$$

利用这一性质，可检验碳酸盐，即检验 CO_3^{2-}。

碱金属的碳酸盐和碳酸氢盐的水溶液，因水解而显碱性。

$$CO_3^{2-} + H_2O \longrightarrow HCO_3^- + OH^-$$

$$HCO_3^- + H_2O \longrightarrow H_2CO_3 + OH^-$$

例如，0.1mol/L Na_2CO_3 溶液的 pH 值约为 11.6；0.1mol/L $NaHCO_3$ 溶液的 pH 值约为 8.3。因此，Na_2CO_3 称为纯碱，可作碱用；$NaHCO_3$ 叫小苏打，亦可作溶液 pH 调节剂。

碳酸盐中较为重要的有 Na_2CO_3、K_2CO_3、$(NH_4)_2CO_3$、$CaCO_3$ 等，在化工、冶金、建材、食品工业和农业上有广泛应用，还可用于医药、橡胶、发酵等方面。$CaCO_3$ 用于生产水泥、石灰、陶瓷、粉笔等。

3.4.3　硅及其化合物

（1）硅

硅（台湾和香港称矽）在自然界分布极广，地壳中含量约为 26.4%，但在自然界里没有游离硅存在，它主要以二氧化硅和硅酸盐的形式存在。例如，常见的沙子、水晶、玛瑙等，主要成分是 SiO_2。

硅有无定形硅和晶体硅两种同素异形体。无定形硅为黑色。晶体硅为灰黑色，很脆，属于原子晶体，硬而有光泽，有半导体性质，但它的导电性随温度升高而增强。这点与金属导体不同。

硅的化学性质非常稳定。在常温下，除氟（F_2）、氟化氢（HF）和强碱以外，很难与其他物质发生反应。但在加热条件下，硅能和一些非金属反应。

（2）二氧化硅、硅酸及其盐

二氧化硅有晶体和无定形两大类。较纯净的 SiO_2 晶体叫石英，无色透明的纯石英叫水晶。含微量杂质的水晶带有各种不同颜色，如紫晶、墨晶和茶晶等。普通石英如石英砂、黄沙是很好的建筑材料。

利用石英的硬度大、耐高温、膨胀系数小等性质，可用于制造光学仪器，耐高温玻璃化学仪器。

SiO_2 是酸性氧化物，但难溶于水。其与大部分酸不发生反应，但可与氢氟酸反应。

SiO_2 能与碱性氧化物或强碱反应，在高温下，也能与 Na_2CO_3 反应生成硅酸盐。

$$SiO_2 + CaO \stackrel{高温}{=\!=\!=} CaSiO_3$$

$$SiO_2 + 2NaOH =\!=\!= Na_2SiO_3 + H_2O$$

实验室的玻璃仪器（含 SiO_2）能被强碱溶液腐蚀。盛碱溶液的试剂瓶不能用玻璃塞，而用橡皮塞，否则碱会使玻璃塞和瓶口因生成 Na_2SiO_3 而被黏结在一起，并且玻璃瓶不宜长期盛放浓碱溶液。

思考

（1）碳元素和硅元素属于金属元素还是非金属元素？

（2）碳酸是强酸还是弱酸？碳酸盐有什么特点？

 阅读材料

卤素的发现

氯气

氯气的发现应归功于瑞典化学家舍勒（Carl Withelm Scheele，1742～1786）。舍勒是18世纪中后期欧洲的一位相当出名的科学家。舍勒从少年时代起就在药房当学徒，他迷恋实验室的工作，在仪器和设备简陋的实验室里，做了大量的化学实验，涉及内容广泛，发明也非常多。他以其短暂而勤奋的一生，对化学做出了突出的贡献，赢得了人们的尊敬。

舍勒发现氯气是在1774年，当时他正在研究软锰矿（主要成分是二氧化锰），当他将软锰矿与浓盐酸混合并加热时，产生了一种黄绿色的气体，这种气体强烈的刺激性气味使舍勒感到极为难受，但是当他确定自己制得了一种新气体后，他又感到一种由衷的快乐。

舍勒制备出氯气以后，把它溶解在水里，发现这种水溶液对纸张、蔬菜和花都具有永久性的漂白作用；他还发现氯气能与金属或金属氧化物发生化学反应。1774年舍勒发现氯气以后，到1810年期间，许多科学家先后对这种气体的性质进行了研究。这期间，氯气一直被当成一种化合物。直到1810年，戴维（Sir Humphry Davy，1778～1829）经过大量实验研究，才确认这种气体是由同一种化学元素组成的物质。他将这种元素命名 chlorine，这个名称来自希腊文，有"绿色的"意思。我国早年将其译作"绿气"，后改为氯气。

莫瓦桑与氟气

1852年9月28日，亨利·莫瓦桑出生于巴黎的一个铁路职员家庭。因家境贫困，莫瓦桑中学未毕业就到巴黎的一家药房当学徒，在实践中获得了一些化学知识和技艺。他怀着强烈的求知欲，常去旁听一些著名科学家的讲演。1872年他在法国自然博物馆馆长、工艺学院教授弗雷米的实验室学习化学。1874年莫瓦桑到巴黎药学院的实验室工作，1877年他25岁时才获得理学士学位。

1872年莫瓦桑成为弗雷米教授的学生，开始了真正的化学实验研究工作。但他一开始是研究生理化学的。当时几乎所有的化学家都在研究有机化学。法国化学家杜马在1876年发表感想说："我国的化学研究领域大部分为有机化学所占领，太缺少无机化学的研究了。"就在这时，莫瓦桑转而研究无机化学。

年轻的莫瓦桑知道制取单质氟这个课题难倒了许多化学家，可是莫瓦桑对氟的研究却非常感兴趣，不但没有气馁，反而下定决心要攻克这个难关。由于工作的变化，这项研究没有及时进行，直到十年后才得以集中精力开展研究。

亨利·莫瓦桑

　　莫瓦桑经过长时间的探索，发现氟是非常活泼的，随着温度的升高，它的活泼性也就大大地增加了。即使在反应过程中它能够以游离的状态分离出来，它也会立刻和任何一种物质相化合。显然，反应应该在室温下进行，当然，能在冷却的条件下进行那就更好一些。他还想起他的老师弗雷米说过的话：电解可能是唯一可行的方法。他想如果用某种液体的氟化物，例如用氟化砷来进行电解，那么怎样呢？这种想法显然是大有希望的。莫瓦桑制备了剧毒的氟化砷，但随即遇到了新的困难——氟化砷不导电。在这种情况下，他只好往氟化砷里加入少量的氟化钾。这种混合物的导电性很好，可是在电解几分钟后，电流又停止了。原来阴极表面覆盖了一层电解出的砷。

　　莫瓦桑疲倦极了，十分艰难地支撑着。他关掉了联通电解装置的电源，随即倒在沙发椅上，心脏病剧烈发作，呼吸感到困难，面色发黄，眼睛周围出现了黑圈。莫瓦桑想到，这是砷在起作用，恐怕只好放弃这个方案了。出现这样的现象不是一次，他曾因中毒而中断了4次实验。莫瓦桑的爱妻莱昂妮看到他漫无节制地给自己增加工作，而且又经常冒着中毒的危险，对他的健康状况极为担心。

　　休息了一段时间后，莫瓦桑的健康状况有了好转，他继续进行实验。剩下唯一的方案是电解氟化氢。他按照弗雷米的办法，在铂制的容器中蒸馏氟氢酸钾（KHF_2），得到了无水氟化氢液体。他用铂制的U形管作容器，用强耐腐蚀的铂铱合金作电极，并用氯仿作冷却剂将无水氟化氢冷却到-23℃进行电解。在阴极上很快就出现了氢气泡，但阳极上却没有分解出气体。电解持续近1h，分解出来的都是氢气，连一点氟的影子也没有。莫瓦桑一边拆卸仪器，一边苦恼地思索着，也许氟根本就不能以游离状态存在？当他拔掉U形管阳极一端的塞子时，惊奇地发现塞子上覆盖着一层白色粉末状的物质，原来塞子被腐蚀了！氟到底还是分解出来了，不过和玻璃发生了反应。这一发现使莫瓦桑受到了极大的鼓舞。他想，如果把装置上的玻璃零件都换成不能与氟发生反应的材料，那就可以制得单体的氟了。萤石不与氟起作用，用它来试试吧，于是他用萤石制成实验用的器皿。莫瓦桑把盛有液体氟化氢的U形铂管浸入制冷剂中，用萤石制的螺旋帽盖紧管口，再进行电解。

　　多少年来化学家梦寐以求的理想终于实现了！1886年6月26日，莫瓦桑第一次制得了单质的氟气！这种气体遇到硅立即着火，遇到水即生成氧气和臭氧，与氯化钾反应置换出氯气。通过几次化学反应，莫瓦桑发现氟气确实具有惊人的活泼性。

　　为了表彰莫瓦桑在制备氟方面所做出的突出贡献，法国科学院发给他一万法郎的拉·卡泽奖金。莫瓦桑用这笔钱偿还了实验的费用。4个月后，他被任命为巴黎药学院的毒物学教授，同时学院还建造了一座不大的私人实验室供他进行科学研究。在这里，他继续改进氟的制法，用铜制的电解容器代替价格昂贵的铂制容器，进行了规模较大的实验，每小时能电解出5L氟气。他进一步制备出许多新的氟化物，如氟代甲烷、氟代乙烷、异丁基氟等。其中四氟化碳的沸点是-15℃，很适合做制冷剂。这是最早的氟利昂。

他将研究成果写成了《氟及其化合物》一书，这是一本研究氟的制备及其氟化物性质的开山之作。1906年莫瓦桑获得了诺贝尔化学奖。

法国化学家巴拉尔

溴的发现

溴首先是由法国化学家巴拉尔发现的。

1802年9月30日，巴拉尔出生于法国的蒙彼利埃。他出生于一个普通的家庭，父母整天忙于制酒。巴拉尔的教母发现他很聪明，一心要培养他成才。巴拉尔17岁时毕业于蒙彼利埃中学，接着升入药物学院学习药物学，24岁时获医学博士学位。右图是巴拉尔的画像。

1824年，22岁的巴拉尔在研究盐湖中植物的时候，将从大西洋和地中海沿岸采集到的黑角菜燃烧成灰，然后用浸泡的方法得到一种灰黑色的浸取液。他往浸取液中加入氯水和淀粉，溶液即分为两层：下层显蓝色，这是由于淀粉与溶液中的碘生成了加合物；上层显棕黄色，这是一种以前没有见过的现象。

这棕黄色的物质是什么呢？巴拉尔认为可能有两种情况：一是氯与溶液中的碘形成了新的化合物——氯化碘；二是氯把溶液中的新元素置换出来了。于是巴拉尔想了些办法，先试图把新的化合物分开，但都没有成功。巴拉尔分析这可能不是氯化碘，而是一种与氯、碘相似的新元素。

他用乙醚将棕黄色的物质经萃取和分液提出，再加氢氧化钾，则棕黄色褪掉（我们现在知道，$Br_2 + 2KOH = KBr + KBrO + H_2O$，溴已经转变为溴化钾和次溴酸钾）。加热蒸干溶液，剩下的物质像氯化钾一样。把剩下的物质与浓硫酸、二氧化锰共热，就会产生红棕色有恶臭的气体，冷凝后变为深红棕色液体。巴拉尔判断这是与氯和碘相似的、在室温下呈液态的一种新元素。溴的发现在化学上实为一个重要的收获。

习题与思考

1．选择题

（1）下列关于卤族元素的说法中，不正确的是（　　）。

A．单质的熔点随核电荷数的增加而逐渐升高

B．单质的颜色随核电荷数的增加而逐渐加深

C．单质的氧化性随核电荷数的增加而逐渐增强

D．卤离子的还原性随核电荷数的增加而逐渐增强

（2）下列物质中，不能使有色布条褪色的是（　　）。

A．氯水　　　　　　　　　　B．次氯酸钙溶液

C．次氯酸钠溶液　　　　　　D．氯化钙溶液

（3）下列物质中，能使淀粉溶液变蓝的是（　　）。

A．氯水　　　　　　B．碘水　　　　　C．溴化钾溶液　　　D．碘化钾溶液

（4）酸雨的形成主要是由于（　　　）。

A．森林遭到乱砍滥伐，破坏了生态平衡　　B．汽车排出大量尾气

C．大气中二氧化碳的含量增多　　　　　　D．工业上大量燃烧含硫燃料

（5）大气中存在着二氧化硫，将会（　　　）。

A．使有色材料漂白

B．在果园中使水果得以保鲜

C．使空气消毒因此生物呼吸起来更安全

D．产生酸雨，对人类与金属等都有害

（6）不能用浓硫酸干燥的气体是（　　　）。

A．氧气　　　　　　B．二氧化硫　　　　C．硫化氢　　　　　D．氯化氢

（7）下列气体中，不会造成空气污染的是（　　　）。

A．N_2　　　　　　B．NO　　　　　　C．NO_2　　　　　D．SO_2

（8）下列各组物质中，常温下能起反应产生气体的是（　　　）。

A．Fe 与浓 H_2SO_4　　　　　　　　　B．Al 与浓 HNO_3

C．Cu 与稀 HCl　　　　　　　　　　　D．Cu 与稀 HNO_3

2．填空题

（1）通常情况下，卤素单质中_____和_____是气体，_____是液体，_____是固体。

（2）卤素原子的价电子结构为_____，在化学反应中容易得到_____个电子，在卤化物中，卤素常见的化合价是_____。

（3）卤素单质的氧化性由强渐弱的顺序为_____。卤素负离子的还原性由弱渐强的顺序为_____。

（4）常温下，氯化氢是_____色，有_____气味的气体，实验室制备氯化氢的化学方程式是_____。氯化氢的水溶液叫做_____。

（5）能迅速腐蚀玻璃的氢卤酸是_____。

（6）浓硫酸盛放在敞口容器中浓度会变小，这是因为浓硫酸有_____性，蔗糖放入浓硫酸中发生"炭化"现象，这是由于浓硫酸有_____性；硫酸能与金属氧化物，是因为硫酸具有_____性。

3．简答题

（1）漂白粉如何制取？其有效成分是什么？漂白粉为何具有漂白、杀菌的作用？

（2）新一代的冰箱都称"无氟冰箱"，即将原来的"氟利昂"更换为新型制冷剂，请说明"氟利昂"被淘汰的主要原因。

（3）如何稀释浓 H_2SO_4？

（4）若有一同学在取用浓 H_2SO_4 时不小心将 H_2SO_4 滴在手上，应如何处理？

（5）四瓶没有标签的白色固体，它们是 NaCl、KI、$MgBr_2$、$CaCO_3$，如何通过实验鉴别它们？

4．计算题

（1）今有 2mol/L 盐酸溶液 50mL 与适量的硫化亚铁反应后，在标准状况下最多能收集到硫化氢气体多少毫升（设：硫化氢的收率为90%）？

（2）若将CO_2通到含0.05mol $Ca(OH)_2$的澄清石灰水中，生成2.5g白色沉淀，则通入的CO_2的体积在标准状况下是多少升？［提示：注意沉淀的转化，转化的$Ca(HCO_3)_2$亦可溶。］

实验三　卤族元素及其重要化合物的性质

一、实验目的

1. 熟悉卤素单质的氧化性规律并掌握卤离子的还原性规律；
2. 掌握卤离子的特性反应及鉴定方法；
3. 了解漂白粉的性质及用途；
4. 熟悉萃取和分液操作。

二、实验仪器与试剂

试管、玻璃棒、分液漏斗。

饱和氯水、饱和溴水、浓H_2SO_4、KBr（0.1mol/L）、KI（0.1mol/L）、NaCl（0.1mol/L）、CCl_4、$AgNO_3$（0.1mol/L）、HNO_3（3mol/L）、HCl（2mol/L）、淀粉溶液（10%）、KI（固）、NaCl（固）、$PbAc_2$试纸、浓氨水、淀粉-碘化钾试纸、漂白粉溶液（10%）、品红溶液、乙醚、醋酸水溶液（1：19）。

三、实验内容与步骤

1. 氯、溴、碘的性质

（1）卤素间的置换反应

a. 试管中加2滴0.1mol/L KBr溶液和5滴CCl_4，然后滴加氯水，边加边振荡，观察CCl_4层中的颜色。

实验现象：上层溶液为无色，下层溶液为橙黄色。

反应方程式为：_____

b. 在试管中加2滴0.1mol/L KI溶液和5滴CCl_4，然后滴加氯水，边加边振荡，观CCl_4层中的颜色。

实验现象：上层溶液为无色，下层溶液为紫色。

反应方程式为：_____

c. 在试管中加5滴0.1mol/L KI溶液，再加入1～2滴淀粉试液，然后滴加溴水，观察溶液颜色的变化。

实验现象：溶液由无色变为蓝色（碘单质遇淀粉变蓝）。

反应方程式为：_____

（2）卤离子的还原性

a. 向盛有少量KI固体的试管中加入0.5mL浓硫酸，观察I_2的析出；把湿润的$PbAc_2$试纸移近试管口，观察现象（检验硫化氢气体的生成）。

实验现象：溶液出现黄色，湿润的$PbAc_2$试纸变黑。

反应方程式为：_____

_____

b. 向盛有少量KBr固体的试管中加入0.5mL浓硫酸，观察Br_2的析出；把湿润的淀粉-碘化钾试纸移近试管口，观察现象。

实验现象：溶液出现淡黄色，湿润的淀粉-碘化钾试纸变蓝。

反应方程式为：_____

_____

c. 向盛有少量NaCl固体的试管中加入0.5mL浓硫酸，观察氯化氢气体的产生；用玻璃棒蘸取一些浓氨水，移近试管口，观察现象。

实验现象：有无色气体产生，玻璃棒上出现白色晶体。

反应方程式为：_____

_____

通过上述实验，比较I^-、Br^-、Cl^-的还原能力。

2. 卤离子的特性反应

（1）往试管中加入1mL 0.1mol/L NaCl溶液，然后加入2滴0.1mol/L $AgNO_3$溶液，观察沉淀的颜色。弃去上层清液，在沉淀中滴加3mol/L HNO_3溶液，振荡，观察沉淀是否溶解。

实验现象：产生白色沉淀，沉淀不溶于稀硝酸。

反应方程式为：_____

（2）往试管中加入1mL 0.1mol/L KBr溶液，然后加入2滴0.1mol/L $AgNO_3$溶液，观察沉淀的颜色。弃去上层清液，在沉淀中滴加3mol/L HNO_3溶液，振荡，观察沉淀是否溶解。

实验现象：产生淡黄色沉淀，沉淀不溶于稀硝酸。

反应方程式为：_____

（3）试管中加入1mL 0.1mol/L KI溶液，然后加入2滴0.1mol/L $AgNO_3$溶液，观察沉淀的颜色。弃去上层清液，在沉淀中滴加3mol/L HNO_3溶液，振荡，观察沉淀是否溶解。

实验现象：产生黄色沉淀，沉淀不溶于稀硝酸。

反应方程式为：_____

3. 漂白粉的性质

取两支试管，分别加入2mL 10%的漂白粉溶液，其中一支滴加2mol/L的HCl溶液，用淀粉-碘化钾试纸检验生成的气体；另一支加入数滴品红溶液，观察品红溶液的颜色变化。

实验现象：淀粉-碘化钾试纸变蓝；品红溶液褪色。

反应方程式为：_____

4. 萃取和分液的操作

（1）基础知识

萃取是利用物质在两种互不相溶（或微溶）的溶剂中溶解度的不同，使用一定的仪器使物质从一种溶剂转移到另一种溶剂中的操作。经过反复多次的萃取，可将绝大部分物质提取出来。萃取是分离混合物和纯化化合物常用的方法。萃取和分液有时可结合进行。

萃取可分为液-液萃取和液-固萃取两种。在实验室进行液-液萃取时，一般在分液漏斗中进行，其装置如图3-12所示。

图3-12　分液漏斗

（2）萃取和分液操作方法

a．在溶液中加入萃取剂，用右手压住分液漏斗口部的玻璃塞，左手握住活塞部分，将分液漏斗侧转过来用力振荡，如图3-13所示。

b．将分液漏斗放在铁架台上静置片刻，如图3-14所示。

 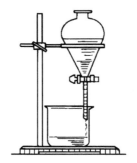

图3-13　倒转分液漏斗　　　　　　图3-14　萃取操作

c．将分液漏斗上的玻璃塞打开或使塞子上的凹槽或小孔对准漏斗上的小孔，使漏斗内外的空气相通，以保证漏斗中的流体能够流出。

d．打开活塞，使下层液体慢慢流出。

（3）萃取实验

a．用30mL CCl_4萃取20mL饱和溴水中的溴。

b．用30mL乙醚萃取10mL醋酸水溶液中的醋酸。

四、思考与提示

（一）思考

1．有一失落标签的可溶性卤化物，用实验方法怎样确定它是何种卤化物？

2．用纯$AgNO_3$试剂检定卤素离子时，为什么要加少量的稀硝酸？向未知试液中加$AgNO_3$试剂，如无沉淀，能否证明不存在卤素离子？

3．漂白粉的主要成分有哪些？其中哪一种是有效成分？

4．使用分液漏斗应注意哪些问题？

（二）提示

1．若实验室没有漂白粉，可用以下方法制备$Ca(ClO)_2$：往试管中加入20滴氯水，然后逐滴加入2mol/L $Ca(OH)_2$溶液直至碱性。

2．在进行分液操作时，当形成乳浊液难以分层时，可采用以下几种方法破坏乳浊液。

（1）以接近垂直的位置将分液漏斗轻轻回荡或用玻璃棒轻轻搅拌。

（2）加入食盐（或某些去泡剂）利用盐析作用来破坏乳化。

（3）若因碱性物质而乳化，加入少量稀硫酸来破坏乳化。

（4）加热或滴加数滴乙醇（改变表面张力）来破坏乳化。

4

常见的金属元素及其化合物

!**学习目标**

1. 掌握钠、钙、镁、铝及其重要化合物的主要性质；
2. 了解铜、银、锌、汞、铁、铬、锰及其重要化合物的性质。

已发现的一百多种元素中，大约有4/5是金属元素，而且金属材料在促进社会发展、生产进步和改善人类生活中起着非常的重要作用。

通常将金属元素分为黑色金属和有色金属两类。黑色金属包括铁（Fe）、锰（Mn）、铬（Cr）三种金属及它们的合金。有色金属通常是指铁、锰、铬以外的所有金属的统称。对于众多的有色金属，人们按照它们的性质、用途、分布及其储量等的不同，又将其分为四类，即重金属、轻金属、贵金属和稀有金属。金属通性如表4-1和表4-2所示。

表4-1　常见金属的物理性质

金属共性	表现形式	说明
金属光泽	大多数金属（除铜、金等少数金属外）都呈银白色或灰色	金属研成粉末后，绝大多数金属都变成黑色或暗灰色（镁、铝除外）
导电、导热性	都是电和热的良导体。导电、导热性由大到小的顺序为：Ag，Cu，Au，Al，Mg，Zn，Ni，Fe	铜和铝常用作输电线
延展性	能被锻打成型，压成薄片或抽拉成丝；金属的延展性随温度升高而增大	锰、锑、铋的延展性很差，敲打时易碎成小块

表4-2　常见金属的化学性质与活动顺序的关系

按活动性排列的顺序	K，Ca，Na	Mg，Al	Mn，Zn，Cr，Fe，Ni，Sn，Pb	Cu	Hg，Ag	Pt，Au
原子失去电子的能力	→逐渐减弱					
离子获得电子的能力	→逐渐增强					
与空气中O_2的作用情况	很容易氧化	常温时能被氧化	加热时被氧化			不能被氧化
和水的作用	常温时能置换水中氢	加热时可置换水中氢	不能与之反应			
和酸的作用	能与酸反应，被酸氧化，能置换出盐酸和稀H_2SO_4中的氢			不能置换出稀酸中的氢		
自然界中存在状态	仅以化合态存在			呈化合态和游离态		呈游离态存在
从矿石中提炼方法	电解熔融态化合物	用碳还原或铝热法、电解法还原其化合物		其他方法		

4.1　钠和钠的化合物

元素周期表中 IA 族中包括锂（Li）、钠（Na）、钾（K）、铷（Rb）、铯（Cs）、钫（Fr）六种元素，都是典型的金属元素（钫为放射性元素），它们的氧化物溶于水呈强碱性，所以称为碱金属。碱金属原子最外层都只有1个电子，在化学反应中极易失去1个电子成为稳定的＋1价阳离子，因此碱金属都是活泼金属，能与绝大多数非金属、水、酸等反应，具有很强的还原性。从锂到铯，元素的金属性逐渐增强。本节介绍的是碱金属中具有代表性的钠。

4.1.1　钠

（1）物理性质

钠是银白色金属，质地柔软，可用小刀切割，熔点低，密度比水小。

（2）化学性质

钠的化学性质活泼，遇水反应激烈，放出氢气和大量热（可用于熔化金属），处理钠时要绝对避免与水接触。钠与干冰（固体CO_2）接触立即爆炸。

① 钠与氧等非金属的反应。

演示实验4-1

观察演示中被切开的钠的断面的颜色变化，将一小块金属钠放在燃烧匙中加热，观察现象。

实验报告：

项　　目	实验现象	思考后得出结论
常　　温		
加　　热		

实验可见，钠的新切面变暗，这是因为钠在常温下可被氧化为氧化钠，氧化钠很不稳定，可以继续在空气中完成如下变化：

$$Na \longrightarrow Na_2O \longrightarrow NaOH \longrightarrow Na_2CO_3 \cdot 10H_2O \longrightarrow Na_2CO_3（风化）$$

钠加热时可在空气中燃烧，生成淡黄色的过氧化钠。

$$2Na + O_2 \xrightarrow{\text{点燃}} Na_2O_2$$

常温下钠还能与卤素、硫等非金属单质直接化合，反应剧烈，在加热时甚至发生爆炸，显示出活泼的金属性。

$$2Na + Cl_2 = 2NaCl$$

② 钠与水的反应。

演示实验4-2

向一盛水的烧杯中滴加几滴酚酞溶液，然后取一绿豆般大小的金属钠放入烧杯中。观察钠和水反应的现象和溶液颜色的变化。

实验报告：

项　　目	实验现象	思考后得出结论
与水的反应		
溶液颜色		

通过实验发现，钠浮在水面上，与水剧烈反应产生气体。同时放出的热能使钠熔化成一个小球，并迅速游动。球逐渐缩小，最后完全消失。而烧杯中的溶液由无色变成粉红色，说明钠与水反应生成了氢气和氢氧化钠。反应方程式为：

$$2Na + H_2O = 2NaOH + H_2 \uparrow$$

（3）钠的存在及用途

钠在自然界中分布很广，主要以氯化钠（食盐）形态存在于海水和盐湖中。工业上钠金属是由电解氢氧化钠或氯化钠而获得。钠在冶金、化工、印染、制药等工业中有广泛的用途。钠和钾的合金在常温下呈液态，是原子核反应堆的导热剂。钠是一种很强的还原剂，能把钛、锆、铌等金属从它们的熔融卤化物中还原出来。钠在人体中也扮演了重要角色，成年人体内含钠60g，同钾一起分别储存在细胞内外，起着维持细胞渗透压和酸碱度平衡的作用，并且维持神经和肌肉的正常运动，若钠缺乏或过量都会生病。

思考

钠为何要保存在煤油中？钠着火怎么办？

4.1.2 钠的重要化合物

（1）过氧化钠（Na_2O_2）

演示实验4-3

①在盛有过氧化钠的试管中滴加几滴水，再将火柴的余烬靠近试管口，检验有无氧气放出。

②用脱脂棉包住约0.2g过氧化钠粉末，放在石棉网上，在石棉网上滴加几滴水，观察实验现象。

实验报告：

实验操作编号	实验现象	思考后得出结论
①		
②		

实验可见，Na_2O_2与水反应会放出氧气，并且反应放出的热能使脱脂棉燃烧，同时氧气又会使燃烧加剧。

$$2Na_2O_2 + 2H_2O = 4NaOH + O_2 \uparrow$$

过氧化钠在空气中与二氧化碳反应生成氧气。

$$2Na_2O_2 + 2CO_2 = 2Na_2CO_3 + O_2 \uparrow$$

因此，过氧化钠在防毒面具、高空飞行和潜艇中用作二氧化碳的吸收剂和供氧剂。另外，过氧化钠是一种强氧化剂，工业上用作漂白剂，可漂白织物、麦秆、羽毛等，还常用作分解矿石的溶剂。

（2）氢氧化钠（NaOH）

氢氧化钠又称为火碱或烧碱，是白色固体，极易吸潮，易溶于水。NaOH是强碱，具有碱的通性。它能与CO_2、SiO_2等酸性氧化物反应。

$$2NaOH + CO_2 = Na_2CO_3 + H_2O$$

$$2NaOH + SiO_2 = Na_2SiO_3 + H_2O$$

实验室里盛放碱溶液的试剂瓶常用橡皮塞，而不用玻璃塞，就是为了防止玻璃受碱溶液的腐蚀生成具有黏性的Na_2SiO_3，而使瓶口和塞子黏结在一起。在化学分析中，碱式滴定管控制滴液的部件采用胶管和塑料球而不采用玻璃旋塞就是这个道理。

氢氧化钠的用途广泛，主要用来制肥皂、人造丝、染料、药物等；此外精炼石油和造纸也要用到大量的氢氧化钠；它也是实验室常用的试剂。

（3）碳酸钠（Na_2CO_3）和碳酸氢钠（$NaHCO_3$）

碳酸钠俗称纯碱或苏打，是白色粉末，易溶于水。碳酸钠晶体（$Na_2CO_3 \cdot H_2O$)含结晶水，在干燥的空气中失去结晶水而成为无水的碳酸钠。

碳酸氢钠俗称小苏打，是一种细小的白色晶体。温度在20℃以上时，碳酸氢钠在水中的溶解度比碳酸钠的小得多。

把少量盐酸分别加入盛有Na_2CO_3和$NaHCO_3$的两个试管中。比较它们放出二氧化碳的剧烈程度。

实验报告：

实验物质	实验现象	思考后得出结论
Na_2CO_3		
$NaHCO_3$		

实验可见，$NaHCO_3$遇酸放出CO_2的程度比Na_2CO_3剧烈得多。反应方程式如下：

$$Na_2CO_3 +2HCl = 2NaCl +H_2O+CO_2\uparrow$$

$$NaHCO_3+HCl = NaCl + H_2O+CO_2\uparrow$$

Na_2CO_3受热没有变化，$NaHCO_3$受热会分解，因此这个反应可用以鉴别碳酸钠和碳酸氢钠。反应方程式为：

$$2NaHCO_3 \xrightarrow{\triangle} Na_2CO_3 + H_2O + CO_2\uparrow$$

碳酸钠是化学工业的主要产品之一，广泛应用于玻璃、肥皂、造纸、纺织等工业。工业上所谓的"三酸两碱"中的"两碱"是指纯碱（Na_2CO_3）和烧碱（$NaOH$）。许多用碱的场合，常以碳酸钠代替氢氧化钠。碳酸氢钠是发酵粉的主要成分，可用于治疗胃酸过多，可用作羊毛洗涤剂，还用于泡沫灭火器。

4.1.3　焰色反应

很多金属或它们的化合物灼烧时，都会使火焰呈现出特殊的颜色，这在化学上叫做焰色反应。常见金属或金属离子的焰色反应的颜色如表4-3所示。

表4-3　常见金属或金属离子的焰色反应的颜色

金属或金属离子	锂	钠	钙	锶	钡	铜
焰色反应的颜色	红色	紫红色	砖红色	洋红色	黄绿色	绿色

把装在玻璃棒上的铂丝（或镍丝）用纯净的盐酸洗净，放在酒精灯火焰上灼烧，当火焰与原来灯焰的颜色一致时，用铂丝分别蘸上Na_2CO_3、K_2CO_3溶液或晶体，放在灯的外焰上灼烧，观察外焰的颜色。

实验报告：

实验物质	实验现象	思考后得出结论
Na_2CO_3		
K_2CO_3		

注：做钾的焰色反应实验时，为了避免钾盐中微量钠盐的干扰，需要透过蓝色的钴玻璃片观察火焰。

实验可见，钠盐的焰色反应的颜色是黄色，钾盐的是紫色。

思考

判断 $NaHCO_3$ 中含有 Na_2CO_3 的方法有哪些？

4.2　镁、钙和它们的化合物

元素周期表中ⅡA族的元素，包括铍（Be）、镁（Mg）、钙（Ca）、锶（Si）、钡（Ba）、镭（Ra）六种元素，其中镭为放射性元素。由于钙、锶、钡的氧化物在性质上介于"碱性"和"土性"之间，所以称为碱土金属，现习惯上把铍和镁也包括在内。

碱土金属元素原子的最外层有2个电子，在参加化学反应时容易失去最外层电子而显＋2价，属于较活泼的金属元素。本节介绍碱土金属中具有代表性的镁、钙及其化合物的知识。

4.2.1　镁和钙

4.2.1.1　物理性质

镁和钙都是银白色的轻金属，硬度、熔点和沸点都比同周期的碱金属高。

4.2.1.2　化学性质

镁和钙都是化学性质很活泼的金属，它们都具有很强的还原性。

（1）钙、镁与氧气的反应

在空气中能氧化生成相应的氧化物，使表面失去光泽。

$$2Ca + O_2 =\!\!=\!\!= 2CaO$$

$$2Mg + O_2 =\!\!=\!\!= 2MgO$$

钙的性质与钠的性质相似，暴露在空气中立刻被氧化，因此与钠一样保存在煤油中。镁在空气中，表面能生成一层致密的氧化物保护膜，阻止内部的镁被氧化，所以镁可以保存在空气里。镁在空气中燃烧，能发出耀眼的白光，放出大量的热，生成白色的氧化镁，因此可以利用镁来制造照明弹和照相镁光灯。

（2）钙、镁与水的反应

演示实验4-6

在烧杯和试管中均装入少量蒸馏水，并各加酚酞数滴，用镊子夹取一小块金属钙，用滤纸擦去表面的煤油并切去表面氧化物，然后投入烧杯中，观察反应情况。取一段镁条，用砂纸擦去其表面氧化物，然后投入试管中，观察有无反应发生。将试管置于酒精灯上加热，观察反应情况。

实验报告：

实验物质	实验现象	思考后得出结论
钙		
镁		

实验可见，镁在沸水中反应较快，而钙在冷水中就剧烈反应。反应方程式如下：

$$Ca + 2H_2O(冷) ══ Ca(OH)_2 + H_2 \uparrow$$
$$Mg + 2H_2O(沸) ══ Mg(OH)_2 + H_2 \uparrow$$

4.2.1.3 钙、镁的用途

钙也用来制合金和高纯度金属的冶炼。例如，含有微量钙（约1%）的铅合金，可以用来铸造轴承。

镁的主要用途是制取轻合金，如镁和铝、锌、锰等金属的合金密度小、韧性和硬度大，广泛用于制造导弹、飞机和高级汽车。镁还是很好的还原剂，用于稀有金属的冶炼中。

思考

镁的化学性质相当活泼，但为什么能在空气中保存？

4.2.2 镁、钙的重要化合物

（1）氧化镁（MgO）、氢氧化镁［$Mg(OH)_2$］

氧化镁在工业上也叫苦土，是一种难熔的白色粉末，其熔点较高（为3073K），硬度也较高。氧化镁是优良的耐火材料，可以用来制造耐火砖、耐火管、坩埚和金属陶瓷等。

氢氧化镁是微溶于水的白色粉末，是一种中等强度的碱，具有一般碱的通性。氢氧化镁可用来制造牙膏、牙粉。它的悬浮液在医药上可用作抑酸剂。

（2）氧化钙（CaO）、氢氧化钙［$Ca(OH)_2$］、碳酸钙（$CaCO_3$）

氧化钙俗称生石灰，简称石灰，是一种白色耐火的物质，可用作坩埚和高温炉内衬。氧化钙很容易与水反应生成氢氧化钙，放出大量的热，所以它能作干燥剂。

氢氧化钙俗称消石灰或熟石灰，是一种白色粉末状固体，微溶于水，其水溶液俗称石灰水。$Ca(OH)_2$是中等强度的碱，能与CO_2反应生成$CaCO_3$沉淀，因此可用石灰水检验CO_2气体。

碳酸钙是白色固体，不溶于水，但能溶于含有CO_2的水中，生成可溶性的碳酸氢钙，两者可以相互转化。自然界中的大理石、石灰石、白垩土等的主要成分都是$CaCO_3$。石灰石长期受到饱和CO_2水的侵蚀可形成溶洞，我国有很多著名的溶洞，如江西彭泽的龙宫洞。

4.2.3 硬水和软水

水是日常生活和生产中不可缺少的物质，还是重要的溶剂。工业上根据水中Ca^{2+}和Mg^{2+}的含量不同，将天然水分为两种：含有较多量Ca^{2+}和Mg^{2+}的水，叫做硬水；只含有较少量

或不含 Ca^{2+} 和 Mg^{2+} 的水，叫做软水。硬水又分为两种：含有钙、镁酸式碳酸盐的硬水叫做暂时硬水；含有钙和镁的硫酸盐或氯化物的硬水叫做永久硬水。暂时硬水经煮沸后，酸式碳酸盐发生分解，会生成不溶性的碳酸盐沉淀而除去。而永久硬水不能用煮沸的方法除去，只能用蒸馏或化学方法除去。

4.2.3.1　硬水的危害

硬水对生产和生活都有危险。例如，工业锅炉使用硬水，日久就会生成锅垢，锅垢不易传热，这不仅浪费燃料，而且更严重的是锅垢可能引起锅炉爆炸。又如，生活中用硬水洗涤衣物，会生成不溶性沉淀，不仅浪费肥皂，而且污染衣物。

4.2.3.2　硬水的软化

减少硬水中 Ca^{2+} 和 Mg^{2+} 的含量，这种过程叫做硬水的"软化"。硬水的软化方法很多，下面介绍两种目前最常用的方法。

（1）石灰 - 纯碱法

在水中加入石灰乳和纯碱，使水中所含钙、镁的可溶性盐变为沉淀而析出，从而除去钙、镁，使水软化。

$$Mg(HCO_3)_2 + Ca(OH)_2 =\!=\!= MgCO_3\downarrow + CaCO_3\downarrow + 2H_2O$$

$$Ca(HCO_3)_2 + Ca(OH)_2 =\!=\!= 2CaCO_3\downarrow + 2H_2O$$

$$MgSO_4 + Na_2CO_3 =\!=\!= MgCO_3\downarrow + Na_2SO_4$$

$$CaSO_4 + Na_2CO_3 =\!=\!= CaCO_3\downarrow + Na_2SO_4$$

此法操作较繁琐，软化效率不高，但成本低，适用于含 Ca^{2+} 和 Mg^{2+} 量较高的水的初步处理。

（2）离子交换法

离子交换软化是借助离子交换树脂来软化水的。离子交换树脂是带有可交换离子的高分子化合物，分为阳离子交换树脂（用 R^-H^+ 表示）和阴离子交换树脂（R^+OH^- 表示）。当待处理的硬水通过阳离子交换树脂层时，离子交换树脂中 H^+ 能与水中的阳离子（Ca^{2+} 和 Mg^{2+}）发生交换，使水中的 Ca^{2+} 和 Mg^{2+} 等被树脂吸附。发生如下反应：

$$2R^-H^+ + Ca^{2+} =\!=\!= R_2Ca + 2H^+$$

$$2R^-H^+ + Mg^{2+} =\!=\!= R_2Mg + 2H^+$$

当水由阳离子交换树脂层进入阴离子交换树脂层时，阴离子交换树脂中的 OH^- 能与水中的阴离子，如 Cl^-、SO_4^{2-} 等发生交换，使它们也被树脂吸附，发生如下反应：

$$2R^+OH^- + SO_4^{2-} =\!=\!= R_2SO_4 + 2OH^-$$

$$R^+OH^- + Cl^- =\!=\!= RCl + OH^-$$

这样处理的水中只含有 H^+ 和 OH^-，称为去离子水，可用于高压锅炉及人体注射用水。

用离子交换法来处理水，软化后水质高，设备简单，操作方便，占地面积小，又可重复使用。

思考

生石灰为什么可以作干燥剂？它能用来干燥哪些气体？

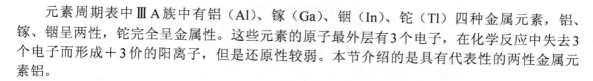

4.3　铝和铝的化合物

元素周期表中ⅢA族中有铝（Al）、镓（Ga）、铟（In）、铊（Tl）四种金属元素，铝、镓、铟呈两性，铊完全呈金属性。这些元素的原子最外层有3个电子，在化学反应中失去3个电子而形成＋3价的阳离子，但是还原性较弱。本节介绍的是具有代表性的两性金属元素铝。

4.3.1　铝

（1）物理性质

铝是银白色的金属，质地较软，具有良好的导电性、导热性以及延展性。

（2）化学性质

① 铝与氧等非金属单质的反应。

$$4Al + 3O_2 \xrightarrow{\text{燃烧}} 2Al_2O_3$$

② 铝与酸、碱的反应。

演示实验4-7

在A、B两支试管中，各放入一小块铝片，然后分别加入5mL 2mol/L HCl溶液和浓NaOH溶液，并用带火星的木条放在两支试管口，观察现象。

实验报告：

反应液	实验现象	思考后得出结论
HCl溶液		
NaOH溶液		

实验可见，铝是两性元素，即与酸、碱都能反应并发出氢气。反应方程式：

$$2Al+6HCl =\!=\!= 2AlCl_3+3H_2\uparrow$$

$$2Al+2NaOH +2H_2O =\!=\!= 2NaAlO_2+3H_2\uparrow$$

但是铝遇冷的浓硝酸或浓硫酸时发生钝化现象。所以，铝容器可用来储存和运输浓硝酸或浓硫酸。

③ 铝与金属氧化物的反应。铝在一定温度下可从某些相对不活泼金属的氧化物中置换出该金属，并放出大量热，即铝热反应，利用此反应可冶炼难熔金属铁、铬、锰。例如，由铝粉和Fe_3O_4或Fe_2O_3粉末按一定比例组成的混合物（称铝热剂），用助燃剂BaO_2（过氧化钡）和镁条引燃，即可发生反应，反应温度可达3273K以上，使生成的Fe熔化。利用此反应可焊接钢材部件。

$$8Al+3Fe_3O_4 \xrightarrow{\text{点燃}} 4Al_2O_3+9Fe+3329kJ$$

（3）铝的用途

铝除了可作导线、电缆外，还可用来制含铝的合金，不但化学稳定性好，而且质量轻，硬度大，力学性能好，广泛用于汽车、飞机宇航工业及民用，铝箔还可用作包装材料等。

4.3.2 铝的重要化合物

（1）氧化铝（Al_2O_3）

氧化铝是一种难溶于水的白色粉末状固体，是典型的两性氧化物。

$$Al_2O_3+6HCl = 2AlCl_3+3H_2O$$

$$Al_2O_3+2NaOH = 2NaAlO_2+H_2O$$

自然界中存在天然纯净的无色氧化铝晶体，俗称刚玉，其硬度大，仅次于金刚石，常用于制造砂轮、机器轴承、耐火材料等。刚玉中含有微量氧化铬时为红宝石，含有铁和钛的氧化物时为蓝宝石。

（2）氢氧化铝〔$Al(OH)_3$〕

氢氧化铝是不溶于水的白色胶状物质。它能凝聚水中的悬浮物，又有吸附色素的性能。氢氧化铝是两性的氢氧化物。

$$Al(OH)_3+3H^+ = Al^{3+}+3H_2O$$

$$Al(OH)_3+OH^- = AlO_2^- +2H_2O$$

氢氧化铝是胃舒平等胃药的主要成分，可用于治疗胃溃疡或胃酸过多，还可用作净水剂。

（3）硫酸铝钾〔$KAl(SO_4)_2$〕

硫酸铝钾是由两种不同的金属离子和一种酸根离子组成的盐，即复盐。在水溶液中可完全电离，反应方程如下：

$$KAl(SO_4)_2 = K^++Al^{3+}+2SO_4^{2-}$$

十二水合硫酸铝钾〔$KAl(SO_4)_2 \cdot 12H_2O$〕俗称明矾。它是一种无色晶体，易溶于水，并发生水解反应。

$$Al^{3+}+3H_2O \rightleftharpoons Al(OH)_3+3H^+$$

其水溶液呈酸性，产生的氢氧化铝胶体具有吸附性，所以日常生活中用明矾作为净水剂。此外，明矾在造纸工业上用作填充剂，纺织工业上用作棉织物染色剂以及用于澄清油脂、石油脱臭和除色等。

思考

有两瓶失去标签的试剂，已知一瓶为氢氧化钠溶液，另一瓶为氯化铝溶液，不用其他试剂怎么区分开来？

4.4 其他常见金属及其重要化合物

4.4.1 铬和铬化合物

（1）铬单质

铬是银白色金属，质极硬，耐腐蚀，熔点和沸点都较高。铬表面易形成氧化膜而钝化，故铬的金属活泼性差、抗腐蚀性能强，是一种优良的电镀材料。铬用于制不锈钢、汽车零件、工具、磁带和录像带等。

（2）铬的化合物

① 氧化铬（Cr_2O_3） 氧化铬是微溶于水的绿色晶体，是两性氧化物。氧化铬常作为绿色颜料（铬绿）而广泛用于涂料、陶瓷及玻璃工业，也是冶炼铬的原料和某些有机合成的催化剂。

② 重铬酸钾（$K_2Cr_2O_7$） 重铬酸钾俗称红钾矾，是橙红色晶体，不含结晶水，可制取高纯度的晶体，所以是分析化学中常用的基准试剂之一。它在酸性介质中具有强氧化性，本身被还原成 Cr^{3+}（绿色）。

演示实验4-8

取两支试管，各加入0.1mol/L $K_2Cr_2O_7$ 溶液 10～15滴和2mL 2mol/L H_2SO_4 溶液，再分别加入少许 Na_2SO_3、$FeSO_4$ 固体，摇匀，观察现象。

实验报告：

实验物质	实验现象	思考后得出结论
Na_2SO_3		
$FeSO_4$		

实验可见，溶液由橙色变成绿色。反应方程式为：

$$4K_2Cr_2O_7+3Na_2S_2O_3+13H_2SO_4 === 4K_2SO_4+4Cr_2(SO_4)_3+3Na_2SO_4+13H_2O$$

$$K_2Cr_2O_7+6FeSO_4+7H_2SO_4 === K_2SO_4+Cr_2(SO_4)_3+3Fe_2(SO_4)_3+7H_2O$$

利用上述第二个反应，分析化学中可以定量测定 Fe^{2+}。

重铬酸钾在酸性介质中也与有机物反应，如与乙醇发生氧化还原反应，利用这一反应现象可以检查汽车司机是否酒后驾驶。重铬酸钾还可以用来配制铬酸洗液。在工业上，重铬酸钾大量用于鞣革、印染、医药和电镀等方面。

（3）Cr^{3+}、CrO_4^{2-} 和 $Cr_2O_7^{2-}$ 的检验

Cr^{3+} 检验：在含有 Cr^{3+} 的溶液中加氨水，产生灰蓝色沉淀。

$$Cr^{3+}+3NH_3 \cdot H_2O === 3NH_4^+ +Cr(OH)_3 \downarrow \text{(灰蓝色)}$$

CrO_4^{2-} 检验：可利用不同重金属的铬酸盐的颜色不同加以区别。

$$Pb^{2+}+CrO_4^{2-} === PbCrO_4 \downarrow \text{(黄色)}$$

$$Ba^{2+}+CrO_4^{2-} === BaCrO_4 \downarrow \text{(柠檬黄色)}$$

$$2Ag^++CrO_4^{2-} === Ag_2CrO_4 \downarrow \text{(砖红色)}$$

$Cr_2O_7^{2-}$ 检验：$Cr_2O_7^{2-}$ 本身是橙色，利用其氧化性，其还原态 Cr^{3+} 为绿色，根据颜色的变化判断。

$$\underset{\text{(橙色)}}{Cr_2O_7^{2-}}+6Fe^{2+}+14H^+ === \underset{\text{(绿色)}}{2Cr^{3+}}+6Fe^{3+}+7H_2O$$

4.4.2 锰和锰化合物

4.4.2.1 锰单质

锰是灰色金属，性质较活泼。块状锰在空气中不被氧化，因为，在其表面上能生成一层氧化物保护膜。而粉末状锰在空气中却很容易被氧化，与稀硫酸或盐酸反应放出氢气。

4.4.2.2 锰的化合物

（1）二氧化锰（MnO_2）

二氧化锰是不溶于水的黑色固体，在酸性溶液中具有强氧化性，与浓盐酸反应放出氯气，实验室常用此法制取氯气。

$$MnO_2 + 4HCl(浓) \stackrel{\triangle}{=\!=\!=} MnCl_2 + 2H_2O + Cl_2 \uparrow$$

二氧化锰可用于制造各种锰的化合物，制造干电池、玻璃、火柴，以及作为有机化学反应的催化剂。

（2）高锰酸钾（$KMnO_4$）

高锰酸钾是易溶于水的深紫色晶体，加热到473K时或受日光照射会分解，放出氧气。所以，不论是高锰酸钾的固体还是溶液都应在棕色玻璃瓶内保存。实验室里也可用此法制取氧气。

演示实验4-9

在3支试管中各加入10滴0.1mol/L $KMnO_4$溶液，分别依次加入1mL 2mol/L H_2SO_4、1mL 2mol/L NaOH、1mL H_2O。然后各加入少量Na_2SO_3固体，摇匀并观察现象。

实验报告：

加入试剂	实验现象	思考后得出结论
H_2SO_4		
NaOH		
H_2O		

从实验可以看到，第一支试管，紫红色消失变为无色。在酸性溶液中，MnO_4^-被还原成Mn^{2+}，Mn^{2+}呈淡粉红色，在稀溶液中近似无色。反应为：

$$2MnO_4^- + 5SO_3^{2-} + 6H^+ =\!=\!= 2Mn^{2+} + 5SO_4^{2-} + 3H_2O$$

第二支试管，溶液由紫红色变为深绿色。在强碱性溶液中，MnO_4^-被还原为MnO_4^{2-}。反应为：

$$2MnO_4^- + SO_3^{2-} + 2OH^- =\!=\!= 2MnO_4^{2-} + SO_4^{2-} + H_2O$$

第三支试管，出现棕黑色沉淀。在中性溶液，MnO_4^{2-}被还原为MnO_2。反应为：

$$2MnO_4^- + 3SO_3^{2-} + H_2O =\!=\!= 2MnO_2 \downarrow + 3SO_4^{2-} + 2OH^-$$

高锰酸钾在分析化学中是一种常用的氧化剂，在生活中还常作为消毒杀菌剂，如质量分数为0.1%的$KMnO_4$溶液可用作洗涤水果、水杯等用具的消毒、杀菌液；4% ～ 5%的$KMnO_4$

溶液还可用于治疗轻度烫伤等。

4.4.3　铁和铁化合物

4.4.3.1　铁单质

纯净的铁是银白色金属，抗腐蚀能力强（常用的铁由于含有碳以及其他成分而使其抗腐蚀能力较弱），能被磁铁吸引。

铁是比较活泼的金属，在加热条件下，可与氧、硫、氯等非金属元素发生反应，生成相应的化合物。例如：

$$3Fe + 2O_2 \xrightarrow{\triangle} Fe_3O_4$$

铁在浓硫酸和浓硝酸中发生钝化现象，因此可用铁器储运浓硫酸和浓硝酸。

4.4.3.2　铁的化合物

（1）铁的氧化物

铁的氧化物有氧化铁（Fe_2O_3）、氧化亚铁（FeO）、四氧化三铁（Fe_3O_4）。其中Fe_2O_3可溶于酸，生成三价铁盐；FeO是不溶于水的黑色粉末，易被氧化成Fe_2O_3。FeO亦可溶于酸而生成亚铁盐。Fe_3O_4是黑色有磁性的物质，故又称为磁性氧化铁。经X射线研究证明，Fe_3O_4是一种铁酸盐：$Fe(FeO_2)_2$。

（2）铁的氢氧化物

铁的氢氧化物中，氢氧化亚铁［$Fe(OH)_2$］极不稳定，在空气中被氧化成棕红色的氢氧化铁［$Fe(OH)_3$］，二者都不溶于水，但都可溶于酸。

$$Fe^{2+}+2OH^- \mathop{=\!=\!=} Fe(OH)_2 \downarrow（白色）$$

$$4Fe(OH)_2+O_2 +2H_2O \mathop{=\!=\!=} 4Fe(OH)_3 \downarrow（棕红色）$$

（3）铁的盐类

硫酸亚铁（$FeSO_4$）为白色粉末，带结晶水的$FeSO_4·7H_2O$为绿色晶体，俗称绿矾。硫酸亚铁在空气中易被氧化为黄褐色碱式硫酸铁。亚铁盐也是分析上常用的还原剂。

氯化铁（$FeCl_3$）是黑棕色结晶，易溶于水并且有强烈的吸水性。$FeCl_3$常作为氧化剂，可氧化$SnCl_2$、KI、H_2S、SO_2、Cu等。例如：

$$2FeCl_3+2KI \mathop{=\!=\!=} 2FeCl_2+I_2+2KCl$$

思考

$FeCl_3$可腐蚀Cu，而Fe比Cu活泼，这有无矛盾？

4.4.3.3　Fe^{2+}和Fe^{3+}的检验

Fe^{2+}可用铁氰化钾（$K_3[Fe(CN)_6]$）检验，生成滕氏蓝沉淀。

$$3Fe^{2+}+2[Fe(CN)_6]^{3-} \mathop{=\!=\!=} Fe_3[Fe(CN)_6]_2 \downarrow$$

Fe^{3+}可用亚铁氰化钾（$K_4[Fe(CN)_6]$）检验，生成普鲁士蓝沉淀，亦可用硫氰化铵（NH_4SCN）或KSCN检验，Fe^{3+}溶液立即出现血红色的硫氰化铁。

$$4Fe^{3+}+3[Fe(CN)_6]^{4-} \rule[0.5ex]{2em}{0.4pt} Fe_4[Fe(CN)_6]_3\downarrow$$

$$Fe^{3+}+6SCN^- \rule[0.5ex]{2em}{0.4pt} [Fe(SCN)_6]^{3-}$$

4.4.4 铜和铜化合物

4.4.4.1 铜单质

纯铜是紫红色的软金属，故又叫紫铜，有良好的导电性、导热性和延展性，这些性能仅次于银。

铜的化学性质不活泼，在干燥空气中很稳定，但在潮湿的空气中，表面会生成一层绿色的碱式碳酸铜［$Cu_2(OH)_2CO_3$］，俗称铜绿。

$$2Cu+CO_2+O_2+H_2O \rule[0.5ex]{2em}{0.4pt} Cu_2(OH)_2CO_3$$

高温时，铜能与氧气、硫、卤素等直接化合。例如，将铜加热到红热，其表面上就生成黑色的氧化铜。

$$2Cu + O_2 \xrightarrow{\triangle} 2CuO$$

铜不与水反应，也不与盐酸、稀硫酸发生反应，但能与浓硫酸、硝酸反应。

单质铜和铜的合金用途十分广泛，如高纯度的铜在电气工业中用来制造电线、电缆和电工器材等；青铜是铜与锡的合金，多用来制造日用器件、工具和武器等；黄铜是铜、锌合金，用于制造散热器、油管等；白铜是铜、镍、锌的合金，主要用作刀具。

4.4.4.2 铜的化合物

（1）氢氧化铜［$Cu(OH)_2$］

氢氧化铜是淡蓝色胶状沉淀，微显两性，但以碱性为主，可以与酸反应，也可以与浓的强碱溶液反应，主要用作媒染剂和颜料。

$$Cu(OH)_2 + 2HCl \xrightarrow{\triangle} CuCl_2 + 2H_2O$$

$$Cu(OH)_2+2NaOH \rule[0.5ex]{2em}{0.4pt} Na_2[Cu(OH)_4]$$
四氢氧化合铜（Ⅱ）酸钠

$Cu(OH)_2$溶于氨水生成深蓝色的氢氧化四氨合铜（Ⅱ）的配合物。

$$Cu(OH)_2+4NH_3\cdot H_2O \rule[0.5ex]{2em}{0.4pt} [Cu(NH_3)_4](OH)_2+ 4H_2O$$

这种配合物能溶解纤维素，加酸后纤维素又能沉淀出来，铜氨人造丝就是利用这种原理生产的。

（2）硫酸铜（$CuSO_4$）

无水硫酸铜是白色粉末，含有5个结晶水的硫酸铜（$CuSO_4 \cdot 5H_2O$）是天蓝色结晶，俗称胆矾。利用无水硫酸铜吸水变成蓝色的性质，可检验有机物中水的存在。

硫酸铜是制备其他含铜化合物的重要原料，还可以作为媒染剂、杀虫剂、木材防腐剂及制造人造丝等，也用作化学分析试剂。硫酸铜同石灰乳混合可制得波尔多液，用作杀菌剂。

4.4.5 银和银化合物

4.4.5.1 银单质

单质银是银白色的软金属。在所有金属中，银是热、电的最良导体，也具有很好的延展性。

银的化学性质较稳定，不能与稀酸反应置换出氢气，但能溶于热的硫酸或硝酸中。在空气中不易被氧化。但当空气中含有H_2S时，其表面会生成一层黑色的Ag_2S，使银失去金属光泽。在银中加入少量铜制成的合金，可用于电气工业和制造银器、银币等。

4.5.5.2　银的化合物

（1）氧化银（Ag_2O）

在试管中加入0.1mol/L $AgNO_3$溶液5mL，逐滴加入2mol/L NaOH溶液，观察沉淀的产生和颜色的变化。再向试管中加入2mol/L $NH_3 \cdot H_2O$，观察沉淀的溶解。

实验报告：

项　　目	实验现象	思考后得出结论
加NaOH溶液后		
加$NH_3 \cdot H_2O$溶液后		

在$AgNO_3$溶液中加入NaOH溶液，首先产生白色的AgOH沉淀，AgOH极不稳定，立即分解为棕黑色的Ag_2O和水。

$$AgNO_3 + NaOH = AgOH \downarrow + NaNO_3$$

$$2AgOH = Ag_2O + H_2O$$

Ag_2O微溶于水，可溶于$NH_3 \cdot H_2O$中生成无色的银氨溶液。

$$Ag_2O + 4NH_3 \cdot H_2O = 2[Ag(NH_3)_2]^+ + 2OH^- + 3H_2O$$

（2）硝酸银（$AgNO_3$）

$AgNO_3$是一种无色晶体，受热或光照时容易分解，故$AgNO_3$应保存在棕色瓶中。$AgNO_3$有一定的氧化能力，遇蛋白质生成黑色的蛋白银，如皮肤沾上$AgNO_3$溶液会逐渐变成黑色。

$AgNO_3$大量用于制作照相底片、制镜、保温瓶胆、电镀和电子等工业；质量分数为10%的$AgNO_3$溶液在医药上作消毒剂或腐蚀剂。

4.4.6　锌和锌化合物

4.4.6.1　锌单质

锌是青白色金属，略带蓝色。锌在潮湿的空气中，其表面能生成一层碱式碳酸锌的薄膜，这层薄膜较紧密，能起保护膜作用，不易被氧化。可利用锌的这种性质制作镀锌铁皮（白铁皮）。

$$2Zn + CO_2 + O_2 + H_2O = Zn_2(OH)_2CO_3$$

锌是一种中等活泼的金属，具有两性，既与酸反应置换出氢气，也能与强碱反应放出氢气，并生成锌酸盐。

$$Zn + 2NaOH = Na_2ZnO_2 + H_2 \uparrow$$

大量的锌用来制造干电池和生产黄铜、青铜等合金。

4.4.6.2 锌的化合物

（1）氧化锌（ZnO）

氧化锌是一种不溶于水的白色粉末，也具有两性。

$$ZnO +2HCl = ZnCl_2+H_2O$$

$$ZnO+2NaOH = Na_2ZnO_2+H_2O$$

氧化锌主要用来制作白色颜料、医药上的软膏、化妆用的油膏。大量的氧化锌还用作加工橡胶的填料。

（2）氢氧化锌〔$Zn(OH)_2$〕

氢氧化锌是不溶于水的白色固体，也具有两性。

$$Zn(OH)_2+2HCl = ZnCl_2+2H_2O$$

$$Zn(OH)_2+2NaOH = Na_2ZnO_2+2H_2O$$

$Zn(OH)_2$还能溶于氨水，形成配位化合物，这一点与$Al(OH)_3$不同。

$$Zn(OH)_2+4NH_3 = [Zn(NH_3)_4]^{2+}+2OH^-$$

氢氧化锌主要用作造纸的填料，还用于制氧化锌和锌盐。

思考

怎么区分$Zn(OH)_2$和$Al(OH)_3$？

4.4.7 汞和汞化合物

4.4.7.1 汞（Hg）

汞是常温下唯一呈液态的银白色金属，俗称水银，密度较大，剧毒物质，易挥发，导热性能差，而导电性能良好。

在常温下，汞很稳定，不被空气氧化，加热到573K时，才能与空气中的氧作用，生成红色的氧化汞。常温下，汞能与硫黄混合进行研磨生成HgS，因此，利用撒硫黄粉的办法处理洒在地上的汞，使其化合，以消除汞蒸气的污染。

汞能溶解多种金属，如金、银、锡、钠、钾等，形成合金，称为汞齐。汞齐在性质上与合金相似，但被溶解的金属仍然保持自己的特性。汞能溶解金属金和银，故常用汞来提炼金和银等重金属。在273～473 K之间，汞的热膨胀很均匀，又不沾湿玻璃，故用来制作温度计。

4.4.7.2 汞的化合物

（1）汞的氧化物

汞的氧化物主要有氧化汞（HgO）和氧化亚汞（Hg_2O）。将氧化汞加热，可使它分解为汞和氧气。

$$2HgO \xrightarrow{\triangle} 2Hg + O_2 \uparrow$$

氧化亚汞很不稳定，只能存放在潮湿和阴暗的地方，其在干燥状态下会立即分解。

$$Hg_2O \Longrightarrow HgO + Hg$$

（2）汞盐

汞盐主要有氯化汞（$HgCl_2$）、氯化亚汞（Hg_2Cl_2）、硝酸汞 $[Hg(NO_3)_2]$、硝酸亚汞 $[Hg_2(NO_3)_2]$。

氯化汞为微溶于水的白色针状结晶，有剧毒，易升华，所以也称为升汞。氯化汞主要用作有机合成的催化剂，在医药上常用氯化汞的稀溶液（1：1000）消毒器具。氯化亚汞是难溶于水、无毒的白色粉末，俗称甘汞。氯化亚汞见光易分解，所以应储存于棕色瓶中。在医药上氯化亚汞用作泻剂，化学上用其作甘汞电极。

硝酸汞和硝酸亚汞都易溶于水，可用于制备其他汞盐。Hg^{2+}可以和卤素离子等形成配离子，如 $[HgI_4]^{2-}$。$[HgI_4]^{2-}$的碱性溶液称为奈斯特试剂。当溶液中存在有微量的 NH_4^+ 时，滴入该试剂，立即生成特殊的红棕色沉淀，分析化学上利用此反应检验 NH_4^+。

思考

有5瓶分别含有 Mg^{2+}、Fe^{3+}、Fe^{2+}、Zn^{2+}、Cu^{2+} 的溶液，如何进行鉴别？

阅读材料

微量元素与人体健康

近年来，微量元素与人体健康的关系越来越引起人们的重视，含有某些微量元素的食品也应时而生。所谓微量元素是针对常量元素而言的。人体内的常量元素又称为主要元素，共有11种，按需要量多少的顺序排列为：氧、碳、氢、氮、钙、磷、钾、硫、钠、氯、镁。其中氧、碳、氢、氮占人体质量的95%，其余约占4%，此外，微量元素约占1%。在生命必需的元素中，金属元素共有14种，其中钾、钠、钙、镁的含量占人体内金属元素总量的99%以上，其余10种元素的含量很少。习惯上把含量高于0.01%的元素，称为常量元素，低于此值的元素，称为微量元素。人体若缺乏某种主要元素，会引起人体机能失调，但这种情况很少发生，一般的饮食含有绰绰有余的常量元素。微量元素虽然在体内含量很少，但它们在生命过程中的作用不可低估。没有这些必需的微量元素，酶的活性就会降低或完全丧失，激素、蛋白质、维生素的合成和代谢也就会发生障碍，人类生命过程就难以继续进行。

目前，对于某些微量元素的功能尚不完全清楚，下面只作一简要介绍。

铁　铁是血液中交换和输送氧所必需的一种元素，生物体内许多氧化还原体系都离不开它。体内大部分铁分布在特殊的血细胞内。没有铁，生物就无法生存。

锌　锌是一种与生命攸关的元素，它在生命活动过程中起着转换物质和交流能量的"生命齿轮"作用。它是构成多种蛋白质所必需的。眼球的视觉部位含锌量高达4%，可见它具有某种特殊功能。锌普遍存在于食物中，只要不偏食，人体一般不会缺锌。

铜　　铜元素对于人体也至关重要，它是生物系统中一种独特而极为有效的催化剂。铜是30多种酶的活性成分，对人体的新陈代谢起着重要的调节作用。据报道，冠心病与缺铜有关。铜在人体内不易保留，需经常摄入和补充。茶叶中含有微量铜，所以常喝茶是有益的。

　　铬　　在由胰岛素参与的糖或脂肪的代谢过程中，铬是必不可少的一种元素，也是维持正常胆固醇所必需的元素。

　　锰　　锰参与许多酶催化反应，是一切生物离不开的一种微量元素。

　　钼　　钼是某种酶的一个组分，这种酶能催化嘌呤转化为尿酸。钼也是能量交换过程所必需的。微量钼是眼色素的构成成分。在豆荚、卷心菜、大白菜中含钼较多。多吃这些蔬菜对眼睛有益。

　　钴　　钴是维生素B_{12}分子的一个必要组分，B_{12}是形成红细胞所必需的成分。

　　碘　　碘在体内的主要功能是参与合成甲状腺素。缺碘会导致甲状腺机能亢进，儿童缺碘会造成智力低下。

　　氟　　氟是形成坚硬骨骼和预防龋齿所必需的一种微量元素。

　　人类生存的一个必要条件是需要呼吸，这样体内必须要有某些能与氧气或二氧化碳相结合的物质，以便输送氧气和二氧化碳。这些物质是以铁元素为骨干的化合物。

　　高等动物都有一套复杂的系统来接受生存环境带给它的信息，并通过神经把这些信息传输给生命的总指挥——大脑，然后大脑才能发出各种指令，指示体内的各个职能部门做出相应的反应。在这套传输和指挥系统中，金属元素同样起着关键的作用。

　　金属元素对于传宗接代也有很大的贡献。细胞之所以只能复制出和它相同的下一代细胞，就是因为每种细胞内都含有一种能传递遗传信息的核酸，它能指示各种氨基酸按规定的次序连接起来，形成规定的蛋白质，这个按遗传密码合成下一代蛋白质的过程是受某些金属元素控制的。

　　因此，人们愈来愈多地认为，人类的生存和发展绝对离不开这些必要的微量元素的吸收、传输、分布和利用。在人体内，微量元素的含量虽然远不如糖、脂肪和蛋白质那样多，但是它们的作用却一点也不亚于糖、脂肪和蛋白质。另外，科学家还通过研究认识到，利用这些微量元素绝对不是很简单的事情，并不像我们吃进米饭、馒头、鱼肉、蔬菜和水果那样的简单。例如，有人曾经设想，维生素B_{12}分子结构的中心是一个钴离子，也就是说维生素B_{12}是钴的化合物，那么，如果缺乏维生素B_{12}，就应该多吃一点钴盐。但是事实却并非如此简单，吃了简单的钴盐，不但对治疗缺乏维生素B_{12}的症状无效，反而略有毒性，只有服用维生素B_{12}才真正有效。看来，利用微量元素还有很大的学问。

习题与思考

1. 选择题

（1）镁、铝各0.2mol，分别和1mol/L盐酸50mL反应，在相同状况下，生成氢气较多的是（　　）。

A．Mg   B．Al   C．一样多   D．无法比较

（2）下列单质能和水剧烈反应的是（　　）。

A．Fe   B．Mg   C．Cu   D．Na

（3）硬水主要是由（　　）引起的。

A．HCO_3^- B．Mg^{2+}、Ca^{2+} C．SO_4^{2-}、Cl^- D．K^+、Na^+

（4）下列物质中既溶于盐酸又溶于氢氧化钠溶液的是（　　）。

A．Fe_2O_3 B．ZnO   C．$CaCO_3$ D．SiO_2

（5）锌和稀硫酸反应，滴入少量$CuSO_4$溶液后，产生H_2的速率（　　）。

A．变快   B．变慢   C．不变   D．无法确定

2．填空题

（1）固态金属中的化学键称为＿＿＿＿＿＿＿＿＿＿键，它是＿＿＿＿＿＿＿＿＿＿＿＿＿＿＿＿＿＿＿＿＿＿＿＿。

（2）金属的导电性、导热性、延展性和金属晶体中的＿＿＿＿＿＿＿＿＿＿＿＿＿＿＿有关。

（3）Na的原子序数为＿＿＿＿＿＿＿，位于周期表的＿＿＿＿＿＿＿周期，＿＿＿＿＿族，最外层有＿＿＿＿＿个电子，容易＿＿＿＿＿电子，成为＿＿＿＿＿价离子。因此Na具有很强的＿＿＿＿＿性。

（4）金属钠和水反应的方程式为＿＿＿＿＿＿＿＿＿＿＿＿＿＿＿＿＿＿＿＿＿＿＿。

（5）Na_2O_2在潜水艇中作供氧剂是因为它和二氧化碳发生如下反应：＿＿＿＿＿＿＿＿＿＿＿＿＿＿＿＿＿＿＿＿＿。

（6）苏打的化学式为＿＿＿＿＿＿＿＿＿＿；小苏打的化学式为＿＿＿＿＿＿＿＿＿＿。

（7）$Al(OH)_3$是＿＿＿＿＿＿＿＿＿性氢氧化物，它与盐酸和NaOH反应的反应式分别为＿＿＿＿＿＿＿＿＿＿＿＿＿和＿＿＿＿＿＿＿＿＿＿＿＿＿。

（8）＿＿＿＿＿＿＿＿＿＿＿＿＿＿＿＿＿＿叫硬水，＿＿＿＿＿＿＿＿＿＿＿＿＿＿＿叫软水，＿＿＿＿＿＿＿＿＿＿叫永久硬水。硬水软化的方法有＿＿＿＿＿＿＿＿＿＿＿＿＿、＿＿＿＿＿＿＿＿＿＿＿。

（9）因为$AgNO_3$＿＿＿＿＿＿＿＿＿＿＿＿＿＿＿＿＿＿＿＿＿，所以要保存在棕色瓶中。

（10）ZnO为两性氧化物，它溶于H_2SO_4的反应式为＿＿＿＿＿＿＿＿＿＿＿＿＿＿＿＿＿；它溶于NaOH的反应式为＿＿＿＿＿＿＿＿＿＿＿＿＿＿＿＿＿＿。

3．简答题

（1）装氢氧化钠溶液的试剂瓶为什么要用橡皮塞，为什么氢氧化钠溶液不能长期保存？

（2）应该怎样保存硝酸银？为什么？

（3）如何处理洒落在地上的水银？

（4）现有一种含结晶水的绿色晶体，将其配成溶液。若加入$BaCl_2$溶液则产生不溶于酸的白色沉淀；若用稀酸酸化溶液，滴入$KMnO_4$溶液，则紫色褪去；同时滴入KSCN，溶液显红色。问该晶体是何种物质？写出有关反应方程式。

4．用化学方程式表示下列各步反应

（1）$Mg \rightarrow MgO \rightarrow MgCl_2 \rightarrow MgCO_3 \rightarrow MgSO_4 \rightarrow Mg(OH)_2 \rightarrow MgCl_2 \rightarrow Mg$

（2）$Ca \rightarrow CaO \rightarrow Ca(OH)_2 \rightarrow CaCO_3 \rightarrow Ca(HCO_3)_2 \rightarrow CaCO_3 \rightarrow CaCl_2 \rightarrow Ca$

5．计算题

（1）把碳酸钠和碳酸氢钠的混合物146g加热到质量不再继续减少为止，剩下的残渣质量为137g。计算该混合物中碳酸钠的质量分数。

（2）100g Na_2O_2 与 CO_2 反应，在标准状况下，能收集到 O_2 多少升？

实验四　常见金属及其重要化合物的性质

一、实验目的

1．了解钠、过氧化钠、镁、铝、氢氧化铝的性质；

2．练习焰色反应的操作；

3．了解 Cu^{2+}、Zn^{2+} 与 NaOH、$NH_3 \cdot H_2O$ 溶液的反应；

4．了解 $KMnO_4$ 的氧化性；

5．学会鉴定 Fe^{3+}。

二、实验仪器与试剂

镊子、小刀、坩埚、电炉、砂纸、酒精灯、钴玻璃片、铂丝或镍丝。金属钠、镁条、铝片、Na_2SO_3（固）、HCl（2mol/L、浓）、酚酞、NaCl（0.5mol/L）、KCl（0.5mol/L）、$CaCl_2$（0.5mol/L）、$BaCl_2$（0.5mol/L）、NaOH（2mol/L、6mol/L、30%）、$CuSO_4$（0.1mol/L）、H_2SO_4（2mol/L）、$NH_3 \cdot H_2O$（2mol/L、6mol/L）、$Al_2(SO_4)$（0.5mol/L）、$ZnSO_4$（0.1mol/L）$KMnO_4$（0.01mol/L）、$FeCl_3$（0.1mol/L）、KSCN（0.1mol/L）。

三、实验内容与步骤

1．钠的性质

（1）Na 与 O_2 的作用

用镊子夹取一小块金属钠，用滤纸吸干其表面的煤油，在表面皿上用小刀切开，观察新断面的颜色变化。除去金属钠表面的氧化层，立即放入坩埚中加热。当钠开始燃烧时，停止加热。观察火焰的焰色和产物的颜色、状态。写出化学反应方程式。产物保留，供"2．过氧化钠的性质"实验用。

（2）Na 与水的作用

取绿豆粒大小的金属钠，用滤纸吸干表面的煤油，再放入盛有水的小烧杯中（事先滴入1滴酚酞），再用一个合适的漏斗倒扣在烧杯口上。观察反应现象。写出化学反应方程式。

2．过氧化钠的性质

将实验内容1（1）中的反应产物转入干燥的试管中，加入少量水（反应放热，需将试管放入冷水中）。检验试管口是否有 O_2 放出。加入2滴酚酞试液检验水溶液是否呈碱性。写出化学反应方程式。

3. 镁的性质

（1）Mg 在空气中燃烧

取一小段镁条，用砂纸擦去表面的氧化膜，用镊子夹住一端，点燃，观察燃烧情况和产物的颜色、状态。将燃烧产物收集于试管中，试验其在水中和在 2mol/L HCl 溶液中的溶解情况。写出有关的化学反应方程式。

（2）Mg 与水的作用

取一小段镁条，用砂纸擦去表面的氧化膜，放入试管中，加入少量冷水，观察现象。然后，给试管加热，观察镁条在沸水中的反应情况。写出化学反应方程式，并设法检验产物 $Mg(OH)_2$。

4. 焰色反应

取一根顶端弯成小圈的铂丝（或镍丝），蘸以浓盐酸，在酒精灯上灼烧至无色；然后分别蘸以 0.5mol/L NaCl、0.5mol/L KCl、0.5mol/L $CaCl_2$ 和 0.5mol/L $BaCl_2$ 溶液，放在氧化焰中灼烧。观察、比较它们的焰色有何不同。观察钾盐火焰时，应透过钴玻璃观察。注意，每做完一个试样，都要用浓盐酸清洗铂丝，并在火焰上灼烧至无色。

5. 铝的性质

（1）铝的两性

在两支试管中，各放入一小块铝片，然后分别加入 2mL 2mol/L HCl 溶液和 2mL 30% NaOH 溶液，观察现象。写出反应方程式。

（2）铝与水的作用

取一小块铝片，用砂纸擦去其表面的氧化膜后放入试管中，加少量水，微热，观察现象。写出反应方程式。

6. 氢氧化铝的两性

在两支试管中，各加入 2mL 0.5mol/L $Al_2(SO_4)_3$ 溶液，并逐滴加入 6mol/L $NH_3 \cdot H_2O$，观察生成白色胶状沉淀。然后在一支试管中滴加 2mol/L HCl 溶液，在另一支试管中滴加 30% NaOH 溶液，观察沉淀是否溶解。写出反应方程式。

7. Cu^{2+} 与 NaOH、$NH_3 \cdot H_2O$ 溶液的反应

（1）取 3 支试管均加入 1mL 0.1mol/L $CuSO_4$ 溶液，并滴加 2mol/L NaOH 溶液，观察沉淀的颜色。然后进行下列实验。

第一支试管中滴加 2mol/L H_2SO_4 溶液，观察现象。写出反应方程式。

第二支试管中加入过量的 30% NaOH 溶液，振荡试管，观察现象。写出反应方程式。

第三支试管加热，观察现象。写出反应方程式。

（2）在试管中加入 1mL 0.1mol/L $CuSO_4$ 溶液，逐滴加入 2mol/L $NH_3 \cdot H_2O$，观察沉淀的颜色，继续滴加 $NH_3 \cdot H_2O$ 至沉淀溶解。写出反应方程式。

将上述溶液分为两份，一份逐滴加入 2mol/L H_2SO_4 溶液，另一份加热至沸腾，观察现象并加以解释。

8. Zn^{2+} 与 NaOH、$NH_3 \cdot H_2O$ 溶液的反应

（1）在两支试管中均加入 1mL 0.1mol/L $ZnSO_4$ 溶液，分别滴加 2mol/L NaOH 溶液（不要过量），观察沉淀颜色。然后在一支试管中滴加 2mol/L HCl 溶液，在另一支试管中滴加

2mol/L NaOH 溶液，观察现象。写出反应方程式。

（2）在试管中加入 1mL 0.1mol/L ZnSO₄ 溶液，逐滴加入 2mol/L NH₃·H₂O，观察沉淀的产生。继续滴加 2mol/L NH₃·H₂O 至沉淀溶解。写出反应方程式。

将上述溶液分为两份，一份逐滴加入 2mol/L H₂SO₄ 溶液，另一份加热至沸腾，观察现象并加以解释。

9. KMnO₄ 的氧化性

取 3 支试管，均加入 1mL 0.01mol/L KMnO₄ 溶液，再分别加入 2mol/L H₂SO₄ 溶液、6mol/L NaOH 溶液、水各 1mL，然后均加入少许 Na₂SO₃ 晶体，振荡试管，观察现象。说明介质对 KMnO₄ 氧化性的影响。

10. Fe³⁺ 的鉴定

在试管中加入 1mL 0.1mol/L FeCl₃ 溶液，滴加 0.5mL 0.1mol/L KSCN 溶液，观察现象。写出反应方程式。

四、思考与提示

（一）思考题

1. 金属钠为什么要保存在煤油中？若不慎着火，应如何扑灭？
2. Na₂O₂ 与水作用的实验为什么必须在冷却条件下进行？
3. 试设计一个鉴别 Mg²⁺、Ca²⁺ 的实验方案。
4. Cu²⁺、Zn²⁺ 与 NH₃·H₂O 溶液反应的产物是什么？
5. KMnO₄ 在氧化还原反应中的还原产物与介质有何关系？

（二）提示

在实验内容与步骤 1. 钠的性质（1）实验中，为防止产物 Na₂O₂ 与空气中的 CO₂、H₂O 等反应，当生成产物 Na₂O₂ 后，可接着做"2. 过氧化钠的性质"实验，然后再做其他的实验。

5 氧化还原反应

学习目标

1. 理解氧化还原反应的概念；
2. 学会判断氧化剂和还原剂；
3. 初步掌握用化合价升降法配平氧化还原反应方程式。

氧化还原反应是一类重要的化学反应，它在工农业生产、科学技术以及日常生活中有着广泛的应用。例如，性质活泼的有色金属、黑色金属、贵重金属的制造，都是通过氧化还原反应从矿石中提炼得到的；很多重要的化工产品，如"三酸"、氨气、烧碱、有机化工产品等，也都是通过氧化还原反应制备得到的。植物的光合作用、呼吸作用，施入土壤里的肥料的变化，也都是复杂的氧化还原反应；化石燃料的燃烧，日常生活用到的干电池、车辆上的蓄电池及空间技术上的高能电池在工作时都发生着氧化还原反应。由此可见，许多领域都涉及氧化还原反应。

5.1 氧化还原反应的基本概念

5.1.1 氧化还原反应

在初中化学中，已经学过氢气还原氧化铜的化学反应：

$$\overset{\text{失去氧，还原反应}}{CuO + H_2 \xrightarrow{\triangle} Cu + H_2O}$$

得到氧，氧化反应

在这个反应中，氧化铜失去氧发生还原反应，氢气得到氧发生氧化反应。这两个截然相反的过程是在一个反应中同时发生的。在化学反应中，一种物质与氧化合，必然同时有另一种物质中的氧被夺去。也就是说，有一种物质被氧化，必然有另一种物质被还原。像这样一种物质被氧化，同时另一种物质被还原的反应叫做氧化还原反应。

可以看出，在氢气还原氧化铜的反应中，铜元素的化合价从 $+2$ 降低到 0，这个化合价降低的过程发生了还原反应，氧化铜被还原；而氢元素的化合价从 0 升高到 $+1$，发生了氧化反应，氢气被氧化。

$$\overset{\text{化合价升高，氧化反应}}{\underset{\text{化合价降低，还原反应}}{\overset{+2}{\text{Cu}}\text{O} + \overset{0}{\text{H}_2} \xlongequal{\triangle} \overset{0}{\text{Cu}} + \overset{+1}{\text{H}_2}\text{O}}}$$

再看下列反应：

$$\overset{\text{化合价升高，氧化反应}}{\underset{\text{化合价降低，还原反应}}{\overset{0}{\text{Zn}} + \overset{+1}{\text{H}_2}\text{SO}_4 \xlongequal{\triangle} \overset{+2}{\text{Zn}}\text{SO}_4 + \overset{0}{\text{H}_2}}}$$

反应中氢元素的化合价变化与前面的反应相似，虽然没有失氧的过程，但本质上其化合价都是从 $+1$ 降低到 0，被还原，发生了还原反应；而锌元素虽然没有得氧的过程，但其化合价从 0 升高到 $+2$，被氧化，发生了氧化反应。

5.1.2　氧化反应、还原反应

并非只有得氧、失氧的反应才是氧化还原反应，凡是有元素化合价升降的化学反应都是氧化还原反应。其中，元素化合价升高的反应称为氧化反应，元素化合价降低的反应称为还原反应。

元素化合价的升降与电子的得失（偏移）密切相关，由于电子呈负电荷，因此，元素每得到一个电子，化合价就降低1，反之，元素每失去一个电子，化合价就升高1。

$$\overset{\text{失电子，化合价升高，氧化}}{\underset{\text{得电子，化合价降低，还原}}{\overset{0}{\text{Zn}} + \overset{+1}{\text{H}_2}\text{SO}_4 \xlongequal{\triangle} \overset{+2}{\text{Zn}}\text{SO}_4 + \overset{0}{\text{H}_2}}}$$

因此，把有电子得失（或电子对偏移）的反应叫做氧化还原反应。氧化反应表现为被氧化的元素的化合价升高，其实质是该元素的原子失去（或偏离）电子的过程；还原反应表现为被还原的元素的化合价降低，其实质是该元素的原子获得（或偏向）电子的过程。在氧化还原反应中，得电子总数等于失电子总数。

在学过的化学反应中，如果以反应物变为产物时元素的化合价是否发生了变化来分类，可以分为两类。一类是元素的化合价有变化的反应，即氧化还原反应。另一类是元素的化合价没有变化的反应，而只是离子的互换，即非氧化还原反应。

思考

有人说置换反应，有单质参加的化合反应和有单质生成的分解反应全部属于氧化还原反应，你认为这个说法正确吗？请说明你的理由。

5.2　氧化剂和还原剂

5.2.1　氧化剂、还原剂

在氧化还原反应中，氧化过程和还原过程是相互依存的。在反应中，既有化合价升高的元素，又有化合价降低的元素。氧化剂和还原剂作为反应物共同参加氧化还原反应。

在反应中，电子从还原剂转移到氧化剂，即氧化剂是得到电子（或电子对偏向）的物质，在反应时所含元素的化合价降低。氧化剂具有氧化性，反应时本身被还原。还原剂是失去电子（或电子对偏离）的物质，在反应时所含元素的化合价升高。还原剂具有还原性，反应时本身被氧化。

	升失氧（还原剂）	降得还（氧化剂）
	升：化合价升高	降：化合价降低
学习小口诀	失：失电子	得：得电子
	氧：被氧化，发生氧化反应	还：被还原，发生还原反应
	还原剂：本身充当还原剂	氧化剂：本身充当氧化剂

【例5-1】对于下列反应：

$$\overset{氢元素化合价升高，}{\underset{}{氢气是还原剂}}$$

$$\overset{+2}{C}uO + \overset{0}{H_2} \xrightarrow{\triangle} \overset{0}{C}u + \overset{+1}{H_2}O$$

铜元素化合价降低，
氧化铜是氧化剂

在这个反应中，铜元素的化合价降低，氧化铜是氧化剂，它具有氧化性，使氢气氧化而本身被还原。氢元素的化合价升高，氢气是还原剂，它具有还原性，使氧化铜还原而本身被氧化。

【例5-2】对于下列反应：

$$\overset{0}{Cl_2} + \overset{0}{H_2} \xrightarrow{点燃} 2\overset{+1-1}{HCl}$$

在这个反应中，氯元素的化合价降低，氯气是氧化剂，它具有氧化性，使氢气氧化而本身被还原。氢元素的化合价升高，氢气是还原剂，它具有还原性，使氯气还原而本身被氧化。

【例5-3】对于下列反应：

$$\overset{0}{Cl_2}+H_2O \longrightarrow \overset{+1}{H}\overset{}{Cl}O+\overset{-1}{H}Cl$$

在这个反应中，一个氯原子的化合价升高，另一个氯原子的化合价降低，所以，氯既是氧化剂又是还原剂。这种反应称为歧化反应。

5.2.2　常见的氧化剂

（1）非金属单质，如 Cl_2、O_2、Br_2 等。
（2）含有高价态元素的化合物，如浓 H_2SO_4、HNO_3、$KMnO_4$、MnO_2、$KClO_3$、$K_2Cr_2O_7$ 等。
（3）某些金属性较弱的高价态离子，如 Fe^{3+}、Ag^+、Pb^{4+}、Cu^{2+} 等。
（4）过氧化物，如 Na_2O_2、H_2O_2 等。

5.2.3　常见的还原剂

（1）活泼金属，如 K、Na、Mg、Al 等。
（2）非金属离子及低价态化合物，如 S^{2-}、H_2S、I^-、SO_2、H_2SO_3、Na_2SO_3 等。
（3）低价阳离子，如 Fe^{2+}、Cu^+ 等。
（4）非金属单质及其氢化物，如 H_2、C、CH_4、NH_3 等。

思考

铜和氯气的反应 $Cu+Cl_2 =\!\!= CuCl_2$ 及氯气和氢氧化钠的反应 $Cl_2+2NaOH =\!\!= NaClO+NaCl+H_2O$，哪种物质是氧化剂，哪种物质是还原剂？

5.3　氧化还原反应方程式的配平

氧化还原反应方程式一般都较为复杂。反应物不仅包括氧化剂、还原剂，常常还有参与反应的介质（酸、碱、水等）。配平氧化还原反应方程式的方法很多，这里重点介绍化合价升降法配平氧化还原反应方程式。

配平原则：
（1）反应中，氧化剂化合价降低的总数与还原剂化合价升高的总数相等。
（2）反应前后，每一种元素的原子个数相等。
下面具体介绍化合价升降法配平氧化还原反应方程式的步骤。

【例5-4】碳与稀硝酸的反应
（1）根据反应事实，写出反应物与生成物的化学式。

$$C+HNO_3（浓）\longrightarrow NO_2\uparrow+CO_2\uparrow+H_2O$$

（2）标出发生氧化反应和还原反应的元素的正负化合价。

$$\overset{0}{C} + \overset{+5}{H}NO_3(浓) \longrightarrow \overset{+4}{N}O_2\uparrow + \overset{+4}{C}O_2\uparrow + H_2O$$

（3）标出反应前后元素化合价的变化。

$$\overset{化合价升高4}{\overset{0}{C} + \overset{+5}{H}NO_3(浓) \longrightarrow \overset{+4}{N}O_2\uparrow + \overset{+4}{C}O_2\uparrow + H_2O}$$
化合价降低1

（4）依据电子守恒，使化合价升高和降低的总数相等。

$$\overset{化合价升高4×1}{1C + 4\overset{+5}{H}NO_3(浓) \longrightarrow 4\overset{+4}{N}O_2\uparrow + 1\overset{+4}{C}O_2\uparrow + H_2O}$$
化合价降低1×4

（5）配系数（系数为1的不用标）。用观察法配平其他物质的化学计量数，配平后，把单线改成等号（双线）。

$$C + 4HNO_3(浓) \xlongequal{\ \ } 4NO_2\uparrow + CO_2\uparrow + H_2O$$

对于只有部分反应物参加的氧化还原反应，可先用化合价升降法确定氧化剂或还原剂的化学计量数，然后再将没有参加氧化还原反应的原子（或原子团）数加到有关氧化剂或还原剂的化学计量数上。

【例5-5】配平铜和浓硫酸反应的化学方程式。

（1）标出发生氧化和还原反应元素的正、负化合价。

$$\overset{0}{Cu} + \overset{+6}{H_2S}O_4(浓) \longrightarrow \overset{+2}{Cu}SO_4 + \overset{+4}{S}O_2\uparrow + H_2O$$

（2）标出反应前后元素化合价的变化。

$$\overset{化合价升高2}{\overset{0}{Cu} + \overset{+6}{H_2S}O_4(浓) \longrightarrow \overset{+2}{Cu}SO_4 + \overset{+4}{S}O_2\uparrow + H_2O}$$
化合价降低2

（3）使化合价升高和降低的总数相等。

$$\overset{化合价升高2×1}{1\overset{0}{Cu} + \overset{+6}{H_2S}O_4(浓) \longrightarrow 1\overset{+2}{Cu}SO_4 + \overset{+4}{S}O_2\uparrow + H_2O}$$
化合价降低2×1

（4）配系数（系数为1的不用标）。用观察法配平其他物质的化学计量数，配平后，把单线改成等号。

$$Cu + 2H_2SO_4(浓) \xlongequal{\ \ } CuSO_4 + SO_2\uparrow + H_2O$$

在上述反应中，有1mol硫酸作为氧化剂被还原成为二氧化硫，还有1mol硫酸仅提供硫酸根和氢离子，不参与氧化还原反应。

【例5-6】铜与稀硝酸的反应

（1）标出化合价。

$$\overset{0}{Cu} + \overset{+5}{H}NO_3 \longrightarrow \overset{+2}{Cu}(NO_3)_2 + \overset{+2}{N}O\uparrow + H_2O$$

（2）标出反应前后元素化合价的变化。

$$\overset{化合价升高2}{\overset{0}{Cu} + \overset{+5}{H}NO_3 \longrightarrow \overset{+2}{Cu}(NO_3)_2 + \overset{+2}{N}O\uparrow + H_2O}$$
化合价降低3

（3）使化合价升降的总数相等。

$$\underset{化合价降低3×2}{\overset{化合价升高2×3}{3\overset{0}{Cu}+2H\overset{+5}{N}O_3 \longrightarrow 3\overset{+2}{Cu}(NO_3)_2+2\overset{+2}{N}O\uparrow+H_2O}}$$

（4）观察法配平。

$$3Cu+8HNO_3 === 3Cu(NO_3)_2+2NO\uparrow+4H_2O$$

上述反应中，有2mol硝酸作为氧化剂被还原成为2mol一氧化氮，还有6mol硝酸仅提供硝酸根和氢离子，不参与氧化还原反应。

【例5-7】酸性高锰酸钾和过氧化氢反应。

（1）标出化合价。

$$\overset{+7}{K}MnO_4+H_2SO_4+H_2\overset{-1}{O}_2 \longrightarrow K_2SO_4+\overset{+2}{Mn}SO_4+\overset{0}{O}_2\uparrow+H_2O$$

（2）标出反应前后元素化合价的变化。

$$\underset{化合价降低5}{\overset{化合价升高2}{\overset{+7}{K}MnO_4+H_2SO_4+H_2\overset{-1}{O}_2 \longrightarrow K_2SO_4+\overset{+2}{Mn}SO_4+\overset{0}{O}_2\uparrow+H_2O}}$$

（3）使化合价升降总数相等。

$$\underset{化合价降低5×2}{\overset{化合价升高2×5}{2\overset{+7}{K}MnO_4+H_2SO_4+ 5H_2\overset{-1}{O}_2 \longrightarrow K_2SO_4+2\overset{+2}{Mn}SO_4+5\overset{0}{O}_2\uparrow+H_2O}}$$

（4）观察法配平。

$$2KMnO_4+3H_2SO_4+5H_2O_2 === K_2SO_4+2MnSO_4+5O_2\uparrow+8H_2O$$

思考

试写出胆矾与KI的化学反应方程式，并用化合价升降法配平。

阅读材料

日常生活中的氧化还原反应

氧化还原反应是最重要的化学反应。在任何一个氧化还原反应中，有某一物质被还原，即有另一物质被氧化。环顾我们所生存的环境，大至整个地球上生命现象的延续，小至日常生活中的枝枝节节，都可以看到氧化还原反应的痕迹。

一、自然界中的碳氮循环

在碳的循环过程里，大气中或溶解在水里的二氧化碳，经由光合作用转变为植物或浮游生物体内的还原态含碳化合物，并释放出氧气。陆地或海洋中的动物摄取这些含碳化合物作为食物；而在生物呼吸或生物遗体的分解中，则又消耗氧而产生二氧化碳，并释放出能量。

除了碳的循环之外，自然界中氮的循环也是生命现象里不可缺少的一环，因为氨基酸和蛋白质也是维持生命活动的要素。

二、化石燃料的氧化

家庭、工厂、商业和运输上所需用的能量，绝大部分来自煤或石油等化石燃料的氧化，这是日常生活中最常见的一类氧化还原反应。常用的汽油就是还原剂，氧为氧化剂。

三、杀菌与漂白

氯或臭氧常用来净化饮水，消灭水中所含的病原体；次氯酸溶液则可以作为医院病房或器具的一种有效杀菌剂。在这些例子中，其关键性的化学反应就是由这类强氧化剂对病原体致命部分的强烈氧化作用。

这些含氧或氯的化学物质因具有强烈的氧化作用，也可以用作木浆、纸张或棉花的漂白剂。事实上，大部分漂白剂的作用是将有色的物质氧化或还原，使其转变为无色的物质，或是变得容易分离。

四、矿石中金属的提取

日常生活中所用的各种金属，几乎都是以化合物的状态存在于自然界中，其中如硫化物、氧化物、碳酸盐和硫酸盐是常见的几种。在此类化合物中，金属元素都是正氧化态。因此，若要将金属分离出来，便要将带有正价的离子还原成零价状态，这就需要适当的还原剂来达成任务了。

对于一些氧化活性稍弱的金属，如铁、铅或锡等，通常使用碳或一氧化碳来还原。例如 $SnO_2 + 2C \longrightarrow Sn + 2CO$，$PbO + CO \longrightarrow Pb + CO_2$，但是有些金属会再与碳生成化合物，不适宜用碳，得改用氢或一些氧化活性更为活泼的金属，像镁或铝等来还原。例如镍、钡、钨、钼等金属矿的提炼，就可以利用这种方法：$MoO_3 + 3H_2 \longrightarrow Mo + 3H_2O$，$3BaO + 2Al \longrightarrow Al_2O_3 + 3Ba$，至于那些本身氧化活性特别活泼的金属，或是其还原电位特别低（负值大）的金属离子，如铝、镁、钠等，就只有用电解方法才能还原了。

五、电化学反应

在所有电化学的反应过程中，都存在氧化还原反应。无论是用电来带动化学反应（如电镀或电解），或是利用氧化还原反应来产生电能（电池）。例如，铅蓄电池产生电力的反应式，可表示为 $Pb + PbO_2 + 2H_2SO_4 \longrightarrow 2PbSO_4 + 2H_2O + 电能$，在这个反应中，一方面 Pb 被氧化，另一方面 PbO_2 被还原；两者最后均变为 +2 价的 Pb^{2+}，与硫酸根 SO_4^{2-} 生成硫酸铅沉淀。

六、照相术

现代生活中极为普遍的照相术，也同样涉及氧化还原反应。当光线被景物反射，经照相机的透镜聚焦到底片上的感光乳胶时，其中一些卤化银被活化。在底片显影的阶段，这些被活化了的卤化银颗粒或结晶，能与显影液中的还原剂作用，使得银离子被还原成黑色的金属银粒子。

当活化的卤化银被还原成金属银之后，再用其他化学方法除去底片上那些未经活化而不发生反应的卤化银（一般称为定影）。随后底片上即出现显著的对比，越黑的地方表示感光越强，较淡的部分表示感光较弱，由此便记录下原先景物的影像。

七、炸药

炸药的爆炸作用，其实也正是一种特别剧烈的氧化还原反应。炸药可能是一种强还原剂与强氧化剂的混合物；也可能是一种单一的化学物质，其分子同时具有强还原性与强氧化性两个不同部分。当炸药一旦被引发，强还原剂与强氧化剂迅速发生反应，瞬间释放出内藏的巨大能量，从而产生了所谓的爆炸现象。

 习题与思考

1. 选择题

（1）下列反应一定属于氧化还原反应的是（　　　）。

A．化合反应　　　　B．分解反应　　　　C．置换反应　　　　D．复分解反应

（2）下列叙述正确的是（　　　）。

A．氧化还原反应的本质是化合价发生变化

B．有单质产生的分解反应一定是氧化还原反应

C．氧化剂在同一反应中既可以是反应物，也可以是生成物

D．还原剂在反应中发生还原反应

（3）某元素在化学反应中由化合态变为游离态，则该元素（　　　）。

A．一定被氧化　　　　　　　　　B．一定被还原

C．既可能被氧化，也可能被还原　　　　D．以上都不是

（4）氧化还原反应在生产、生活中广泛存在，下列生产、生活中的实例不含有氧化还原反应的是（　　　）。

A．金属冶炼　　　　B．燃放鞭炮　　　　C．食物腐败　　　　D．点制豆腐

（5）下列说法不正确的是（　　　）。

A．物质所含元素化合价升高的反应是氧化反应

B．物质所含元素化合价降低的反应是还原反应

C．氧化剂本身被还原，具有氧化性；还原剂本身被氧化，具有还原性

D．氧化反应和还原反应不一定同时存在于一个反应中

（6）波尔多液农药不能用铁制容器盛放，是因铁能与农药中的硫酸铜起反应。在该反应中，铁是（　　　）。

A．氧化剂　　　　B．还原剂　　　　C．被氧化　　　　D．被还原

（7）下列反应盐酸作还原剂的是（　　　）。

A．$MnO_2 + 4HCl（浓）\xrightarrow{\triangle} MnCl_2 + Cl_2\uparrow + 2H_2O$

B．$CaCO_3 + 2HCl = CaCl_2 + CO_2\uparrow + H_2O$

C．$2HCl + Zn = ZnCl_2 + H_2\uparrow$

D．$2KMnO_4 + 16HCl = 2KCl + 2MnCl_2 + 5Cl_2\uparrow + 8H_2O$

（8）下列变化需要加入还原剂才能实现的是（　　　）。

A．$Fe_2O_3 \longrightarrow Fe$ B．$Cu \longrightarrow Cu(NO_3)_2$

C．$SO_3 \longrightarrow H_2SO_4$ D．$H_2SO_4 \longrightarrow SO_3$

（9）下列变化过程，属于还原反应的是（   ）。

A．$HCl \longrightarrow MgCl_2$ B．$Na \rightarrow Na^+$

C．$CO \longrightarrow CO_2$ D．$Fe^{3+} \longrightarrow Fe$

（10）吸进人体内的O_2有2%转化为氧化性极强的活性氧副产物（如O_2^-·等），这些活性氧能加速人体衰老，被称为"生命杀手"。中国科学家尝试用含锡化合物Na_2SeO_3清除人体内的活性氧，在清除活性氧时，Na_2SeO_3的作用是（   ）。

A．还原剂   B．氧化剂

C．既是氧化剂，又是还原剂   D．以上均不是

（11）在$Fe_2O_3 + 3CO \xrightarrow{高温} 2Fe + 2CO_2$反应中，$Fe_2O_3$是（   ）。

A．被氧化   B．氧化剂   C．被还原   D．还原剂

（12）下列有关氧化还原反应的叙述正确的是（   ）。

A．在反应中不一定所有元素化合价都发生变化

B．肯定有一种元素被氧化另一种元素被还原

C．非金属单质在反应中只作氧化剂

D．金属原子失电子越多，其还原性越强

2．填空题

（1）在化学反应中，如果反应前后元素化合价发生变化，一定有_____转移，这类反应就属于_____反应。元素化合价升高，表明这种物质_____电子，发生_____反应，这种物质是_____剂；元素化合价降低，表明这种物质_____电子，发生_____反应，这种物质是_____剂。

（2）火药是中国的"四大发明"之一，永远值得炎黄子孙骄傲，也永远会激励着我们去奋发图强。黑火药在发生爆炸时，发生如下的反应：$2KNO_3 + C + S \xrightarrow{} K_2S + 2NO_2\uparrow + CO_2\uparrow$。其中被还原的元素是_____，被氧化的元素是_____，氧化剂是_____，还原剂是_____，氧化产物是_____，还原产物是_____。

（3）在氧化还原反应中，氧化剂_____电子，发生的反应是_____反应；还原剂_____电子，发生的反应是_____反应。铁与氯气反应的方程式为：_____，生成物中铁是_____价，铁与盐酸的反应式为_____，生成物中铁是_____价，这一事实证明，氯气的氧化性比盐酸的氧化性（填"强""弱"）_____。

（4）在Fe、Fe^{2+}、Fe^{3+}、Cl_2、Cl^-、Na^+几种粒子中，只有氧化性的是_____，只有还原性的是_____，既有氧化性又有还原性的是_____。

3．在下列化学反应方程式中，标出电子转移的方向和数目，指出氧化剂和还原剂，氧化产物和还原产物，并用化合价升降法配平化学方程式。

（1）$S + KOH \longrightarrow K_2SO_3 + K_2S + H_2O$

（2）$S + 2KNO_3 + C \longrightarrow K_2S + N_2 + CO_2\uparrow$

（3）$Cu + HNO_3（浓）\longrightarrow Cu(NO_3)_2 + NO_2 + H_2O$

（4）$KMnO_4 + HCl \longrightarrow KCl + MnCl_2 + Cl_2\uparrow + H_2O$

一、实验目的

1. 验证过氧化氢的氧化性和还原性；
2. 掌握浓硫酸的性质，练习浓硫酸的稀释操作；
3. 加深理解温度、反应物浓度对氧化还原反应的影响；
4. 了解介质的酸碱性对氧化还原反应产物的影响。

二、实验仪器与试剂

试管、玻璃棒、pHS-25型酸度计、温度计、胶头滴管、水浴设备。

酸：H_2SO_4（3.0mol/L）、$H_2C_2O_4$（0.1mol/L）、HAc（1.0mol/L）、HCl（6mol/L）。

碱：NaOH（2.0mol/L，6mol/L，固体）。

盐：$Pb(NO_3)_2$（0.1mol/L，0.5mol/L）、Na_2SO_3（0.1mol/L）、$KMnO_4$（0.01mol/L）、$CuSO_4$（无水）、KI（0.1mol/L）、$NaNO_2$（0.1mol/L）、KIO_3（0.1mol/L）、Na_2S（0.1mol/L）。

其他：Na_2SiO_3（相对密度为1.06）、H_2O_2（3%）、淀粉溶液、蓝色石蕊试纸、锌片、火柴。

三、实验内容与步骤

1. 硫酸的性质

（1）硫酸的稀释

在一试管中注入5mL蒸馏水，然后慢慢地沿试管内壁倒入1mL浓硫酸，轻轻振荡，并用手触摸试管外壁（溶液留作后用）。

（2）浓硫酸的脱水性

取一根火柴，在火柴头和火柴杆上用胶头滴管滴上浓硫酸，观察。

（3）硫酸与金属作用

在一试管中放入少量白色无水硫酸铜粉末，然后滴入浓硫酸，观察有无颜色变化，再加入固体氢氧化钠，观察现象。

2. H_2O_2的氧化还原性

（1）取5滴0.1mol/L $Pb(NO_3)_2$和5滴0.1mol/L Na_2S，逐滴加入3%的H_2O_2，观察并记录观察到的现象。

（2）取5滴0.1mol/L $AgNO_3$，加入5滴2mol/L NaOH；然后逐滴加入3%的H_2O_2，观察并记录观察到的现象。

（3）取10滴3% H_2O_2，加入1滴0.01mol/L $KMnO_4$，然后加入1滴2mol/L NaOH使溶液为碱性，逐滴加入1mol/L H_2SO_4酸化，观察并记录观察到的现象。

3. 温度、浓度及酸度对氧化还原反应的影响

（1）温度对氧化还原反应的影响

A、B两支试管中都加入0.01mol/L $KMnO_4$溶液3滴和3.0mol/L H_2SO_4溶液5滴，C、D两支试管都加入0.1mol/L $H_2C_2O_4$溶液5滴。将A、C试管放在水浴中加热几分钟后混合，同时将B、D试管中的溶液混合。比较两组混合溶液颜色的变化，并做出解释。

（2）浓度、酸度对氧化还原反应的影响

在两支试管中，分别盛有0.5mol/L和0.1mol/L的$Pb(NO_3)_2$溶液各3滴，都加入1.0mol/L HAc溶液30滴，混匀后，再逐滴加入26～28滴Na_2SiO_3溶液，摇匀，用蓝色石蕊试纸检查，溶液仍呈酸性，在90℃水浴中加热（切记：温度不可超过90℃），此时，两试管中均出现胶冻。从水浴中取出两支试管，冷却后，同时往两支试管中插入表面积相同的锌片，观察两支试管中"铅树"生长的速度，并作出解释。

4．介质酸、碱度对$KMnO_4$还原产物的影响

（1）在试管中加入0.1mol/L KI溶液10滴和0.1mol/L KIO_3溶液2～3滴，观察有无变化。再加入几滴3.0mol/L H_2SO_4溶液，观察现象。再逐滴加入2.0mol/L NaOH溶液，观察反应的现象，并作出解释。

（2）取三支试管，各加入0.01mol/L $KMnO_4$溶液2滴；第一支试管中加入5滴3.0mol/L H_2SO_4溶液，第二支试管中加入5滴H_2O，第三支试管中加入5滴6mol/L NaOH溶液，然后往三支试管中各加入0.1mol/L的Na_2SO_3溶液5滴。观察实验现象，并写出化学反应方程式。

5．设计实验

用0.01mol/L $KMnO_4$、0.1mol/L $NaNO_2$、3.0mol/L H_2SO_4、0.1mol/L KI及淀粉溶液设计实验，验证$NaNO_2$既有氧化性又有还原性。

四、注意事项

（1）本实验的操作过程中使用各类强酸，应注意规范操作，防止不规范操作引起事故，若有酸溅到皮肤上应用大量水冲洗。

（2）浓硫酸稀释实验应注意正确的稀释步骤，酸加入水中并不断搅拌。

（3）加热过程中应注意试管口应朝无人方向，试管应预热。

6

化学反应速率与化学平衡

学习目标

1. 了解化学反应速率的有关概念；
2. 理解浓度、压力、温度、催化剂对化学反应速率和化学平衡的影响；
3. 理解和掌握化学平衡的相关知识，了解化学平衡移动的原理及其在生产实践中的应用。

　　无论是在理论上，还是在生产实践中，人们都需要知道一个反应进行的快慢如何，也需要知道一定量的反应物最高可获得的产物是多少（即化学反应进行的程度）。这就是化学反应速率和化学平衡问题，这两个问题涉及所有化学反应，对生产实践具有重要意义。

　　研究化学反应速率的目的是确定各种因素（浓度、压力、温度和催化剂等）对化学反应速率的影响，从而提供合适的反应条件，使反应尽可能地按人们所希望的速率进行。而研究化学平衡主要是为了了解化学反应进行的程度与反应进行的条件（浓度、压力和温度）之间的关系，从而使人们可以能动地控制反应，使反应按需要的方向进行。

　　本章在介绍化学反应速率和化学平衡概念的基础上，将重点讨论各种因素对化学反应速率和化学平衡的影响。

6.1　化学反应速率

6.1.1　化学反应速率

在两支装有少量大理石的试管里，分别加入10mL 1mol/L盐酸和10mL 1mol/L醋酸。观察现象。

实验报告：

加入试剂	实验现象	思考后得出结论
盐酸		
醋酸		

实验现象表明，加入盐酸的反应迅速，并放出大量气体；加入醋酸的反应比较慢，放出少量气体。

结论：化学反应有快有慢。有的反应进行的很快，瞬间即可完成，如煤气的爆炸、烟花的燃放、照相底片的感光等；有的反应则进行得十分缓慢，如铁的生锈反应在短时间内很难被觉察，溶洞的形成需要几百甚至上千年，而煤和石油的形成则需要亿万年的时间。这些都说明了不同的化学反应具有不同的反应速率。那么，究竟是什么因素影响化学反应进行的快慢呢？能否让一个希望发生的化学反应的速率加快？能否让一个不希望发生的化学反应的速率尽可能的减慢？这些都是有关化学反应速率的问题。

化学反应速率（v）是用来衡量化学反应进行快慢的物理量，通常是用单位时间内任一反应物浓度的减少或生成物浓度的增加来表示。浓度的单位常用mol/L表示，时间的单位一般采用秒（s）、分（min）、小时（h）表示，所以化学反应速率的单位是mol/(L·s)或mol/(L·min)或mol/(L·h)。用公式表示为：

$$v = \frac{\Delta c}{\Delta t} \tag{6-1}$$

例如，在某化学反应中，某一反应物A的初始浓度是1.0mol/L。经过3s后，A的浓度变成了0.4mol/L，即3s后反应物A的浓度减小了0.6mol/L，也就是说在这3s内A的化学反应速率为0.2mol/(L·s)。

对于同一化学反应，用不同反应物或生成物浓度的变化来表示反应速率时，结果是不同的。

【例6-1】已知条件如下，求合成氨的反应速率v。

$$N_2 + 3H_2 \rightleftharpoons 2NH_3$$

	N_2	H_2	NH_3
起始浓度/(mol/L)	1.0	3.0	0
2s后的浓度/(mol/L)	0.8	2.4	0.4

解　合成氨反应的反应速率有三种表示，分别为：

以N_2的浓度变化来表示，则为：

$$v(N_2) = \frac{1.0 - 0.8}{2} mol/(L·s) = 0.1 mol/(L·s)$$

以H_2的浓度变化来表示，则为：

$$v(H_2) = \frac{3.0 - 2.4}{2} mol/(L·s) = 0.3 mol/(L·s)$$

以 NH_3 的浓度变化来表示，则为：

$$v(NH_3) = \frac{0.4 - 0}{2}\,mol/(L \cdot s) = 0.2\,mol/(L \cdot s)$$

用不同物质的浓度变化来表示反应速率，其数值可能不同，但这些数值之间的比值正是反应方程式中相应物质化学式前面的系数比，因此它们的意义是一样的，都表示同一反应的反应速率，可根据实验测定的方便选用任一种物质的浓度变化来表示该反应的反应速率，只需在反应速率（v）符号后面的括号内注明物质的名称即可，如 $v(N_2)$、$v(H_2)$ 等。

随着反应的进行，各物质的浓度不断地变化着，反应速率也随时间而变化着。上面讨论的只是浓度发生改变的这段时间内的平均反应速率，因此运用这种速率表达式时，还要指明是哪一段时间内的反应速率。

6.1.2　影响化学反应速率的因素

不同的化学反应，具有不同的反应速率。在相同条件下，钠和镁同时与水反应，谁反应得更快？为什么？

可以很快分析出钠与水的反应更快、更剧烈，甚至会爆炸，究其原因在于钠比镁活泼。化学反应速率首先决定于参加反应的反应物本身的性质（内因）。通常无机物的离子反应比有机物的分子反应要快得多；酸碱中和反应比氧化还原反应要快些。对于某一具体反应，外界因素如浓度、压力、温度、催化剂等对化学反应速率有着很大的影响。

（1）浓度对反应速率的影响

演示实验6-2

取2支试管，在第一支试管中加3mL 0.05mol/L KIO_3 溶液和5mL水，向第二支试管中加入8mL 0.05mol/L KIO_3 溶液。然后，同时向两支试管内各加入2mL 0.1mol/L $NaHSO_3$ 溶液（含有淀粉指示剂），并振荡试管，注意观察两支试管中溶液变蓝的早晚。

实验报告：

试管	实验现象	思考后得出结论
第一支试管		
第二支试管		

碘酸钾与亚硫酸氢钠的反应如下：

$$2KIO_3 + 5NaHSO_3 \longrightarrow Na_2SO_4 + 3NaHSO_4 + K_2SO_4 + I_2 + H_2O$$

反应中产生的单质碘可使淀粉指示剂变蓝，可以利用从溶液混合到溶液变蓝这一段时间的长短，来比较反应物浓度不同时的反应速率的大小。

实验的结果表明，第二支试管中的溶液比第一支试管中的溶液先变蓝，因为第二支试管中的碘酸钾浓度更大，即反应物浓度愈大，反应速率愈快。

大量实验证明，在其他条件不变时，增大反应物浓度，反应速率随之加快；减小反应物浓度，反应速率随之减慢。

思考

为什么衣服很脏的时候，多加点洗衣粉可以很快洗干净脏衣服？

（2）压力对化学反应速率的影响

对于一定量的气体来说，当温度一定时，气体的体积与其所受的压力成反比。如果气体的压力增大到原来的2倍，气体的体积就缩小到原来的1/2，单位体积内的分子数就增大到原来的2倍，即浓度增大到原来的2倍，如图6-1所示。

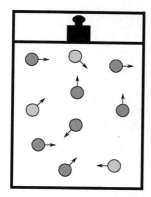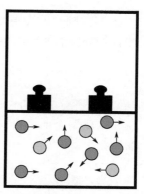

图6-1　压力大小与气体体积的关系

所以，对于有气体参加的反应，其他条件不变时，增大压力，就是增加单位体积内反应物的物质的量，也就是增大反应物浓度，因而可以增大化学反应速率；反之，减小压力，也就是减小反应物浓度，反应速率也随之减小。

参加反应的物质如果都是固体或液体，压力的改变对它们的体积几乎没有影响，因此，固体或液体的反应速率与压力无关。

思考

高压锅的工作原理？

（3）温度对反应速率的影响

很多化学反应在高温或常温时进行得很快，在低温下则进行得比较慢。

演示实验6-3

在试管（a）和试管（b）中各加入5mL 0.02mol/L $NaHSO_3$ 溶液（含淀粉指示剂），在试管（c）和试管（d）中各加入5mL 0.02mol/L KIO_3 溶液。将试管（b）和试管（d）置于比室温高10℃的热水浴中，同时将溶液从试管（c）倒入试管（a），从试管（d）倒入试管（b）中，注意观察（a）、（b）两支试管中溶液变蓝的时间长短。

实验报告：

试管	实验现象	思考后得出结论
试管（a）		
试管（b）		

实验结果表明，试管（b）中的溶液比试管（a）中的溶液变蓝的时间早，说明反应物浓度一定时，升高温度，能加快反应速率。一般来说，温度每升高10℃，化学反应速率大约能增加2～4倍。

在生产和生活中，人们常利用改变温度来控制反应速率的快慢。用冰箱冷藏储存食物，利用的就是低温下减慢食物变质的速率的原理。

思考

同样是放盐，为什么腌制食品的时候，比如腌制腊肉、香肠时，需要放很长时间才有咸味，而炒菜时很快就有咸味？

（4）催化剂对反应速率的影响

演示实验6-4

在试管（a）和试管（b）中各加入5mL 5%的H_2O_2溶液和3滴洗涤剂，另外再向试管（b）中加少量MnO_2粉末。观察反应现象。

实验报告：

试管	实验现象	思考后得出结论
试管（a）		
试管（b）		

实验现象：在H_2O_2溶液中加MnO_2粉末的试管立即有大量气泡产生，而在没有加MnO_2粉末的试管中只有少量气泡出现。

结论：催化剂MnO_2加快了H_2O_2溶液的分解。

$$2H_2O_2 == 2H_2O + O_2 \uparrow$$

通常人们把能显著加快反应速率、而其本身的组成和化学性质在反应前后保持不变的物质称为催化剂。用催化剂来改变反应速率的作用，称为催化作用。有些催化剂能起到延缓反应速率的作用，叫阻化剂。阻化剂在工业生产中有着重要的作用，如生产橡胶制品时掺进的防老剂、为延缓金属腐蚀而使用的缓蚀剂；为防止油脂变质而加入的抗氧剂等，均可认为是阻化剂。

（5）其他因素对化学反应速率的影响

对于多相❶反应系统，除了上述的影响因素外，还有一些其他的影响因素。以气-固相

---

❶ 相：在化学中，指物系（相关物料组成的体系）中特征相同（组成一致、状态相同）、相对独立的物料部分。

和液–固相反应为例，由于反应物质处于不同的相，反应只能在界面间进行，固体粒子的大小对反应速率有一定的影响。

在试管（a）和试管（b）中分别加入少许的块状及粉末状碳酸钙，再各加入5mL 3mol/L盐酸。注意观察两支试管中碳酸钙与盐酸的反应速率有什么不同？

实验报告：

试　　管	实验现象	思考后得出结论
试管（a）		
试管（b）		

实验结果表明，试管（b）中粉末状碳酸钙与盐酸的反应速率快。

一定质量的固体物质，其颗粒愈小，总表面积愈大。固体表面积愈大，固-液或固-气间分子的接触机会就愈多，反应速率就愈快。

两种互不相溶的液体间的反应是在它们的分界面上进行的，机械搅拌能加快它们的反应速率。其他的因素，如光线、X射线、激光……对化学反应速率也有影响。

6.2　化学平衡

6.2.1　可逆反应与不可逆反应

各种化学反应中，反应进行的程度不同，有些反应的反应物实际上全部转化为生成物，即所谓的反应能进行到底，如钠与水的反应。这种只能向一个方向进行"到底"的反应叫做不可逆反应，用符号"——→"表示。

$$2Na + 2H_2O \longrightarrow 2NaOH + H_2 \uparrow$$

但是大多数反应都是可逆的。例如在一定条件下，二氧化碳和氢气在密闭容器中反应，可以生成一氧化碳和水蒸气。

$$CO_2 + H_2 \longrightarrow CO + H_2O$$

而在同样条件下，一氧化碳和水蒸气也可以生成二氧化碳和氢气。

$$CO + H_2O \longrightarrow CO_2 + H_2$$

这种在同一反应条件下，能同时向正、反两个方向进行的反应叫可逆反应。为表示化学反应的可逆性，在化学反应方程式中用"⇌"符号来表示。例如：

$$CO_2 + H_2 \rightleftharpoons CO + H_2O$$

习惯上，根据化学反应方程式，将从左向右进行的反应称为正反应，从右向左的反应称为逆反应。

思考

可逆反应能进行彻底吗？ 2mol SO_2与1mol O_2在催化剂的作用下最终能得到2mol SO_3吗？

6.2.2　化学平衡

可逆反应在密闭容器中进行时，任何一个方向的反应都不能进行到底。下面以氢气与碘蒸气的可逆反应来讨论可逆反应进行的特征。

$$I_2 + H_2 \rightleftharpoons 2HI$$

800K时，将氢气和单质碘置于密闭容器中进行反应，开始时，H_2和I_2的浓度最大，正反应速率$v_正$最大，而逆反应速率$v_逆$则为零。随着反应的进行，反应物浓度逐渐减小，生成物浓度逐渐增大，因而，$v_正$在逐渐变小的同时$v_逆$在逐渐增大。经过一定的反应时间后，$v_正$与$v_逆$达到相等，此时，反应物和生成物的浓度都不再随时间而变化，如图6-2所示。

在一定条件下，对于可逆反应，当正反应速率等于逆反应速率时，各物质浓度不再随时间而改变的状态叫做化学平衡状态，简称化学平衡。

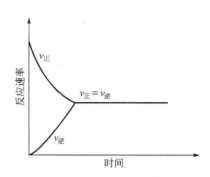

图6-2　正、逆反应速率随时间的变化

当可逆反应达到平衡状态时，从宏观上看，反应似乎停止。其实从微观上看，正反应和逆反应仍在不断地进行着，只是它们的速率相等，方向相反，两个反应的结果互相抵消，可见化学平衡是动态平衡。另外，化学平衡是在当前条件下建立起来的，当外界条件发生改变时，正、逆反应速率则会发生改变，原来的平衡就会受到破坏，直到在新的条件下，建立起新的动态平衡为止，所以化学平衡也是一种暂时的动态平衡。

思考

如何判断一个反应是否达到平衡状态？你能举出发生在身边的化学平衡的生活实例吗？

6.2.3　化学平衡常数及计算

6.2.3.1　化学平衡常数

为进一步研究化学平衡的特征，将可逆反应$I_2 + H_2 \rightleftharpoons 2HI$的体系中，引入不同起始浓度，在相同温度下，使它们达到平衡状态，结果发现，虽然每个平衡体系中各物质的浓度不相同，但是平衡时的比值近乎相等，即该比值是一个常数，如表6-1所示。

表6-1 平衡系统$I_2 + H_2 \rightleftharpoons 2HI$中各物质的浓度（698.6K）

序号	反应前浓度/（mol/L）			平衡时浓度/（mol/L）			平衡时比值 $c^2(HI)/[c(H_2)c(I_2)]$
	$c(H_2)$	$c(I_2)$	$c(HI)$	$c(H_2)$	$c(I_2)$	$c(HI)$	
1	0.01067	0.01196	0	0.001831	0.003129	0.01767	54.5
2	0.01135	0.009044	0	0.00356	0.00125	0.01559	54.6
3	0.01134	0.007510	0	0.004565	0.0007378	0.01354	54.5
4	0	0	0.01069	0.001141	0.001141	0.008410	54.3

对于任一可逆反应$mA + nB \rightleftharpoons pC + qD$，在某温度下达平衡时，生成物浓度幂的乘积与反应物浓度幂的乘积的比值是一个常数，该常数即为该温度下的平衡常数。平衡常数K_c的数学表达式为：

$$K_c = \frac{c^p(C)c^q(D)}{c^m(A)c^n(B)} \tag{6-2}$$

K_c称为浓度平衡常数。它只受温度影响，而其他外界条件如起始浓度、压强、催化剂等变化对其无影响。K_c是平衡状态时的特征常数，因而与反应经由哪个方向到达平衡的历程无关。

化学平衡状态是反应进行的最大限度，根据K_c的数学表达式可知，K_c值愈大，表示反应进行的程度越大，反应物转化率也越大。一般当$K_c > 10^5$时，该反应进行得基本完全，$K_c < 10^{-5}$时则认为该反应很难进行（逆反应较完全）。

此外，在书写和运用化学平衡常数表达式时，还需注意以下几点。

（1）平衡常数数值与方程式的写法有关。例如可逆反应：

$$2SO_2 + O_2 \rightleftharpoons 2SO_3$$

则

$$K_c = \frac{c^2(SO_3)}{c(O_2)c^2(SO_2)}$$

该反应方程式也可以表示为：

$$SO_2 + 1/2O_2 \rightleftharpoons SO_3$$

则

$$K_c' = \frac{c(SO_3)}{c^{1/2}(O_2)c(SO_2)}$$

可见$K_c = (K_c')^2$，所以，使用K_c时，要注意与该K_c值相对应的反应方程式。

（2）K_c表达式中，各物质的浓度必须是平衡状态时的浓度。

（3）平衡常数表示反应进行的程度，不表示反应的快慢，即速率大，K_c值不一定大。

（4）对于有纯固体或纯液体参加的反应，它们的浓度可视为1，合并于平衡常数中，在表达式中不出现。例如：

$$Fe_3O_4(s) + 4H_2(g) \rightleftharpoons 3Fe(s) + 4H_2O(g)$$

则

$$K_c = \frac{c^4(H_2O)}{c^4(H_2)}$$

6.2.3.2 化学平衡常数的计算

平衡常数决定了平衡体系中各物质浓度间的数量关系。工业生产和实验中，正是根据这种平衡关系来计算有关物质的平衡浓度、平衡常数以及反应物的转化率的。

（1）由平衡浓度计算平衡常数

【例6-2】 某温度下，使H_2和I_2在密闭容器中发生反应。当达到平衡时，各物质的浓度是$c(H_2) = c(I_2) = 0.015mol/L$，$c(HI) = 0.11mol/L$，计算此温度下，该反应的平衡常数。

解　　　　　　　　　　　　　　　H_2　$+$　I_2　$\Longleftrightarrow$　$2HI$

平衡时的浓度/(mol/L)　　　　　　0.015　　0.015　　　0.11

代入平衡常数表达式中，得：

$$K_c = \frac{c^2(HI)}{c(H_2)c(I_2)} = \frac{0.11^2}{0.015 \times 0.015} = 53.8$$

（2）由平衡常数计算平衡浓度和平衡转化率

【例6-3】 已知1073K时，可逆反应$CO_2 + H_2 \longrightarrow CO + H_2O(g)$的平衡常数$K_c = 1$，若起始时二氧化碳的浓度为1mol/L，氢气的浓度为2mol/L，计算在1073K，反应达平衡时，各物质的浓度和二氧化碳的平衡转化率。

解　①计算各物质的平衡浓度

假设平衡时CO的浓度（mol/L）是x，则H_2O的浓度（mol/L）也是x，二氧化碳平衡时的浓度（mol/L）为（$1-x$），氢气平衡时的浓度（mol/L）为（$2-x$）。

　　　　　　　　　　　　　CO_2　$+$　H_2 $\Longleftrightarrow$　　CO $+$ H_2O

起始浓度/(mol/L)　　　　　1　　　2　　　　0　　　0

平衡浓度/(mol/L)　　　　$1-x$　　$2-x$　　　x　　　x

$$K_c = \frac{c(CO)c(H_2O)}{c(CO_2)c(H_2)} = \frac{x^2}{(1-x)(2-x)} = 1$$

解方程，得$x = \dfrac{2}{3}$。

平衡时各物质浓度如下：H_2O的浓度为$\dfrac{2}{3}$mol/L，二氧化碳的浓度为（$1-x$）$= \dfrac{1}{3}$mol/L，氢气的浓度为（$2-x$）$= \dfrac{4}{3}$mol/L

②计算二氧化碳的平衡转化率

$$二氧化碳的平衡转化率 = \frac{平衡时已经转化的某反应物的浓度}{该反应物的起始浓度} \times 100\%$$

$$= \frac{\left(1 - \dfrac{1}{3}\right)mol/L}{1mol/L} \times 100\% = 66.7\%$$

6.3　化学平衡移动

化学平衡是在一定条件下建立起来的动态平衡，一切平衡都只是相对的、暂时的。一旦条件改变，平衡状态就受到破坏，反应物和生成物又相互转化，直到与新的条件相适应，体系又达到新的平衡。因外界条件的改变，使化学反应由原来的平衡状态转变到新的平衡状态的过程，叫做化学平衡的移动。平衡移动的结果是系统中各物质的浓度发生了变化，因此人们通过控制影响反应平衡的一些因素，使所需要的化学反应进行得更完全。

影响化学平衡的因素主要有浓度、压力和温度。

6.3.1　浓度对化学平衡的影响

改变平衡体系中物质的浓度，会使平衡发生移动。

演示实验6-6

在盛有5mL 0.2mol/L K_2CrO_4溶液的试管中，逐滴加入6mol/L H_2SO_4溶液，观察溶液颜色的变化，然后再向试管中滴加6mol/L NaOH溶液，观察溶液的颜色的变化。

实验报告：

实验操作	实验现象	思考后得出结论
滴加硫酸		
滴加氢氧化钠		

实验现象如下：滴加硫酸后，溶液的颜色由黄色转变为橙色，滴加氢氧化钠后溶液颜色又由橙色转变为黄色，具体如图6-3所示。

图6-3　K_2CrO_4溶液颜色变化

在溶液中K_2CrO_4与$K_2Cr_2O_7$存在着如下平衡：

$$2K_2CrO_4 + H_2SO_4 \rightleftharpoons K_2Cr_2O_7 + K_2SO_4 + H_2O$$
（黄色）　　　　　　　（橙色）

当平衡体系中加入H_2SO_4后，反应物浓度增大，正反应速率加快，$v_正 > v_逆$（见图6-4），平衡被破坏，反应正向进行。随着反应的进行，反应物不断地转化为生成物，正反应速率随着反应物浓度的减少而减慢，逆反应速率却随着生成物浓度的增大而加快，最终又达到正、逆反应速率相等的新平衡状态。这一过程中，由于K_2CrO_4转化成$K_2Cr_2O_7$，所以溶液由黄色变为橙色。这种平衡向增大生成物浓度方向移动的过程，称为平衡向右移动，即增大反应物浓度，平衡向右移动。

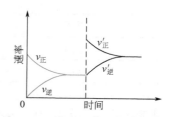

图6-4　增大反应物浓度平衡移动示意图

当在溶液中加入NaOH时，NaOH中和了溶液中的H_2SO_4，减小了反应物浓度，使$v'_逆 > v'_正$（见图6-5），反应逆向进行。由于$K_2Cr_2O_7$转化成K_2CrO_4，溶液又由橙色转变为黄色。这种平

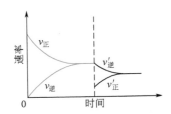

图6-5 减小反应物浓度平衡移动示意图

衡向增大反应物浓度方向移动的过程，称为平衡向左移动，也就是说，减小反应物浓度，平衡向左移动。

同理可以推出：减小平衡体系中生成物浓度，平衡向右移动；增大生成物浓度，平衡向左移动。

总之，浓度改变时，平衡总是朝着能部分削弱浓度改变的方向移动。

根据浓度对化学平衡的影响，在化工生产上，常采取加入过量的廉价原料，而使较贵重的原料得到充分利用，如在硫酸工业里，常用过量的空气使SO_2充分氧化，以生成更多的SO_3；或在反应进行中不断将生成物移出平衡体系，使可逆反应进行到底等方法，从而提高反应物（原料）的转化率。

思考

当人体吸入较多量的一氧化碳时，就会引起一氧化碳中毒，这是由于一氧化碳跟血液里的血红蛋白结合，使血红蛋白不能很好地跟氧气结合，人因缺少氧气而窒息，甚至死亡。反应如下：

$$CO + O_2 \text{血红蛋白} \rightleftharpoons CO^- \text{血红蛋白} + O_2$$

如果你发现有人一氧化碳中毒，你该怎么办呢？你能解释急救的原理吗？

6.3.2　压力对化学平衡的影响

压力的改变对于没有气体物质参加的可逆反应几乎没有影响。而对于有气体参加的可逆反应，改变压力，气体物质的浓度也随之成比例的改变，就有可能使正、逆反应速率不再相等，而引起化学平衡的移动。

演示实验6-7

用注射器吸入NO_2和N_2O_4的混合气体，吸管端用橡皮塞封闭。先向外拉伸注射器活塞，观察管内气体颜色变化。再向内推压注射器活塞，观察管内气体颜色变化。

实验报告：

实验操作	实验现象	思考后得出结论
拉伸活塞		
压缩活塞		

实验现象如图6-6，在一定温度下，注射器内的混合气体存在如下平衡：

$$2NO_2(g) \rightleftharpoons N_2O_4(g)$$

（2体积，红棕色）　　　　（1体积，无色）

当活塞往外拉时，混合气体的颜色先变浅又逐渐变深。这是由于针筒内体积增大，使气体的压力减小，浓度也减小，颜色变浅。后来颜色逐渐变深，这必然是由于化学平衡向着生成NO_2反应的方向即气体体积增大的方向（每1体积N_2O_4分解生成2体积NO_2）移动了。当活塞往里推时，混合气体的颜色先变深又逐渐变浅。这必然是由于针筒内体积减小，气体的压力增大，浓度也增大，颜色变深。由于化学平衡向着生成N_2O_4的方向即气体体积缩小的方向移动，因此混合气体的颜色又逐渐变浅了。

(a) 加压，混合气体颜色先深后浅

(b) 减压，混合气体颜色先浅后深

图6-6　压力变化使NO_2和N_2O_4的混合气体颜色变化

上述实验证明，在其他条件不变的情况下，增大压力，会使化学平衡向着气体体积缩小的方向移动；减小压力，会使化学平衡向着气体体积增大的方向移动。

在有些可逆反应里，反应前后气态物质的总体积没有变化，例如：

$$CO_2 + H_2 \rightleftharpoons CO + H_2O$$

在这种情况下，增大或减小压力都不能使化学平衡移动。

固态物质或液态物质的体积，受压力的影响很小，可以忽略不计。因此，如果平衡混合物都是固体或液体，改变压力不能使化学平衡移动。

根据压力对化学平衡的影响，在化工生产上，常将某些反应（例如合成氨$N_2 + 3H_2 \rightleftharpoons 2NH_3$）在加压下进行，可以提高原料的转化率。

思考

工厂生产硫酸时，用空气来氧化二氧化硫生成三氧化硫：$2SO_2 + O_2 \rightleftharpoons 2SO_3$增大系统压力能否引起平衡移动？向哪个方向移动？

6.3.3　温度对化学平衡的影响

化学反应总是伴随着热量的变化。对于可逆反应，如果正反应方向是放热的，则逆反应方向是吸热的。现以可逆反应的平衡状态为研究体系，讨论温度对化学平衡的影响。

演示实验6-8

把NO_2和N_2O_4的混合气体盛在两个连通的烧瓶里，然后用夹子夹住橡皮管，把一个烧瓶放进热水里，把另一个烧瓶放进冰水（或冷水）里，如图6-7所示。观察混合气体的颜色变化，并与常温时盛有相同混合气体的烧瓶中的颜色进行对比。

实验报告：

水浴情况	实验现象	思考后得出结论
热水		
冰水		

热水　　　　冰水

图6-7　温度对化学平衡的影响

实验结果显示：冷水中烧瓶内气体颜色变浅了，也就是有更多的NO_2聚合为N_2O_4，说明降低温度，平衡位着正反应方向即放热反应方向移动；热水中烧瓶内气体颜色变深，N_2O_4分解为NO_2，说明升高温度，平衡向着逆反应方向即吸热反应方向移动。

在其他条件不变时，升高温度，化学平衡向着吸热方向移动；降低温度，化学平衡向着放热方向移动。

总之，改变温度，平衡总是朝着能部分地削弱温度改变的方向移动。

至于催化剂，实验和理论均可以证明，它以同等的程度改变正、逆反应速率，缩短了反应到达平衡的时间，但不能改变平衡状态。

 思考

日常生活中，常常采用热的浓碳酸钠溶液来除去油污，这里为什么要用热的溶液？

6.3.4 勒夏特列原理

总结各种因素对化学平衡的影响，可以得到平衡移动的普遍规律，若改变平衡体系的条件之一（如浓度、压力或温度），平衡就向能部分地削弱这个改变的方向移动。这个规律叫勒夏特列原理。

勒夏特列原理是一条普遍规律，它对于所有的动态平衡（包括物理平衡）都是适用的。但必须注意的是：它只能应用在已经达到平衡的体系，对于尚未达到平衡的体系是不适用的。

6.4 化学反应速率与化学平衡的综合考虑

化学反应速率与化学平衡是研究化学反应必然涉及的两个问题。它们虽然是两个不同的概念，却有着密不可分的联系。现将各种因素对化学反应速率和化学平衡的影响列于表6-2中。

表6-2 各种因素对化学反应速率和化学平衡的影响

条件改变	反应速率	化学平衡	平衡常数
增大反应物浓度	加快	向生成物方向移动	不变
升高温度	加快	向吸热方向移动	改变
增大压力（适用于气体参加的反应）	加快	向气体物质总分子数减少的方向移动	不变
加入催化剂	加快	不移动	不变

 阅读材料

神奇的催化剂

在化学化工领域中，催化剂的出现为化学以至人类社会的发展都起到了极大的推动作用。它解决了生活和生产过程中出现的许多难题，让人们的视野变得更加开阔，有效

地推动了近代产业革命的快速发展。科学技术发展至今，催化剂在支撑国民经济可持续发展中发挥着极其重要的作用。

古代时，人们就已利用酶酿酒、制醋；中世纪时，炼金术士用硝石作催化剂，以硫黄为原料制造硫酸；13世纪，人们发现用硫酸作催化剂能使乙醇变成乙醚。直到19世纪，产业革命有力地推动了科学技术的发展，人们陆续发现了大量的催化现象，人们对于催化作用特点的认识过程是漫长的。在这一认识过程中，许多科学家都亲自从事化学实验并发现了许多催化反应。通过长期实践，逐渐积累加深了认识。

自1836年正式提出催化概念至今，已经有将近两百年的历史了。在这近两百年的发展过程中，催化剂的种类、催化方式以及催化的效率都发生了非常大的变化，从无机催化到有机催化，再到金属有机催化；从复杂难以控制的催化到专一立体控制的定量催化。无不显现了催化剂时代的来临所带来的现代科学技术的发展。自诺贝尔奖开始颁发到现在，因催化剂或者跟催化相关而获得诺贝尔化学奖的化学家也很多，由此也可以看出，催化剂对科学的影响是多么的大！

催化剂已经成为化学化工领域的热门，催化剂的发展可以说从一开始就受到了化学家们的重视，它的出现不但丰富了催化剂的种类，更为化学化工领域造就和完成了一个个的辉煌。相信在今后的科学发展中，催化剂将继续着它的神奇！

阅读材料

勒夏特列简介

1850年10月8日，勒夏特列出生于巴黎的一个化学世家。他的祖父和父亲都从事跟化学有关的事业和企业，当时法国许多知名化学家都是他家的座上客。因此，他从小就受化学家们的熏陶，中学时代他特别爱好化学实验，一有空便到祖父开设的水泥厂实验室做化学实验。

勒夏特利的大学学业因普法战争而中止。战后，他决定去专修矿冶工程学（他父亲曾任法国矿山总监，所以这个决定被认为是很自然的）。1875年，他以优异的成绩毕业于巴黎工业大学，1887年获博士学位，随即在高等矿业学校取得普通化学教授的职位。1907年还兼任法国矿业部长，在第一次世界大战期间出任法国武装部长，1919年退休。

法国化学家勒夏特列

勒夏特列是一位精力旺盛的法国科学家，他研究过水泥的煅烧和凝固、陶器和玻璃器皿的退火、磨蚀剂的制造以及燃料、玻璃和炸药的发展等问题，也为防止矿井爆炸而研究过火焰的物化原理，这就使得他要去研究热和热的测量。1877年他提出用热电偶测量高温。热电偶是由两根金属丝组成的，一根是铂，另一根是铂铑合金，两端用导线相接。一端受热时，即有一微弱电流通过导线，电流强度与温度成正比。他还利用热体会发射光线的原理发明了一种测量高温的光学高温计。高温计可顺利地测定3000℃以上的高温。此外，他对乙炔气体的研究，使他发明了氧炔焰发生器，迄今还用于金属的切割和焊接。

勒夏特列特别感兴趣的是科学和工业之间的关系，以及怎样从化学反应中得到最高的产量。他在这个领域里的研究使他于1888年发现了"勒夏特列原理"，他也因此而世界闻名。勒夏特列原理不仅适用于化学平衡，而且适用于一切平衡体系，如物理、生理甚至社会上各种平衡系统。勒夏特列原理的应用可以使某些工业生产过程的转化率达到或接近理论值，同时也可以避免一些并无实效的方案（如高炉加高的方案），其应用非常广泛。

勒夏特列不仅是一位杰出的化学家，还是一位杰出的爱国者。当第一次世界大战发生时，法国处于危急中，他勇敢地担任起武装部长的职务，为保卫祖国而战斗。

 阅读材料

生活中的化学平衡

生活中的化学平衡之一：怎样吃菠菜

动画片《大力水手》中，每当大力水手吃下一罐菠菜后就会变得力大无穷。菠菜有这样大的作用，这是影片的夸张手法，但菠菜的确含有一定的营养成分，如维生素、铁质等。然而，大力水手大量地吃菠菜是错误的。因为过量食用菠菜，会造成人体缺钙。这个道理要从食用菠菜中存在的电离平衡说起。

菠菜中含有一种叫草酸的物质，其学名是乙二酸，结构简式为HOOC—COOH，味苦涩，溶于水，是二元弱酸。其电离平衡为：

$$HOOC—COOH \rightleftharpoons HOOC—COO^- + H^+$$

草酸进入人体后，在胃酸作用下，电离平衡向左移动。从药理上看，以分子形式存在的草酸是一种有毒的物质，过量的草酸会腐蚀胃黏膜，还会对肾脏造成伤害，另外，草酸会跟人体内的Ca^{2+}形成草酸钙沉淀，使摄入的钙质不易被利用，造成人体缺钙。那怎样才能吸收菠菜中的营养，又不被草酸伤害呢？

一种方法是除去草酸，即在炒菜前，先将菠菜用热水烫一烫，草酸溶于水而除去，且这样炒的菠菜没有苦涩味。

另一种方法是把草酸转化为沉淀，这就是"菠菜烧豆腐"的方法。每100g菠菜中含300mg草酸，每100g豆腐约含240mg钙，因此，每70g豆腐中的Ca^{2+}可以结合100g菠菜中的草酸（不含菠菜自身的钙），当大部分草酸跟钙结合，可使涩味大大降低，菜肴更加美味可口。草酸钙进入人体，部分被胃酸溶解，溶解后形成的Ca^{2+}仍能被人体吸收，未溶解的部分则排出体外。因此，食物中的Ca^{2+}正好是草酸的解毒剂，豆腐中损失的钙可以由其他食物补充。

生活中的化学平衡之二：洗涤剂的有效利用

众所周知，油性污垢中的油脂成分因不溶于水而很难洗去。油脂的化学组成是高级脂肪酸的甘油酯，如果能水解成高级脂肪酸和甘油，那就很容易洗去。油脂水解的方程式如下：

$$(RCOO)_3C_3H_5 + 3H_2O \longrightarrow 3RCOOH + C_3H_5(OH)_3$$

这是一个可逆反应，日常生活中以洗衣粉（或纯碱）作洗涤剂，其水溶液呈碱性，能与高级脂肪酸作用，使化学平衡向正反应方向移动。高级脂肪酸转化为钠盐，在水中溶解度增大，因此油污容易被水洗去。在日常生活中，洗衣粉等洗涤剂易溶于温水（特别是加酶洗衣粉）是由于温度升高，洗衣粉溶解度增大，即浓度较大。温水有利于酶催化蛋白质等高分子化合物水解，同时蛋白质的水解、油脂的水解都是吸热反应，适当提高水温，会使洗涤效果更佳，但也应该注意，一味追求高水温会降低酶的催化能力，使其失去活性，从而降低洗涤效果。

生活中的化学平衡之三：酒精测定仪中的化学平衡

在公路上，常能见到交警拦下可疑车辆检查，请司机向一仪器中吹一口气，如果测定仪中橙红色的物质变为绿色，司机就要受到处罚，因为他饮酒后驾车，违反了道路交通管理条例。

酒精仪中的橙红色物质是重铬酸钾，人饮酒后，血液中酒精含量增多，人呼出的气体中有乙醇的蒸气，遇到测定仪中的重铬酸钾，便发生如下的反应：

$$Cr_2O_7^{2-} + 3C_2H_5OH + 8H^+ \longrightarrow 2Cr^{3+} + 3CH_3CHO + 7H_2O$$
（橙红色）　　　　　　　　　　　　（绿色）

橙红色的$Cr_2O_7^{2-}$转化为绿色的Cr^{3+}，便能测出人呼出的气体中有乙醇成分。然而酒精测定仪中还要加入硫酸，一方面上述反应要在酸性溶液中进行，同时可防止$Cr_2O_7^{2-}$转化为CrO_4^{2-}，即$2CrO_4^{2-} + 2H^+ \Longrightarrow Cr_2O_7^{2-} + H_2O$。这就是酒精测定仪中的化学平衡。

习题与思考

1. 选择题

（1）决定化学反应速率的主要因素是（　　　）。

A．反应物的浓度　　B．反应温度　　　　C．使用催化剂　　　　D．反应物的性质

（2）对于任何一个化学平衡体系，采取以下措施，一定会使平衡发生移动的是（　　　）。

A．加入一种反应物　　　　　　　　　　B．增大体系的压力

C．升高温度　　　　　　　　　　　　　D．使用催化剂

（3）某一反应物的浓度是1.0mol/L，经过20s后，它的浓度变成了0.2mol/L，在这20s内它的反应速率为（　　　）。

A．0.04　　　　　　　　　　　　　　　B．0.04mol/(L·s)

C．0.8mol/(L·s)　　　　　　　　　　　D．0.04mol/L

（4）有平衡体系CO(g)＋2H_2(g)$\Longrightarrow$CH_3OH(g)正反应吸热，为增加甲醇的产量，应采取的正确措施是（　　　）。

A．高温、高压　　　　　　　　　　　　B．适宜的温度、高压、催化剂

C．低温、低压　　　　　　　　　　　　D．高温、高压、催化剂

（5）在下列过程中，需要加快化学反应速率的是（　　）。

A．钢铁腐蚀　　　　B．食物腐败　　　　C．炼钢　　　　D．塑料老化

（6）一定条件下，使NO和O_2在一密闭容器中进行反应，下列说法中不正确的是（　　）。

A．反应开始时，正反应速率最大，逆反应速率为零

B．随着反应的进行，正反应速率逐渐减小，最后为零

C．随着反应的进行，逆反应速率逐渐增大，最后不变

D．随着反应的进行，正反应速率逐渐减小，最后不变

（7）在一定条件下，对于密闭容器中进行的反应$P(g)＋Q(g)\rightleftharpoons R(g)＋S(g)$，下列说法中可以充分说明这一反应已经达到化学平衡状态的是（　　）。

A．P、Q、R、S的浓度相等

B．P、Q、R、S在密闭容器中共存

C．P、Q、R、S的浓度不再变化

D．用P的浓度表示的化学反应速率与用Q的浓度表示的化学反应速率相等

（8）在一定条件下，发生$CO＋NO_2\rightleftharpoons CO_2＋NO$的反应，达到化学平衡后，降低温度，混合物的颜色变浅，下列有关该反应的说法中正确的是（　　）。

A．正反应为吸热反应

B．正反应为放热反应

C．降温后CO的浓度增大

D．降温后各物质的浓度不变

2．填空题

（1）在某一化学反应中，反应物A的浓度在3s内从2.0mol/L变成0.5mol/L，在这3s内A的化学反应速率为_____。

（2）影响化学反应速率的外部因素主要有_____、_____、_____和催化剂等。

（3）在密闭容器中进行下列反应：$CO_2(g)＋C(s)\rightleftharpoons 2CO(g)$正反应放热，达到平衡后，改变下列条件，则指定物质的浓度及平衡如何变化：

① 增加C，平衡_____，$c(CO)$_____。

② 减小密闭容器体积，保持温度不变，则平衡_____，$c(CO_2)$_____。

③ 保持密闭容器容积不变，升高温度，则平衡_____，$c(CO)$_____。

3．已知反应$A＋2B\!=\!=\!C$一步完成，当$c(A)＝0.5mol/L$，$c(B)＝0.6mol/L$时的反应速率为$0.018mol/(L\cdot min)$，求该反应的速率常数k。［v可用下式计算$v＝kc(A)c^2(B)$］

4．已知可逆反应$CO＋H_2O(g)\rightleftharpoons CO_2＋H_2$，在1073K达到平衡时，$c(CO)＝0.25mol/L$，$c(H_2O)＝2.25mol/L$，$c(CO_2)＝c(H_2)＝0.75mol/L$。计算（1）平衡常数$K_c$；（2）一氧化碳和水蒸气的起始浓度；（3）一氧化碳的平衡转化率。

5．在一密闭容器中进行着如下反应：$2SO_2＋O_2\rightleftharpoons 2SO_3$，已知起始浓度$c(SO_2)＝0.4mol/L$，$c(O_2)＝1mol/L$。某温度下达到平衡时，二氧化硫转化率为80%，计算平衡时各物质的浓度和反应的平衡常数K_c。

6．根据勒夏特列原理，讨论下列反应：

$$2Cl_2＋2H_2O(g)\rightleftharpoons 4HCl＋O_2－Q$$

当反应达平衡时，下列左面的条件对参数有何影响（操作条件没加注明的，是指温度不变，体积不变）？

（1）增大容器体积 $H_2O(g)$ 的物质的量

（2）加 O_2 $H_2O(g)$ 的物质的量

（3）加 O_2 $HCl(g)$ 的物质的量

（4）减小容器体积 $Cl_2(g)$ 的物质的量

（5）升高温度 K_c

（6）加 Cl_2 $HCl(g)$ 的物质的量

（7）升高温度 $Cl_2(g)$ 的物质的量

（8）加催化剂 $HCl(g)$ 的物质的量

7．趣味实验：自制汽水。

（1）准备汽水瓶、2g 小苏打、2g 柠檬酸、糖水、冷开水，并根据口味选择食用香精；

（2）在瓶中加入糖水、小苏打、食用香精、冷开水至瓶子体积的 4/5；

（3）加入柠檬酸后迅速拧紧瓶盖，并充分摇匀，待反应完成后即可饮用。想一想为什么？

实验六　化学反应速率和化学平衡

一、实验目的

1．了解反应物浓度、温度和催化剂对反应速率的影响；

2．了解反应物浓度和温度对化学平衡的影响；

3．练习在水浴中保持恒温的操作。

二、实验仪器与试剂

秒表、温度计（373K）、量筒（10mL，25mL，25mL）、NO_2 气体平衡仪、烧杯（100mL）、水浴锅、酒精灯。

$Na_2S_2O_3$（0.1mol/L）、H_2SO_4（0.1mol/L，2.0mol/L）、H_2O_2（10%）、MnO_2（粉末）、锌粒、盐酸（0.1mol/L，1.0mol/L）、$FeCl_3$（0.01mol/L，1.0mol/L）、KSCN（0.1mol/L，1.0mol/L）、KCl（1.0mol/L）。

三、实验内容与步骤

1．浓度对反应速率的影响

（1）取两支试管，分别加入 1mL 0.1mol/L 盐酸溶液和 1mL 1.0mol/L 盐酸，然后分别投入若干锌粒，观察哪支试管产生气泡较多，反应速率较快。

实验结果说明，反应物浓度越大，化学反应速率越快。

（2）在 100mL 小烧杯中，加入 5mL 0.1mol/L $Na_2S_2O_3$ 溶液和 25mL 蒸馏水，用 10mL 量筒取 10mL 0.1mol/L H_2SO_4 溶液，准备好秒表，将量筒中的 H_2SO_4 迅速倒入盛有 $Na_2S_2O_3$ 和水的

小烧杯中，立刻看表计时，至溶液刚好出现浑浊时，停止计时。将出现浑浊的时间记录在表6-3中。

用同样方法依次按下表进行实验。

表6-3　实验操作结果记录表

实验编号	$V(Na_2S_2O_3)$/mL	$V(H_2O)$/mL	$V(H_2SO_4)$/mL	出现浑浊的时间/s
1	5	25	10	
2	10	20	10	
3	15	15	10	
4	20	10	10	
5	25	5	10	

根据实验结果说明：增大反应物浓度，反应速率增大。

2．温度对反应速率的影响

在100mL小烧杯中，加入10mL 0.1mol/L $Na_2S_2O_3$溶液和20mL蒸馏水，用量筒量取10mL 0.1mol/L H_2SO_4溶液于另一支试管中，将小烧杯和试管同时放在热水浴中（可用水浴锅加水，小火加热），加热到比室温高10K时，将盛有H_2SO_4溶液试管取出，倒入小烧杯中（小烧杯仍然置于水浴中），立即看表计时，记下溶液出现浑浊所需的时间，并记录在表6-4中。

用同样的方法，在比室温高20K时进行反应，结果填入表6-4。

表6-4　实验操作及结果记录表

实验编号	$V(Na_2S_2O_3)$/mL	$V(H_2O)$/mL	$V(H_2SO_4)$/mL	实验温度/3	出现浑浊的时间/s
1	10	20	10	室温	
2	10	20	10	室温＋10	
3	10	20	10	室温＋20	

根据实验结果说明：升高温度，反应速率增大。

3．催化剂对反应速率的影响

在试管中加入5mL 10% H_2O_2溶液，观察是否有气泡，有的话观察放出气泡的量。然后加入少量同MnO_2粉末，观察气泡放出的量，从气泡放出的量可以判断出反应速率的快慢。

根据实验结果说明：加入MnO_2反应速率加快，MnO_2起催化作用。

4．浓度对化学平衡的影响

取一个小烧杯，加入10mL 0.01mol/L $FeCl_3$溶液和10mL 0.1mol/L KSCN溶液，混匀，观察到溶液立即呈现血红色，将此溶液平均分到四支试管中，然后在第一支试管中加入10滴1.0mol/L $FeCl_3$溶液，在第二支试管中加入10滴1.0mol/L KSCN溶液，在第三支试管中加入10滴1.0mol/L KCl溶液，第四支试管保持不变作为参照，充分振荡第一、第二和第三支试管，并把第一、第二和第三支试管分别与第四支试管比较颜色，观察每支试管中溶液的颜色的变化情况并记录。

根据实验结果说明：增大反应浓度，化学平衡向正反应方向移动；增大生成物浓度，平衡向逆反应方向移动。

5．温度对化学平衡的影响

将充有NO_2和N_2O_4混合气体的NO_2气体平衡仪的两端分别置于盛有冰水和热水的烧杯中，观察热水球内气体和冰水球内气体颜色变化情况。

根据实验结果说明：升高温度，化学平衡向吸热方向移动，降低温度，化学平衡向放热方向移动。

四、思考与提示

1. 设计浓度、温度对化学反应速率的影响实验时，为何要使溶液的总体积相等？

2. 恒温水浴操作时，可以用大烧杯代替水浴锅作浴液容器，水温度测量时要注意哪些问题？

3. 做浓度、温度对化学反应速率的影响实验时，为什么取每种溶液的量筒要专用？否则，会出现什么结果？

4. 化学平衡在何种情况下移动？如何判断化学平衡移动的方向？根据实验结果说明。

7

电解质溶液

学习目标

1. 掌握弱电解质的电离平衡；掌握水的电离和溶液的pH值的计算；
2. 学会简单离子反应的书写；了解盐类的水解的实质；
3. 掌握缓冲溶液的缓冲原理及其作用；
4. 理解难溶电解质在水溶液中的溶度积规则及其应用。

无机反应绝大多数是在水溶液中进行的，参加反应的物质主要是酸、碱和盐类。它们在水溶液中都能发生不同程度的电离，所发生的反应实际上是离子反应。酸、碱的水溶液具有酸、碱性，许多盐类因在水中发生水解，其溶液也显示着不同的酸、碱性。难溶电解质在水溶液中也存在着不同程度的溶解。这些电离、水解和溶解都建立了具有化学平衡一般特征的各类平衡。本章主要是应用化学平衡和平衡移动的原理，来分析和讨论电解质溶液的性质及其规律，并将此性质和规律应用于实践。

7.1 电解质和电离

7.1.1 电解质和非电解质

电解质是在水溶液中或熔融状态下能够导电的化合物。酸、碱、盐类物质都是电解质。非电解质是在水溶液中或熔融状态下不能导电的化合物。绝大部分有机化合物如酒精、甘油、蔗糖等都是非电解质。

电解质溶液能够导电，是由于在外电场的作用下，电解质溶液中带电粒子作定向运动产生的结果，如图7-1所示。

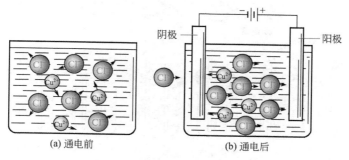

图7-1　通电前、后的导电示意图

碱类和盐类一般都是离子型化合物，它们溶于水时，是以正离子、负离子的形式存在的，当它们受热时，其中的离子吸收了足够的能量，克服了离子间的静电作用，也会变成自由移动的离子。例如：

$$KCl \longrightarrow K^+ + Cl^-$$

具有强极性键的分子，在水中受水分子的吸引和碰撞，使极性键断裂，而分离为正、负离子。例如：

$$HCl \longrightarrow H^+ + Cl^-$$

所以，我们把电解质在水溶液中或熔融状态下形成自由移动离子的过程称为电离。

必须指明，电解质的电离过程是在水或热的作用下发生的，并非通电后发生作用的，也就是说不通电的情况下也会发生电离。

思考

电解质与非电解质本质的区别在于什么？

7.1.2　强电解质和弱电解质

演示实验7-1

如图7-2所示的装置，连接好烧杯中的电极、灯泡和电源。已知5只烧杯中分别盛有100mL 0.2mol/L 的盐酸、氢氧化钠、氯化钠、醋酸和氨水的水溶液，观察各灯泡的亮度。

实验报告：

溶液 \ 现象	实验现象（灯泡的明亮程度）	思考后得出结论
HCl溶液		
NaOH溶液		
醋酸		
氨水		
NaCl溶液		

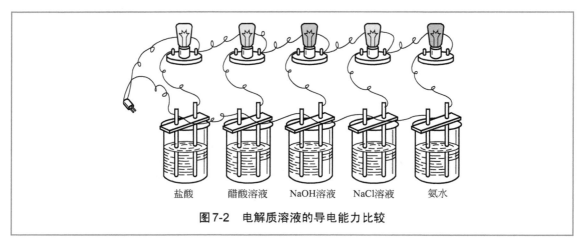

图 7-2　电解质溶液的导电能力比较

实验结果显示：HCl 溶液的灯泡灯光明亮；NaOH 溶液的灯泡灯光明亮；NaCl 溶液中的灯泡灯光明亮；醋酸溶液中的灯泡灯光暗淡；氨水溶液中的灯泡灯光暗淡。

可见等体积、等浓度不同种类的酸、碱和盐的水溶液在相同条件下的导电能力是不同的。醋酸、氨水溶液的导电能力弱于盐酸、氯化钠和氢氧化钠溶液的导电能力。

各灯泡明亮程度的不同，在于各电解质溶液导电能力的不同，电解质溶液导电能力强弱在于不同的电解质在水中的电离程度不同。盐酸、氢氧化钠、氯化钠，它们在水中完全电离成离子，而醋酸、氨水则只有很少的一部分电离成离子，所以溶液中离子浓度相对较小，导电能力也弱。在水溶液中或熔融状态下能完全电离的电解质称为强电解质，如盐酸、氢氧化钠、氯化钠都是强电解质。在水溶液中部分电离的电解质称为弱电解质，如醋酸、氨水都是弱电解质。水是极弱的电解质。

思考

NaCl、KNO₃、Na₂CO₃、HAc、NH₃·H₂O 哪些是强电解质，哪些是弱电解质？

7.2　弱电解质的电离平衡

7.2.1　电离平衡与电离平衡常数

（1）电离平衡和电离平衡常数

电离平衡是指弱电解质电离进行到一定程度时，分子电离成离子的速率与离子结合成分子的速率相等，未电离的分子和离子间建立起的动态平衡。所以弱电解质的电离是一个可逆过程。在一定的温度下，当达到电离平衡时，已电离的离子浓度的乘积与未电离的分子浓度的比值是一个常数，这个常数称为电离平衡常数，简称电离常数，用 K 表示。对于弱酸，一般用 K_a 表示。例如醋酸在水溶液中建立的电离平衡：

$$HAc \rightleftharpoons H^+ + Ac^-$$

醋酸的电离常数为：$K(\mathrm{HAc}) = \dfrac{c(\mathrm{Ac}^-)c(\mathrm{H}^+)}{c(\mathrm{HAc})}$

也可表示为：$K_a = \dfrac{c(\mathrm{Ac}^-)c(\mathrm{H}^+)}{c(\mathrm{HAc})}$

式中，$c(\mathrm{H}^+)$、$c(\mathrm{Ac}^-)$、$c(\mathrm{HAc})$分别为达到电离平衡时溶液中 H^+、Ac^- 的浓度和未电离的 HAc 的浓度，mol/L。

弱碱的电离平衡常数用 K_b 表示。例如氨水的电离平衡和电离平衡常数为：

$$\mathrm{NH_3 \cdot H_2O} \Longrightarrow \mathrm{OH^-} + \mathrm{NH_4^+}$$

$$K(\mathrm{NH_3 \cdot H_2O}) = \dfrac{c(\mathrm{OH}^-)c(\mathrm{NH_4^+})}{c(\mathrm{NH_3 \cdot H_2O})}$$

也可表示为

$$K_b = \dfrac{c(\mathrm{OH}^-)c(\mathrm{NH_4^+})}{c(\mathrm{NH_3 \cdot H_2O})}$$

常见的弱电解质的电离常数见表7-1。

表7-1　弱电解质的电离常数（298K）

名称	化学式	电离常数 K	pK
醋酸	HAc	1.76×10^{-5}	4.75
碳酸	$\mathrm{H_2CO_3}$	$K_1 = 4.30 \times 10^{-7}$	6.37
		$K_2 = 5.61 \times 10^{-11}$	10.25
草酸	$\mathrm{H_2C_2O_4}$	$K_1 = 5.90 \times 10^{-2}$	1.23
		$K_2 = 6.40 \times 10^{-5}$	4.19
亚硝酸	$\mathrm{HNO_2}$	4.6×10^{-4}（285.5K）	3.37
氢氟酸	HF	6.53×10^{-4}	3.45
甲酸	HCOOH	1.77×10^{-4}（293K）	3.75
硼酸	$\mathrm{H_3BO_3}$	5.8×10^{-10}	9.24
氢氰酸	HCN	4.93×10^{-10}	9.31
氨水	$\mathrm{NH_3 \cdot H_2O}$	1.79×10^{-5}	4.75
硫化氢	$\mathrm{H_2S}$	$K_1 = 9.1 \times 10^{-8}$（291K）	7.04
		$K_2 = 1.1 \times 10^{-12}$	11.96

在一定的温度下，各种弱电解质都有确定的电离常数 K。电离常数反映了弱电解质的相对强弱。电离常数越大，电离能力越强；反之，电离常数越小，电离能力越弱。与所有平衡常数一样，电离常数不随浓度而改变，但随温度而改变，但温度对其影响不大，在常温下研究电离平衡，可忽略温度对 K 的影响。

思考

电离平衡和平衡常数的定义是否为同一概念？

（2）电离度

电离度是指当电离达到平衡时，已电离的电解质分子数与溶液中原有电解质的总分子数的比值，用 α 表示。

$$\text{电离度}(\alpha) = \frac{\text{已电离的电解质分子数}}{\text{溶液中原有电解质的总分子数}} \times 100\%$$

$$\text{或} \qquad = \frac{\text{已电离的浓度}}{\text{溶液的起始浓度}} \times 100\%$$

(7-1)

不同的弱电解质在水溶液中的电离程度是不一样的，有的弱电解质电离程度大，有的电离程度小，这种电离程度的大小，常用电离度 α 来表示。

【例7-1】某温度下，在氟化氢溶液中，已电离的氟化氢为0.02mol，未电离的氟化氢为1.98 mol。求该溶液中氟化氢的电离度。

解 $\alpha = \dfrac{0.02 \times 6.02 \times 10^{23}}{(0.02 + 1.98) \times 6.02 \times 10^{23}} \times 100\% = 1\%$

答：溶液中氟化氢的电离度为1%。

电离度不仅与电解质的本质有关，还与溶液的温度、浓度等有关，因此，表示一种弱电解质的电离度时，应当指出该电解质溶液的温度和浓度。

（3）电离度和电离常数的关系

电离度和电离常数都可以表示电解质的相对强弱，但二者是有区别的。电离常数是化学平衡常数的一种，反映电解质电离能力的大小，但不反映电离程度的大小，不随浓度变化；电离度是转化率的一种，反映电离程度的大小，随浓度改变而改变的；不同浓度醋酸的电离常数和电离度数值，见表7-2。

表7-2　不同浓度醋酸的电离度和电离常数数值表（298K）

$c(HAc)/(mol/L)$	0.001	0.05	0.01	0.1	0.2
电离度 $\alpha/\%$	1.76	1.80	1.76	1.76	1.76
电离常数 K	1.24×15^{-5}	5.58×15^{-5}	4.20×15^{-5}	1.35×15^{-5}	0.935×15^{-5}

思考

温度升高，平衡一般就向电离的方向移动，电离度是增大还是减小？

7.2.2　有关电离平衡的计算

弱电解质的电离平衡遵从化学平衡的一般规律，现以一元弱酸弱碱为例来展开计算。

【例7-2】已知醋酸的起始浓度为0.1mol/L，计算298K时醋酸的氢离子浓度。（查表得醋酸在298K时的电离常数 $K_a = 1.8 \times 10^{-5}$）

解　平衡时 $c(H^+)$ 为 $x(mol/L)$，则 $c(Ac^-)$ 也为 $x(mol/L)$。

$$HAc \xrightleftharpoons{\quad} Ac^- + H^+$$

起始浓度：　　　　　　　　0.1　　　0　　　0

平衡浓度：　　　　　　　　0.1$-x$　　x　　　x

$$K(HAc) = \frac{c(Ac^-)c(H^+)}{c(HAc)} = \frac{xx}{0.1-x} = 1.8 \times 10^{-5}$$

因为 $c(HAc)/K(HAc) > 500$，所以 $c(H^+)$ 可看做 $0.1-x \approx 0.1$

得 $\dfrac{x^2}{0.1} = 1.8 \times 10^{-5}$ $\qquad$ $x = 1.34 \times 10^{-3} \text{mol/L}$

答：在298K时，醋酸的氢离子浓度为 $1.34 \times 10^{-3} \text{mol/L}$。

由上面例题计算的最后一步可得：平衡时氢离子的浓度为醋酸的起始浓度与电离常数乘积的平方根，则一元弱酸中 H^+ 浓度的近似计算公式可表示为：

$$c(H^+) = \sqrt{K_a c(酸)} \qquad\qquad (7\text{-}2)$$

根据推算一元弱酸溶液中（H^+）相类似的方法和步骤，可以推出一元弱碱溶液中 OH^- 浓度的近似计算公式：

当 $c(OH^-)/K_b \geqslant 500$，$c(OH^-)$ 近似浓度公式为：

$$c(OH^-) = \sqrt{K_b c(碱)} \qquad\qquad (7\text{-}3)$$

必须注意的是：只有在 $c/K \geqslant 500$ 的单一的弱电解质溶液中，才能满足作近似计算的条件，否则不能运用。

思考

已知氨水的起始浓度为 0.1mol/L，计算此氨水的氢氧根离子浓度？

7.3　水的电离和溶液的 pH

7.3.1　水的电离和水的离子积常数

如果用精密仪器检测，发现水会有微弱的导电性，这说明水是一种电解质，能发生微弱的电离。它能微弱地电离出等量的 H^+ 和 OH^-。水的电离方程式为：

$$H_2O \rightleftharpoons OH^- + H^+$$

一定温度下，电离达平衡时，平衡常数表示如下：

$$K = \dfrac{c(H^+)c(OH^-)}{c(H_2O)} \qquad\qquad (7\text{-}4)$$

$$c(H^+)c(OH^-) = K_c(H_2O)$$

在298K时，经导电性实验测得纯水中 H^+ 和 OH^- 的浓度均为 $1.0 \times 10^{-7} \text{mol/L}$，这说明水的电离度是非常小的，电离时消耗的水分子可忽略不计，则未电离的 $c(H_2O)$ 可视为一个常数（55.5mol/L）。因此，$K_c(H_2O)$ 也为常数，用 K_w 表示，并把 K_w 称为水的离子积常数，简称水的离子积。

$$K_w = c(H^+)c(OH^-) = 1.0 \times 10^{-7} \times 1.0 \times 10^{-7} = 1.0 \times 10^{-14}$$

298K 时，水的离子积常数 $K_w = 1.0 \times 10^{-14}$。

水的电离平衡，不仅存在于纯水中，也存在于任何以水作溶剂的溶液中。

水的电离反应是吸热反应，所以 K_w 随温度升高而增大。不同温度下，水的离子积常数不同，见表7-3，但在常温范围内，一般都以 $K_w = 1.0 \times 10^{-14}$ 进行计算。

表7-3　不同温度下水的离子积常数

温度/K	K_w	温度/K	K_w
273	1.31×10^{-15}	302	1.90×10^{-14}
285	7.39×10^{-15}	332	1.26×10^{-14}
298	1.0×10^{-14}	373	7.37×10^{-13}

7.3.2　溶液的酸碱性和pH值

研究电解质溶液时往往涉及溶液的酸碱性。电解质溶液的酸碱性与水的电离有着密切的关系。

常温下的纯水中，$c(H^+)$ 和 $c(OH^-)$ 的浓度相等，都是 1.0×10^{-7} mol/L，若在纯水是加入一定的酸或碱，则水的电离平衡发生移动。

水的电离平衡：
$$H_2O \rightleftharpoons OH^- + H^+$$

往纯水中加入酸，则 H^+ 浓度增大，使水的电离平衡向左移动，此时溶液中 $c(H^+) > c(OH^-)$，溶液显酸性。同理，在水中加入碱，则 $c(OH^-)$ 增大，溶液中 $c(H^+) < c(OH^-)$，此时溶液显碱性。可见溶液的酸碱性主要由溶液中 $c(H^+)$ 和 $c(OH^-)$ 的相对大小来决定。溶液的酸碱性与溶液中 $c(H^+)$ 和 $c(OH^-)$ 的关系可如表7-4所示。

表7-4　溶液的酸碱性与溶液中 $c(H^+)$ 和 $c(OH^-)$ 的关系

溶液 ＼ 浓度	$c(H^+)$，$c(OH^-)$ 的大小关系	$c(H^+)$/(mol/L)	$c(OH^-)$/(mol/L)
酸性溶液	$c(H^+) > c(OH^-)$	$> 1.0 \times 10^{-7}$	$< 1.0 \times 10^{-7}$
碱性溶液	$c(H^+) < c(OH^-)$	$< 1.0 \times 10^{-7}$	$> 1.0 \times 10^{-7}$
中性溶液	$c(H^+) = c(OH^-)$	1.0×10^{-7}	

许多化学反应都是在弱酸或弱碱性环境中进行的，溶液中的 $c(H^+)$ 一般都很小，计算起来很不方便。因此，通常采用 $c(H^+)$ 的负对数来表示溶液酸碱性的强弱，把它称为溶液的pH值。

$$pH = -\lg c(H^+) \tag{7-5}$$

如　$c(H^+) = 1.0 \times 10^{-5}$，其 $pH = -\lg(1.0 \times 10^{-5}) = 5$；

$c(H^+) = 1.0 \times 10^{-7}$，$pH = -\lg(1.0 \times 10^{-7}) = 7$；

$c(H^+) = 1.0 \times 10^{-11}$，$pH = -\lg(1.0 \times 10^{-11}) = 11$。

所以，用溶液的pH表示溶液的酸碱性，则有表7-5所列的关系。

由此可见，pH值越小，$c(H^+)$ 越大，溶液的酸性越强；pH值越大，$c(H^+)$ 越小，溶液的碱性越强。图7-3显示了溶液的酸碱性与pH的关系。

表7-5　溶液酸碱性与pH大小的关系

酸性溶液	pH < 7
碱性溶液	pH > 7
中性溶液	pH = 7

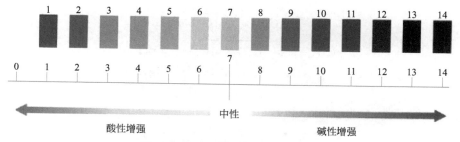

图7-3 溶液的酸碱性与pH的关系

pH值的大小可表示溶液酸碱性的强弱，但应用范围仅在1～14之间。若超出此范围，即溶液中$c(H^+)$或$c(OH^-)$大于1mol/L时，则不用pH表示，而直接用离子浓度表示更为方便。

溶液的酸碱性除了用pH表示外，还可采用pOH表示。

常温下，根据任何水溶液中

$$c(H^+)c(OH^-) = 1.0 \times 10^{-14}$$

可以推出

$$pH + pOH = 14 \tag{7-6}$$

【例7-3】已知0.0005mol/L HCl溶液，求其pH值？

解　HCl是强电解质，在水溶液中完全电离为H^+和Cl^-，因此，溶液中$c(H^+)=0.0005$mol/L，而水电离出的$c(H^+)$很小，忽略不计。

所以，0.0005mol/L HC1溶液的pH值为：

$$pH = -\lg c(H^+)$$
$$pH = -\lg 5 \times 10^{-4} = 4 - \lg 5 = 3.3$$

答：HCl溶液的pH值为3.3。

【例7-4】已知0.02mol/L HAc溶液，求其pH值？（已知$K(HAc) = 1.8 \times 10^{-5}$。）

解　因为$c(HAc)/K(HAc) > 500$，根据一元弱酸中H^+浓度的近似计算公式计算如下：

$$c(H^+) = \sqrt{K_a c(酸)}$$
$$c(H^+) = \sqrt{0.02 \times 1.8 \times 10^{-5}} = 6 \times 10^{-4}$$
$$pH = -\lg(6 \times 10^{-4}) = 3.32$$

答：HAc溶液的pH值为3.32。

【例7-5】已知0.01mol/L NaOH溶液，求其pH值？

解　NaOH是强电解质，在水溶液中完全电离为Na^+和OH^-，因此，溶液中$c(OH^-)=$0.01mol/L，而水电离出的$c(OH^-)$很小，忽略不计。

所以，0.01mol/L NaOH溶液的pOH为：

$$pOH = -\lg c(OH^-) = -\lg 0.01 = 2$$
$$pH = 14 - pOH = 14 - 2 = 12$$

答：NaOH溶液的pH值为12。

【例7-6】已知0.05mol/L 氨水溶液，求其pH值？［查表得$K(NH_3 \cdot H_2O) = 1.8 \times 10^{-5}$］

解　因为$c(NH_3 \cdot H_2O)/K(NH_3 \cdot H_2O) > 500$，根据一元弱碱中$OH^-$浓度的近似计算公式计算如下：

$$c(OH^+) = \sqrt{K_b c(\text{碱})}$$
$$c(OH^-) = \sqrt{0.05 \times 1.8 \times 10^{-5}} = 9.49 \times 10^{-4}$$
$$pOH = -\lg c(OH^-) = -\lg(9.49 \times 10^{-4}) = 4 - \lg 9.49 = 3.02$$
$$pH = 14 - pOH = 14 - 3.02 = 10.98$$

答：氨水溶液的pH为10.98。

7.3.3 酸碱指示剂

测定溶液pH值的方法有很多，通常用酸碱指示剂或广泛pH试纸大致测定溶液的pH值，若要精确测量，则可使用酸度计，在仪器分析中可经常用到此法。

酸碱指示剂是借助于颜色的变化来指示溶液pH的指示剂。各种指示剂在不同酸度的溶液中，显示不同的颜色。因此，可根据它们在待测溶液中的颜色来判断该溶液的pH值范围。

pH试纸是用几种变色范围不同的酸碱指示剂的混合液浸泡成的试纸。使用时，将待测溶液滴在pH试纸上，试纸会立刻显示出颜色，将它与标准比色卡比较，便可大致确定溶液的pH值。

表7-6列出了几种常用酸碱指示剂的变色范围。

表7-6　几种常见酸碱指示剂及其变色范围

指示剂	变色范围（pH）	颜色变化情况		
		酸色	中间色	碱色
甲基橙	3.1～4.4	红	橙	黄
酚酞	8.2～10.0	无色	浅红	红
紫色石蕊	5.0～8.0	红	紫	蓝

思考

0.01mol/L盐酸和0.01mol/L氨水溶液的pH值会计算吗？

7.4　离子方程式

7.4.1　离子反应和离子方程式

离子反应实际上是电解质在溶液中的化学反应。绝大部分离子反应是离子间的复分解反应，例如，硫酸铜溶液与氯化钡溶液的反应为：

$$CuSO_4 + BaCl_2 \longrightarrow BaSO_4\downarrow + CuCl_2$$

由于硫酸铜、氯化钡和氯化铜都是易溶的强电解质，它们在溶液中均以离子形式存在。只有硫酸钡是难溶电解质，在溶液中以分子状态存在，所以上述反应式可写成：

$$Cu^{2+} + SO_4^{2-} + Ba^{2+} + 2Cl^- \longrightarrow BaSO_4 \downarrow + Cu^{2+} + 2Cl^-$$

可以看出 Cu^{2+}、Cl^- 没有参与反应，可从方程式中消去，得：

$$SO_4^{2-} + Ba^{2+} \longrightarrow BaSO_4 \downarrow$$

这种用实际参加反应的离子的符号来表示离子反应的式子叫离子方程式。

同理，Na_2SO_4 和 $Ba(NO_3)_2$ 之间的反应也可用离子方程式：$SO_4^{2-} + Ba^{2+} \longrightarrow BaSO_4 \downarrow$ 来表示。

离子方程式与普通方程式不同，它不仅表示一定物质间的某个反应，而且表示了同一类型的离子反应。所以离子方程式更能说明离子反应的本质。

书写离子方程式时，要遵循下列原则：

（1）易溶电解质应写成离子形式；

（2）弱电解质（包括弱酸、弱碱和水等）、难溶物和易挥发物（气体）都应写成分子式或化学式；

（3）离子方程式中，各种原子种类和数量应相等、各离子电荷的总代数和应相等；

（4）反应前后数量相同的同种离子，在离子方程式中不应出现。

例如，NaAc溶液和HCl溶液之间的反应：

$$NaAc + HCl \longrightarrow NaCl + HAc$$

$$Na^+ + Ac^- + H^+ + Cl^- \longrightarrow HAc + Na^+ + Cl^-$$

$$Ac^- + H^+ \longrightarrow HAc$$

NaAc、HCl 都是强电解质，写成离子形式 Na^+、Ac^-、H^+、Cl^-；HAc 是弱电解质，写成分子式或化学式；反应前后数量相同的同种离子 Na^+ 和 Cl^-，在离子方程式中不应出现。所以最后的离子方程式为：

$$Ac^- + H^+ \longrightarrow HAc$$

在此离子方程式左、右两边都只有 Ac 和 H 两种基团，并且数量也相等，离子电荷的总代数和也相等。

属于氧化还原反应的离子方程式的书写也遵循上述规律，但在书写它们的离子方程式时要特别注意以下两点：

（1）元素原子的化合价若发生改变，则它们为不同的离子；

（2）离子方程式配平时，一定要检查各离子电荷的总代数和是否相等。例如：

$$CuSO_4 + Zn \longrightarrow ZnSO_4 + Cu^{2+}$$

其离子方程式为：

$$Cu^{2+} + Zn \longrightarrow Zn^{2+} + Cu$$

思考

选择适当的反应物，写出两个符合下列离子方程的分子反应方程式？

$$Ag^+ + Cl^- \longrightarrow AgCl \downarrow$$

7.4.2 离子反应进行的条件

发生离子反应需要一定的条件，如 NaCl 溶液和 KOH 溶液的反应：

$$NaCl + KOH \longrightarrow NaOH + KCl$$

$$Na^+ + Cl^- + K^+ + OH^- \longrightarrow Na^+ + OH^- + K^+ + Cl^-$$

由于 K^+、Cl^-、Na^+、OH^- 四种离子在反应前后都以离子形式存在，所以它们没有参加反应。可见，如果反应物和生成物均是易溶的强电解质，在水溶液中都以离子形式存在，它们之间就没有发生化学反应，离子反应也就没有发生。

发生离子反应必须具备下列条件之一。

（1）生成弱电解质（包括极弱电解质——水）。例如 NaOH 和 HCl 的反应：

$$NaOH + HCl \longrightarrow Na^+ + Cl^- + H_2O$$

$$OH^- + H^+ \longrightarrow H_2O$$

强酸强碱中和反应的实质是酸中的 H^+ 与碱中的 OH^- 结合生成弱电解质水，从而降低了溶液中的 H^+ 和 OH^- 浓度，使反应能进行到底。

（2）生成难溶电解质。例如：

$$Ag^+ + NO_3^- + Na^+ + Cl^- \longrightarrow AgCl \downarrow + Na^+ + NO_3^-$$

$$Ag^+ + Cl^- \longrightarrow AgCl \downarrow$$

由于溶液中 Ag^+ 和 Cl^- 绝大部分生成了 AgCl 沉淀，所以反应能够发生。

（3）生成易挥发物质（气体）。例如固体 Fe 与盐酸反应生成 H_2 气体的反应：

$$Fe + 2HCl \longrightarrow FeCl_2 + H_2 \uparrow$$

$$Fe + 2H^+ \longrightarrow Fe^{2+} + H_2 \uparrow$$

金属铁溶于盐酸中，由于生成的 H_2 气体从反应体系中逸出，使反应能够进行到底。

满足了上述三个条件之一，就能发生离子反应。

思考

AgNO$_3$ 和 KI 能否发生离子反应？为什么？

7.5　盐类的水解

7.5.1 盐类的水解

盐类的水解，顾名思义就是盐与水发生反应的过程，水解反应实际上是中和反应的逆过程。例如下面所示 NH_4Cl 水解反应的示意图，其实就是 NH_4^+ 与水反应的过程，水解后不但生成了弱电解质氨水，而且还多出了游离的 H^+。

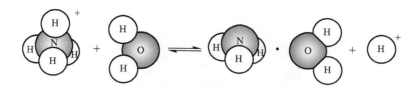

演示实验7-2

用pH试纸检验KCl、NH$_4$Cl和NaAc三种溶液的酸碱性。观察试纸的颜色。

实验报告：

溶液　　　　　　　现象	实验现象(试纸的颜色)	思考后得出结论
KCl溶液		
NH$_4$Cl溶液		
NaAc溶液		

实验结果显示：KCl溶液使pH试纸显黄色（pH≈7），溶液呈中性；NH$_4$Cl溶液使pH试纸显红色（pH≈5），溶液呈酸性；NaAc溶液使pH试纸显蓝色（pH≈9），溶液呈碱性。

为什么不同盐类的水溶液往往呈现出不同的酸碱性，这是因为盐在水中发生了水解的缘故。

由于盐电离出来的离子和水电离出来的H$^+$或OH$^-$反应生成了弱电解质，破坏了水的电离平衡，使溶液中的$c(H^+)$或$c(OH^-)$发生了相应的变化，而导致溶液显示出不同的酸碱性。

盐类溶于水后，盐电离出的离子与溶液中水电离出的H$^+$或OH$^-$结合生成弱电解质的过程，叫做盐类的水解。下面来分析5种盐类的水解过程，以及它们水解后的溶液是显酸性、碱性还是显中性？

（1）强碱弱酸盐的水解

以NaAc为例，它在水中完全电离成Na$^+$、Ac$^-$，同时水又电离出微量的H$^+$和OH$^-$，此时，由NaAc电离出的Ac$^-$和水电离出的H$^+$结合，生成弱电解质HAc。水解反应过程如下：

$$NaAc \longrightarrow Ac^- + Na^+$$
$$H_2O \Longrightarrow H^+ + OH^-$$
$$Ac^- + H^+ \Longrightarrow HAc$$

由于Ac$^-$与水电离出来的H$^+$结合成弱电解质HAc，从而破坏了水的电离平衡，使平衡向右移动，此时溶液中H$^+$减少，相应的OH$^-$浓度就增加了，即$c(H^+) < c(OH^-)$，所以，它的水溶液呈碱性。

上述水解反应的化学方程式为：

$$NaAc + H_2O \Longrightarrow NaOH + HAc$$

离子方程式为
$$Ac^- + H_2O \Longrightarrow HAc + OH^-$$

同理可进行推导：其他强碱弱酸盐的水溶液也呈碱性。如KCN、NaHCO$_3$。

（2）强酸弱碱盐的水解

以NH$_4$Cl为例，它在水溶液中完全电离成NH$_4^+$和Cl$^-$，同时水又电离出微量的H$^+$和OH$^-$。

由 NH_4Cl 电离出的 NH_4^+ 和水电离出的 OH^- 结合生成弱电解质 $NH_3 \cdot H_2O$。水解反应过程如下：

$$NH_4Cl \longrightarrow NH_4^+ + Cl^-$$
$$H_2O \Longrightarrow OH^- + H^+$$
$$NH_4^+ + OH^- \Longrightarrow NH_3 \cdot H_2O$$

由于 NH_4^+ 与水中的 OH^- 结合，生成弱电解质的 $NH_3 \cdot H_2O$，从而破坏了水的电离平衡，使平衡向右。此时浓度溶液中 OH^- 减少，相应的 H^+ 浓度就增加了，即 $c(H^+) > c(OH^-)$，所以它的水溶液呈酸性。

以上水解反应的化学方程式为：

$$NH_4Cl + H_2O \Longrightarrow NH_3 \cdot H_2O + HCl$$

离子方程式为：

$$NH_4^+ + H_2O \Longrightarrow NH_3 \cdot H_2O + H^+$$

同理可进行推导：其他强酸弱碱盐的水溶液也显酸性，如 $CuSO_4$、$FeCl_3$。

（3）弱酸弱碱盐水解

以 NH_4Ac 为例，它在水溶液中完全电离出 Ac^- 和 NH_4^+，分别与水电离出的 H^+ 和 OH^- 结合生成相应的弱酸 HAc 和弱碱 $NH_3 \cdot H_2O$。水解反应过程如下：

$$NH_4Ac \longrightarrow NH_4^+ + Ac^-$$
$$H_2O \Longrightarrow OH^- + H^+$$
$$Ac^- + H^+ \Longrightarrow HAc$$
$$NH_4^+ + OH^- \Longrightarrow NH_3 \cdot H_2O$$

以上水解反应的化学方程式为：

$$NH_4Ac + H_2O \Longrightarrow NH_3 \cdot H_2O + HAc$$

离子方程式为：

$$NH_4^+ + Ac^- + H_2O \Longrightarrow NH_3 \cdot H_2O + HAc$$

由水解方程式可以看出，弱酸弱碱盐水溶液的酸碱性取决于水解生成的弱酸与弱碱的相对强弱，也就是比较生成的弱酸与弱碱的 K_a 与 K_b 的相对大小，即存在如表7-7所示三种情况。

表7-7　弱酸与弱碱的 K_a 与 K_b 的相对大小比较

K_a 和 K_b 相对大小	溶液酸碱性	实例
当 $K_a > K_b$ 时	溶液显酸性	如 NH_4F
当 $K_a < K_b$ 时	溶液显碱性	如 NH_4CN
当 $K_a = K_b$ 时	溶液显中性	如 NH_4Ac

（4）强酸强碱盐不水解

强酸强碱盐电离出阳离子和阴离子，不与水电离出的 OH^- 或 H^+ 结合生成弱电解质，所以水中的 $c(H^+)$ 和 $c(OH^-)$ 保持不变，水的电离平衡没有被破坏。所以强酸强碱盐不水解，它的水溶液呈中性。例如 KNO_3、NaCl 的水溶液呈中性。

（5）多元弱酸盐和多元弱碱盐的水解

多元弱酸盐的水解过程是分步进行的，如 Na_2CO_3 的水解反应。

第一步水解为：

$$Na_2CO_3 + H_2O \Longrightarrow NaOH + NaHCO_3$$

离子方程式为：

$$CO_3^{2-} + H_2O \rightleftharpoons HCO_3^- + OH^-$$

第二步水解为：

$$NaHCO_3 + H_2O \rightleftharpoons NaOH + H_2CO_3$$

离子方程式为：

$$HCO_3^- + H_2O \rightleftharpoons OH^- + H_2CO_3$$

从上式可以看出，水解达到平衡时，游离出了更多OH^-，因此它的水溶液呈碱性。Na_2CO_3的第二步电离比第一步要困难得多，第二步进行的程度也是非常小的，所以，Na_2CO_3的水解以第一步为主。

多元弱碱盐的水解与多元弱酸盐的水解一样，也是分步进行的，水解达到平衡时，游离出更多的H^+，所以它的水溶液呈酸性。例如$AlCl_3$、$ZnSO_4$、$FeCl_3$等盐的水解均属此类。

7.5.2　影响水解的因素及水解的应用

盐类水解程度的大小，主要取决于盐的本性。如果盐类水解后生成的酸或碱越弱或越难溶于水，则水解程度越大。例如Al_2S_3的水解是完全水解。

$$Al_2S_3 + 6H_2O \longrightarrow 2Al(OH)_3\downarrow + 3H_2S\uparrow$$

除此之外，影响盐类水解的因素还有温度和浓度等。

温度对盐类的水解有影响，盐类的水解反应是吸热反应，因此加热可促进盐类水解。例如Na_2CO_3溶液加热时，碱性增强。

浓度对盐类的水解也有影响，在水溶液中加入其水解产物，可以抑制其水解。

例如，实验室配制$SnCl_2$及$FeCl_3$溶液时，由于强酸弱碱盐水解而得到浑浊溶液，反应方程式如下：

$$FeCl_3 + 3H_2O \rightleftharpoons Fe(OH)_3 + 3HCl$$
$$SnCl_2 + 2H_2O \rightleftharpoons Sn(OH)_2 + 2HCl$$

因此实际配制溶液时，为了防止水解产生沉淀，应向溶液中加入一定量的盐酸溶液。

由于盐类水解现象普遍存在，所以无论在生产还是生活中都得到广泛的应用。例如，热的纯碱去污能力强，是因加热促进了盐的水解，OH^-浓度增大；某些盐可用作净水剂，如明矾溶于水，可生成具有强吸附作用的$Al(OH)_3$胶体吸附水中的杂质。

自己动手做一做

用pH试纸试一试KCN、$NaNO_3$、$FeCl_3$、NH_4NO_3、$Al_2(SO_4)_3$、$CuSO_4$、NH_4Ac、Na_2CO_3、$NaHCO_3$、NH_4F、Na_2S、KCl水解后显酸性、碱性，还是中性？

7.6　缓冲溶液

7.6.1　同离子效应

同离子效应，说直白一点就是相同的离子所产生的作用或影响。

取4支试管中，编号1、2、3、4。在1、2号试管中各加入5mL 0.1mol/L的氨水溶液和2滴酚酞指示剂，然后在2号试管中加入少量的固体NH_4Cl，1号试管不加，振摇使其溶解，对比两支试管中溶液的颜色；然后在3、4号试管中各加入5mL 0.1mol/L醋酸溶液和2滴甲基橙指示剂，在4号试管中加入少量的固体NaAc，3号试管不加，对比两支试管中溶液的颜色。

实验报告：

试管 \ 现象	实验现象（溶液的颜色）	思考后得出结论
试管1		
试管2（加NH_4Cl）		
试管3		
试管4（加NaAc）		

实验结果显示：1号试管显红色；2号试管（与1号试管相比）颜色变浅，显淡红色，3号试管显红色；4号试管（与3号试管相比）颜色变浅，显淡红色。

氨水溶液使酚酞显红色，当加入NH_4Cl后，2号试管中溶液的颜色变浅，这是因为加入NH_4Cl后，由于NH_4Cl完全电离，溶液中$c(NH_4^+)$增大，使氨水的电离平衡向左移动，抑制了氨水的电离，使氨水的电离度减小了，从而$c(OH^-)$减少了，因而溶液的颜色变浅。

$$NH_3 \cdot H_2O \Longrightarrow HO^- + NH_4^+$$
$$NH_4Cl \longrightarrow Cl^- + NH_4^+$$

同理，在醋酸中加入NaAc时，情况也类似，抑制了醋酸的电离，使醋酸的电离度减小了。

$$HAc \Longrightarrow Ac^- + H^+$$
$$NaAc \longrightarrow Ac^- + Na^+$$

此时溶液中$c(H^+)$减少了，因而4号试管中溶液的颜色变浅。

这种在弱电解质溶液中，加入了与其具有相同离子的强电解质，使弱电解质的电离度减小的现象，称为同离子效应。同离子效应应用很广，缓冲溶液就是其中之一。

7.6.2 缓冲溶液

在水溶液中进行的许多化学反应都与溶液的pH值有关，其中有些反应要在一定的pH范围内进行，这就需要用到缓冲溶液。

缓冲溶液是一种既能够抵抗外加少量酸，又能够抵抗外加少量碱的影响，而保持溶液体系的pH值基本不变的溶液，如$NH_3 \cdot H_2O$-NH_4Cl、HAc-NaAc等都可配制成缓冲溶液。它们的缓冲原理是同离子效应。

（1）$NH_3 \cdot H_2O$-NH_4Cl的缓冲原理

在$NH_3 \cdot H_2O$-NH_4Cl这组缓冲体系中存在着下列电离：

$$NH_3 \cdot H_2O \Longrightarrow OH^- + NH_4^+$$

$$NH_4Cl \longrightarrow Cl^- + NH_4^+$$

$NH_3 \cdot H_2O\text{-}NH_4Cl$ 溶液，这是一组具有同离子（NH_4^+）的溶液，由于 NH_4Cl 电离生成的 NH_4^+ 对 $NH_3 \cdot H_2O$ 电离产生了影响（同离子效应），抑制了 $NH_3 \cdot H_2O$ 的电离，而此体系中本身含有较多的 $NH_3 \cdot H_2O$ 分子，同时 NH_4Cl 由电离提供了大量的 NH_4^+，所以溶液中的 $c(NH_4^+)$ 和 $c(NH_3 \cdot H_2O)$ 都很大。

当向该溶液中加入少量强酸即加入 H^+ 时，由于溶液中存在大量的 $NH_3 \cdot H_2O$ 而发生如下反应：

$$NH_3 \cdot H_2O + H^+ \Longrightarrow NH_4^+ + H_2O$$

即 $NH_3 \cdot H_2O$ 能把加入的 H^+ 大部分消耗掉，使溶液中 $c(H^+)$ 基本不变，pH 值保持稳定；当加入少量强碱即加入 OH^- 时，由于溶液中存在大量的 NH_4^+ 而发生如下反应：

$$NH_4^+ + OH^- \Longrightarrow NH_3 \cdot H_2O$$

即 NH_4^+ 能把加入的 OH^- 大部分消耗掉，使溶液中的 $c(H^+)$ 基本不变，pH 值保持稳定。这就是 $NH_3 \cdot H_2O\text{-}NH_4Cl$ 缓冲溶液的缓冲作用。

（2）HAc-NaAc 的缓冲原理

在 HAc-NaAc 这组缓冲体系中存在着下列电离：

$$HAc \Longrightarrow Ac^- + H^+$$
$$NaAc \longrightarrow Ac^- + Na^+$$

HAc-NaAc 溶液，这也是一组具有同离子（Ac^-）的溶液，NaAc 电离生成的 Ac^- 对 HAc 的电离产生了影响（同离子效应），抑制了 HAc 的电离，而在此体系中本身含有较多的 HAc 分子，同时由 NaAc 电离提供了大量的 Ac^-，所以溶液中 $c(Ac^-)$ 和 $c(HAc)$ 都很大。

当向该溶液中加入少量强酸，即加入 H^+ 时，由于溶液中存在大量的 Ac^- 而发生如下反应：

$$Ac^- + H^+ \Longrightarrow HAc$$

即 Ac^- 能把加入的 H^+ 大部分消耗掉，使溶液中 $c(H^+)$ 基本不发生变化，pH 值保持稳定。

当加入少量强碱，即加入 OH^- 时，由于溶液中存在大量的 HAc 而发生如下反应：

$$HAc^- + OH^- \Longrightarrow Ac^- + H_2O$$

即 HAc 能把加入的 OH^- 大部分消耗掉，使溶液中的 $c(H^+)$ 基本不发生变化，pH 值保持稳定。这就是 HAc-NaAc 缓冲溶液的缓冲作用。

其他的缓冲溶液（如 $H_3PO_4\text{-}NaH_2PO_4$）的缓冲作用，可用相似的原理来说明。

值得提醒的是，当缓冲体系中加入大量的强酸或强碱时，溶液中抗酸成分或抗碱成分消耗尽时，它就没有了缓冲作用，所以缓冲溶液有一定的缓冲容量或范围，只对外加的少量酸或碱适用。

思考

HAc-NaAc 缓冲溶液和 $NH_3 \cdot H_2O\text{-}NH_4Cl$ 缓冲溶液中哪些是抗酸成分、哪些是抗碱成分？

7.6.3　缓冲溶液的选择和配制

缓冲溶液一般由弱酸及其盐、弱碱及其盐、多元弱酸及其次级酸式盐组成。例如

$NH_3 \cdot H_2O-NH_4Cl$、$HAc-NaAc$、$H_3PO_4-NaH_2PO_4$ 等，都可以配制成缓冲溶液。

选择缓冲溶液时，应考虑以下条件。

（1）缓冲溶液对整个分析过程和结果都没有影响。

（2）组成缓冲体系的弱酸的 pK_a（或弱碱的 pK_b）应等于或接近所需的 pH（或 pOH）。例如，需要 pH 值为 5 左右的缓冲溶液，则应选择 HAc-NaAc 缓冲体系，因为 HAc 的 $pK_a = 4.74$，与所需的 pH 值接近。

（3）缓冲溶液有一定的缓冲容量或范围。

对于任何一种缓冲体系，其缓冲作用都有一定的 pH 值范围，因此应根据实际需要选择不同的缓冲溶液。

配制缓冲溶液时，欲使缓冲能力较大，则需满足以下的条件：

（1）组成缓冲溶液的弱酸和弱酸盐（或弱碱和弱碱盐）的浓度要适当大些。

（2）$\dfrac{c(弱酸)}{c(酸酸盐)}$ 或 $\dfrac{c(弱碱)}{c(酸碱盐)} \approx 1$。

即配制缓冲溶液时，缓冲体系中的抗酸、抗碱成分的浓度要大些，且浓度相当。

7.6.4　缓冲溶液的应用

缓冲溶液的作用是控制溶液的 pH 值。缓冲溶液在分析化学和仪器分析中经常要用到。例如，在配位滴定法中，常用 $NH_3 \cdot H_2O-NH_4Cl$ 缓冲溶液控制滴定的酸度，以用来测定一些金属离子 Ca^{2+}、Mg^{2+}、Zn^{2+}、Ni^{2+}、Co^{2+} 等的含量；在电位分析法中，经常要用到 pH = 4.00、pH = 6.68、pH = 9.18 的标准缓冲溶液来进行仪器的校准和对一些被测物质溶液的酸度进行精确的测定。

又如，人体的血液也是一种缓冲溶液，正常人血液的 pH 值始终保持在 7.40±0.05 范围内，除了归因于人体排酸功能外，还因为血液中含有 $H_2CO_3-NaHCO_3$ 和 $H_2PO_4^--HPO_4^{2-}$ 等物质组成的缓冲体系的缓冲作用。若超出此范围，人体就会不同程度地酸中毒或碱中毒，甚至会有生命危险。

思考

$NH_3 \cdot H_2O-NH_4Cl$ 和 HAc-NaAc 缓冲溶液在分析化学和仪器分析中经常用到，有什么作用？

7.7　难溶电解质的沉淀溶解平衡

7.7.1　沉淀溶解平衡与溶度积

绝对不溶于水的物质是不存在的。难溶物质是指溶解度小于 0.01g/100g H_2O 的物质。例如 $BaSO_4$ 就是难溶电解质。

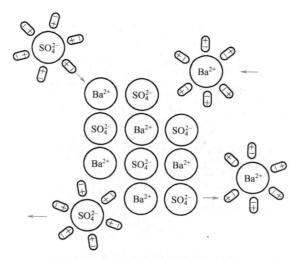

图 7-4　BaSO₄ 难溶电解质的溶解与沉淀

图 7-4 所示的就是 BaSO₄ 难溶电解质的溶解与沉淀的过程，难溶电解质的溶解过程也是一个可逆过程。在其表面有微量的 BaSO₄ 溶解成 Ba^{2+} 和 SO_4^{2-}，同时已溶解的 Ba^{2+} 和 SO_4^{2-} 又可撞击到固体表面形成 BaSO₄ 沉淀。当其溶解和沉淀速率相等时，建立了固体难溶电解质与溶液中相应离子间的平衡，称为沉淀溶解平衡。它可以表示为：

$$BaSO_4(s) \underset{\text{沉淀}}{\overset{\text{溶解}}{\rightleftharpoons}} SO_4^{2-} + Ba^{2+}$$

其平衡关系表达式为：

$$K_{sp} = c(Ba^{2+})c(SO_4^{2-})$$

对于一般的难溶强电解质的溶解平衡均可表示如下：

$$A_aB_b(s) \underset{\text{沉淀}}{\overset{\text{溶解}}{\rightleftharpoons}} bB^{a+} + aA^{b-}$$

$$K_{sp} = c^b(B^{a+})c^a(A^{b-}) \qquad\qquad (7\text{-}7)$$

这说明，在一定温度下，难溶电解质在其饱和溶液中各离子浓度幂的乘积是一个常数，该常数称为溶度积常数，简称溶度积（K_{sp}）。K_{sp} 的值只与难溶电解质的本质和温度有关，与沉淀量的多少和溶液中离子浓度的变化无关。常见难溶电解质的 K_{sp} 值见表 7-8。

表 7-8　常见难溶电解质的 K_{sp} 值（298K）

化合物	溶度积	化合物	溶度积	化合物	溶度积
AgBr	5.35×10^{-13}	BaSO₄	1.08×10^{-10}	Mg(OH)₂	5.61×10^{-12}
AgCl	1.77×10^{-10}	Ag₂CrO₄	1.12×10^{-12}	PbS	8.0×10^{-28}
AgI	8.52×10^{-17}	CuS	6.3×10^{-36}	Fe(OH)₃	2.27×10^{-39}

K_{sp} 是与难溶电解质溶解性有关的特征常数。可以用 K_{sp} 比较相同类型难溶电解质溶解能力的相对强弱。但对于不同类型的难溶电解质，则应先将 K_{sp} 换算成溶解度 S 后，再进行比较。

注意：在进行溶度积的计算时，各离子的浓度单位都要换算成以"mol/L"来计算。

【例7-7】已知温度为298K时，Ag_2CrO_4 的溶解度为 6.5×10^{-5}mol/L，求 Ag_2CrO_4 的溶度积 K_{sp}？

解　已知 Ag_2CrO_4 的溶解度为 6.5×10^{-5}mol/L，又因：

$$Ag_2CrO_4 \rightleftharpoons 2Ag^+ + CrO_4^{2-}$$
$$6.5 \times 10^{-5} \qquad 1.3 \times 10^{-4} \qquad 6.5 \times 10^{-5}$$
$$K_{sp} = c^2(Ag^+)c(CrO_4^{2-})$$
$$K_{sp} = (1.3 \times 10^{-4})^2(6.5 \times 10^{-5}) = 1.12 \times 10^{-12}$$

答：Ag_2CrO_4 的溶度积 K_{sp} 为 1.12×10^{-12}。

思考

已知298K时，AgCl的溶解度为 1.8×10^{-3}g/L，求AgCl的 K_{sp}？

7.7.2　溶度积规则

离子积是某难溶电解质溶液（不一定是溶解与沉淀达到平衡时），其离子浓度幂的乘积，用 Q_i 表示。

对于某一给定溶液，离子积 Q_i 和溶度积 K_{sp} 之间的关系可能有3种情况，如表7-9所示。

表7-9　离子积 Q_i 和溶度积 K_{sp} 之间的关系

Q_i 与 K_{sp} 的关系	沉淀情况	溶液饱和情况
$Q_i > K_{sp}$	会生成沉淀	溶液过饱和
$Q_i = K_{sp}$	达到平衡状态	溶液饱和
$Q_i < K_{sp}$	沉淀会继续溶解	溶液未饱和

此规则叫溶度积规则。利用此规则，不仅可以判断溶液中沉淀的生成与溶解，还可以通过控制离子浓度，使反应向生成沉淀或沉淀溶解的方向进行。

7.7.3　沉淀的生成和溶解

7.7.3.1　沉淀的生成

根据溶度积规则，难溶电解质生成沉淀的条件是溶液中离子积大于溶度积，即 $Q_i > K_{sp}$。

【例7-8】将等体积的 2×10^{-4}mol/L KCl的溶液和 2×10^{-4}mol/L 的 $AgNO_3$ 溶液混合，观察有无沉淀生成？

解　两溶液等体积混合，浓度各减小一半。

所以　　　　　　　　　$c(Ag^+) = c(Cl^-) = 1 \times 10^{-4}$mol/L

又　　　　　　　　　　$Q_i = c(Ag^+)c(Cl^-)$
$$= 1 \times 10^{-4} \times 1 \times 10^{-4}$$
$$= 1 \times 10^{-8}$$

查表得AgCl的　　　　$K_{sp} = 1.17 \times 10^{-10}$

$$Q_i > K_{sp}$$

所以，有沉淀生成。

若几种离子都能与加入的沉淀剂生成沉淀，则可利用它们溶度积的大小不同进行"分步沉淀"而加以分离。例如在含有 Cl^- 和 I^- 的混合溶液中，加入 Ag^+，因为 AgI 的 K_{sp} 比 AgCl 的 K_{sp} 小，所以可通过控制一定的离子浓度，先将 AgI 沉淀出来，再进行 AgCl 的沉淀分离。

思考

计算 298K 时，Ag_2CrO_4 在 0.10mol/L K_2CrO_4 溶液中的溶解度，并与它在纯水中的溶解度比较。（Ag_2CrO_4 的 $K_{sp} = 1.12 \times 10^{-12}$。）

7.7.3.2　沉淀的溶解和转化

根据溶度积规则，难溶电解质溶解的条件是降低该难溶盐的饱和溶液中某离子的浓度，使溶液中的离子积小于溶度积，即 $Q_i < K_{sp}$。降低离子浓度的方法，常用的有以下几种。

（1）生成配合物

例如氯化银溶于氨水，AgCl 溶解出的 Ag^+ 与 $NH_3 \cdot H_2O$ 发生了如下反应：

$$AgCl \Longleftrightarrow Ag^+ + Cl^-$$

$$Ag^+ + 2NH_3 \cdot H_2O \Longrightarrow [Ag(NH_3)_2]^+ + 2H_2O$$

此法降低了 AgCl 难溶电解质的饱和溶液中 Ag^+ 的浓度，使 Ag^+ 浓度减小了，因而 $Q_i < K_{sp}$，沉淀发生溶解。

（2）转化为一种更难溶的电解质

例如难溶电解质 Ag_2CrO_4 转化为更难溶的电解质 AgCl，Ag_2CrO_4 溶解出的 Ag^+ 与 KCl 电离出的 Cl^- 发生了如下反应：

$$Ag_2CrO_4 \Longleftrightarrow 2Ag^+ + CrO_4^{2-}$$

$$2KCl \longrightarrow 2K^+ + 2Cl^-$$

$$Ag^+ + Cl^- \Longleftrightarrow AgCl$$

此法降低了 Ag_2CrO_4 难溶电解质的饱和溶液中 Ag^+ 的浓度，因而 $Q_i < K_{sp}$，在 Ag_2CrO_4 发生溶解的同时，它转化为了一种更难溶的电解质 AgCl。

注意：沉淀转化是有条件的，一定要转化成一种更难溶的电解质，即后者的溶解度比前者要更小，反之，则比较困难，甚至不可能转化。

此外生成弱电解质、生成微溶的气体、发生氧化还原反应等方法也可降低该难溶电解质的饱和溶液中离子的浓度，从而达到溶解的目的。

思考

根据溶度积规则解释 $BaSO_4$ 不溶于稀 HCl 的原因。

生活用水pH与人体健康的关系

在生活水水质处理中，pH是水处理运行上最重要的水质参数之一。一般天然水的pH在6.0 ~ 8.5之间。酸性物质（包括大部分的有机污染物）或酸雨的影响可使水的pH降低到5左右。而一些碱性的废水的影响可能使水的pH升高。在正常的pH范围内还没有发现对人体健康有毒性作用，所以世界卫生组织的《饮用水准则》中没有提出pH的基于健康的准则值。只是从对管道的腐蚀的角度提出pH应在6.5 ~ 8.0。尽管如此，还是有必要对pH的概念进行一些阐述。

1. pH的概念

水的酸碱度均用pH值表达。众所周知，水是由H_2O组成的。在一般情况下，水可以发生微弱的电离，即产生一个氢离子（H^+）和一个氢氧根离子（OH^-）。每升水中含有氢离子可高达$6×10^{16}$个。习惯上，把H^+浓度的负对数值作为溶液酸碱性的指标，简写为pH。在中性溶液中pH＝7，pH大于7越多，则碱性越强，小于7越多，则酸性越强。

2. 人体内pH以及生理功能的关系

在一些宣传材料，甚至在一些谈水的科普文章中，均称"正常人体的pH应该是弱碱性"，这句话不太准确。通常讲人体pH为7.35 ~ 7.45是指人体血液中的pH，而不能理解为人体的pH。人体各部位及组织中的pH是不同的。

人体为了正常进行生理活动，血液的氢离子浓度必须维持在一定的正常范围内。而氢离子浓度的正常，又必须依靠人体的调节功能，使体内的酸碱达到动态平衡。如果过酸或过碱，都会引起血液中氢离子浓度的改变，使正常的酸碱平衡发生紊乱，简称为酸碱失衡。例如饥饿时的胃液pH为1 ~ 2，皮肤pH为5.5，大肠pH为8.4，汗pH为6.0，尿pH为6.9等。无论哪一个部位的pH都维持在一个恒定范围内，哪怕是发生轻微的变化，都会引起身体的生物活性分子结构和化学功能发生剧烈的变化。机体内的缓冲体系、呼吸系统、肾脏代谢系统等共同维持着pH的平衡，才使得机体的生理功能正常运行并维持着人体的健康。有些研究发现：每当血液中pH下降0.1单位，胰岛素的活性就下降30%。有人认为糖尿病特别是Ⅱ型糖尿病不是因为胰岛素分泌少而是由于胰岛素的活性下降所致。糖尿病是典型的营养代谢障碍病，是碳水化合物、糖、蛋白质、脂肪代谢紊乱性疾病，这些代谢紊乱更容易产生酸性代谢物质，从而影响人体血液内pH的稳定。

3. 水的酸碱性与食物酸碱性的含义不能混为一谈

在营养学上，把食品分为碱性食品和酸性食品两大类，主要是按照食品中的营养素在体内的代谢产物来区分。例如，畜肉富含饱和脂肪酸，它在体内代谢产物为酸性，所以把这类食物称为酸性食品。而一些柑橘类，虽然吃起来很酸，但是它们的代谢产物为碱性，所以把柑橘类食物称为碱性食品。这与水的pH是不同的。人体中的酸碱度与水的酸碱性的定义也有所区别。所谓身体内的酸碱平衡是酸度和碱度的平衡，而不是阳离子和阴离子的平衡。水的酸度平衡是指体液要保持一定的氢离子浓度，而人体内碱度平衡是指体液电解质阴、阳电荷必须相等。

在生命长期的进化过程中，人体形成了较为稳定的呈微碱性的内环境。这种pH的恒定现象，叫做酸碱平衡。但现在由于生活条件的改变，很多人血液的pH在7.35左右，身体处于健康和疾病之间的亚健康状态。

出生婴儿一般属弱碱性体液。但随着年龄增长和外环境以及生活习惯的改变，体质逐渐转为酸性；酸化也就意味着越来越老化。

为了延缓衰老，现代人开始重视饮水健康，提倡喝弱碱性水，也就是pH为7.1～7.8的天然水。时尚女性吃水果、蔬菜，也是因为这些物质在体内自然代谢会形成碱性物质。实际上，水是比蔬菜、水果更好的"中和剂"，水中天然矿物质能被人体直接吸收，起到维护体液平衡的作用。

4. 水中的酸碱值——pH界定值

国内外对水中pH与人体健康关系的研究很少，到目前为止，世界卫生组织还没有pH的基于健康的准则值。世界卫生组织1958年在饮水标准中规定，pH不得低于6.5，不得大于9.2；在1984年第一版的饮水指导准则中规定pH为6.5～8.5；在2003年第三版的饮水指导准则中规定pH为6.5～8.0。在2006年第三版的修订本中规定pH为6.5～9.5。我国的生活饮用水卫生标准中，将水的pH定为6.5～8.5。从中国"天人合一"的传统哲学考虑，饮用水的pH定在这个范围也是适宜的。在人类进化中，从饮用天然水、井水到近一百年来的自来水，pH均在6.5～8.5之间。人体内具有强的pH缓冲及调节能力，所以pH保持在一定范围内是科学的，当然水中pH越接近血液pH越好。

5. 纯净水pH的特点

纯净水的加工特点是使用反渗透膜将水中99%以上的矿物质除去，因此水的pH一般都在5.5～6.5，呈酸性，对儿童牙齿外部珐琅质有损害作用。国内外很多生物医学和流行病调查表明，长期饮过低硬度水，包括纯净水、蒸馏水，对人体生理功能有负面作用。特别是水中的镁和钙的含量可以有效地防止心脑血管病猝死的风险。在烹调食物使用纯净水可以使得食物中矿物元素的流失。从大量的流行病学研究报告中可以看出水中的硬度与人体的健康呈正相关关系。

6. 软水并污染严重的地区的pH特点

在我国南方的许多地区，属于软水地区，水中的矿物质含量较低，pH一般在7.0左右或以下。有些地区随着污染的增加，特别是长三角和珠三角地区属于酸雨地区，其饮用水主要来自地面降水，所以饮用水中的pH较正常情况下的低一些。从近几十年这些地区的水质调查结果来看，水的pH都有所降低。北京爱迪曼生物技术研究所近年来的研究发现，污染越少，则水的pH较高。例如冰泉水的矿物质含量与长三角地区的相似，而pH为8.0左右。

7. 矿物质水的特点

矿物质水的加工都是在纯净水的基础上添加矿物质，添加的方式分为两种，一种是直接添加矿物质的化合物，如氯化钙、硫酸镁等；另一种是制备成矿化液再添加到纯净水中。根据矿化液加工特点，又分为三种。第一种为纯天然产品，例如，海洋深层水的浓缩液，该产品pH相对高、水溶性好、口感好、镁含量高，并含有海水中的各种微量元素，可以有效地补充人体镁的需要量。第二种为矿溶液，该产品是从矿石中用酸溶解出矿物质，它的品质受到矿石的品质的影响。第三种为矿化液，该产品是在酸性条件下将各种化合物按一定的比例混合溶解。后两种产品共同的特点是pH一般为酸性，往往口感略差于第一种。因此后两种现在仍有争议，如添加的矿物质种类和数量少、水的pH低、加入的化合物的安全性以及口感等问题。另外各个厂家所添加到水中的化合物不同，给国家的产品质量监督带来了一定的难度，而且添加矿物质的水远远不如天然优质矿泉水。在添加矿物质的时候，要适当考虑各种阴、阳离子的相互平衡和拮抗作用，否则不仅不能给人体带来健康，可能还会引起一些营养和健康方面的问题。

 阅读材料

盐类水解的应用

1. 泡沫灭火器中泡沫灭火剂的反应原理

泡沫灭火器中玻璃瓶内装有$Al_2(SO_4)_3$溶液，在钢筒与玻璃瓶中间放$NaHCO_3$溶液，在各容器中的$Al_2(SO_4)_3$溶液、$NaHCO_3$溶液均发生单水解，各自呈现一定的酸、碱性。当混合后，各自水解出的H^+、OH^-结合成难电离的水，打破各自的单水解平衡，使两种盐均能向水解的正方向强烈进行，使反应进行到底，出现沉淀和气体。有关离子方程式如下：

$$Al^{3+} + 3HCO_3^- = Al(OH)_3 \downarrow + 3CO_2 \uparrow$$

2. 利用明矾净水的原理

明矾为$KAl(SO_4)_2 \cdot 12H_2O$，是一种复盐。当明矾被放入水中，明矾电离出来的Al^{3+}发生微弱的水解，形成吸附正电荷的$Al(OH)_3$胶体。

$$Al^{3+} + 3H_2O \rightleftharpoons Al(OH)_3（胶体）+ 3H^+$$

吸附正电荷的$Al(OH)_3$胶体和吸附负电荷的硅酸盐（泥土的主要成分）相遇发生胶体凝聚，使泥土从水中沉积下来，达到净水的目的。

 习题与思考

1. 选择题

（1）下列是弱电解质的物质是（ ）。

A．盐酸   B．氯化钾   C．氨水   D．氢氧化钠

（2）同温度、同浓度下，（ ）的导电能力最强。

A．KNO_3 B．HAc   C．$NH_3 \cdot H_2O$ D．H_2CO_3

（3）下列说法错误的是（ ）。

A．在水溶液中或熔融状态下能完全电离的电解质，称为强电解质

B．在水溶液中仅能部分电离的电解质，称为弱电解质

C．电离常数反映了电解质电离能力的大小

D．电离常数反映电离程度的大小

（4）$AgNO_3$ 与 KCl 反应的离子方程式正确的是（　　　）。

A．$Ag^+ + Cl^- \longrightarrow AgCl \downarrow$

B．$Ag^+ + Cl^- + NO_3^- \longrightarrow AgCl \downarrow + NO_3^-$

C．$Ag^+ + Cl^- + NO_3^- + K^+ \longrightarrow AgCl \downarrow + NO_3^- + K^+$

D．$Ag^+ + Cl^- + K^+ \longrightarrow AgCl \downarrow + K^+$

（5）对于溶液的 pH 说法不正确的是（　　　）。

A．pH 越小酸性越强

B．pH 越大碱性越强

C．pH 是溶液酸碱性的量度，应用范围为 1～14

D．pH＜7 时，溶液显碱性

（6）0.02mol/L 氨水溶液的 pH 是（　　　）。

A．10.78　　　　　B．10　　　　　C．2　　　　　D．12

（7）NH_4Cl 水解后显（　　　）。

A．中性　　　　　B．酸性　　　　　C．碱性　　　　　D．碱性或中性

（8）关于 NaAc 下列说法不正确的是（　　　）。

A．水解后显碱性　　　　　　　　B．它是强碱弱酸盐

C．它是强电解质　　　　　　　　D．水解后显酸性

（9）下列说法正确的是（　　　）。

A．缓冲溶液的缓冲原理是同离子效应　　B．NaAc 是强酸弱碱盐

C．常温下，水的离子积为 1.0×10^{-7}　　D．电离常数是一个固定值，与温度无关

（10）下列说法错误的是（　　　）。

A．电离常数是指在一定温度下，弱电解质电离达到平衡时，已电离的离子浓度的乘积与未电离的分子浓度的比值

B．水的离子积常数为 1.0×10^{-14}（常温下）

C．电离度是指当电离达到平衡时，已电离的电解质分子数与溶液中未电离的电解质的总分子数的比值

D．溶度积常数是指在一定温度下，难溶电解质在其饱和溶液中各离子浓度幂的乘积

2．填空题

（1）在水溶液中或熔融状态下能＿＿＿＿＿＿＿＿电离的电解质，称为强电解质。NaCl 是＿＿＿＿＿＿＿解质。在水中能完全＿＿＿＿＿＿＿。

（2）常温下，水的离子积 K_w 为＿＿＿＿＿＿＿。

（3）在酸性溶液中，$[H^+]$ ＿＿＿ $[OH^-]$，pH＿＿＿＿＿；

在碱性溶液中，$[H^+]$ ＿＿＿ $[OH^-]$，pH＿＿＿＿＿；

在中性溶液中，$[H^+]$ ＿＿＿ $[OH^-]$，pH＿＿＿＿＿。

（4）NH_4Cl 是强酸弱碱盐，水解显＿＿＿＿＿，NaAc 是＿＿＿＿＿盐，水解显碱性。

（5）缓冲溶液的缓冲原理是＿＿＿＿＿＿＿＿＿＿＿＿＿＿＿＿＿＿＿＿，缓冲作用是＿＿＿＿＿＿＿＿＿＿＿＿＿＿＿＿＿＿＿＿＿＿＿＿＿＿＿。

3．书写离子方程式

（1）$CaCO_3 + 2HCl \Longrightarrow CaCl_2 + H_2O + CO_2 \uparrow$

（2）$BaCl_2 + Na_2SO_4 \Longrightarrow BaSO_4 \downarrow + 2NaCl$

（3）$NH_4Cl + NaOH \xlongequal{\quad} NH_3 \cdot H_2O + NaCl$

（4）$KOH + HNO_3 \xlongequal{\quad} KNO_3 + H_2O$

（5）$NaAc + HCl \xlongequal{\quad} NaCl + HAc$

4．计算下列溶液的 pH

（1）0.001mol/L HCl；

（2）250mL 溶液中含有 NaOH 0.5g；

（3）100mL 溶液中含有 NH_3 17g；

（4）0.02mol/L HAc。

5．已知 AgI 的溶度积 $K_{sp} = 8.52 \times 10^{-17}$，求其在该温度下的溶解度？

6．什么是同离子效应？在醋酸溶液中分别加入 NaOH、HCl、NaAc，对醋酸的电离平衡有何影响？醋酸的电离度将如何变化？

7．课外调查：水

水是我们最熟悉的化学物质，围绕着水进行探究。

提示：仅选水的一点性质，研究透彻。例如水的存在、水的物理性质、水的化学性质、水的用途、水的净化等。

注意：通过查阅资料或实地考察获取资料。

要求：写出详细的报告。

实验七　电解质溶液

一、实验目的

1．掌握强、弱电解质的区别，巩固 pH 的概念；

2．掌握盐类的水解及其影响因素；

3．了解溶度积规则及沉淀溶解平衡的移动。

二、实验仪器与试剂

试管、滴瓶、量筒（10mL，25mL，25mL）、烧杯（100mL）、点滴盘、药匙。

HCl（0.1 mol/L，2 mol/L，6mol/L）、HAc（0.1 mol/L，2mol/L）、$NH_3 \cdot H_2O$（0.1mol/L）、NaOH（0.1mol/L）、NH_4Cl（0.1mol/L）、NaCl（0.1mol/L）、Na_2CO_3（0.1mol/L）、NaAc（0.1mol/L）、NH_4Ac（0.1mol/L）、Na_2S（0.2mol/L）、$Pb(NO_3)_2$（0.1mol/L）、$Al_2(SO_4)_3$（0.5mol/L）、KI（0.1mol/L）、$CaCl_2$（0.1mol/L）、K_2CrO_4（0.1mol/L）、$AgNO_3$（0.1mol/L）、$FeCl_3$（固体）、锌粒、H_2S 饱和溶液、酚酞试液、pH 试纸。

三、实验内容与步骤

1．比较盐酸和醋酸的酸性

（1）在两支试管中，分别加入 1mL 0.1mol/L HAc 溶液和 1mL 0.1mol/L HCl，再在两支试

管中各加入1滴甲基橙和5mL水，比较两试管中的颜色。

（2）在两支试管中，分别加入2mL 1mol/L HAc溶液和2mL 1mol/L HCl，再在两支试管中各加入一锌粒，比较两试管中的反应情况。写出化学反应方程式。

通过上述实验，说明盐酸溶液和醋酸溶液酸性的强弱。

2. 溶液pH的测定

在点滴盘上，分别滴入0.1mol/L的HAc、HCl、$NH_3 \cdot H_2O$、NaOH和饱和H_2S水溶液各几滴，用pH试纸测定各溶液的pH。观察试纸的颜色并与标准比色卡对照。

通过上述实验，将上述溶液按酸性由强到弱的顺序排列。

3. 同离子效应和缓冲溶液

（1）在试管中，加入10mL 0.1mol/L的HAc溶液和2滴甲基橙指示剂。然后，将溶液分为两份，其中一份加入少量的固体NaAc，振摇使其溶解，对比两支试管中溶液的颜色。

通过实验现象，简单阐述同离子效应的原理。

（2）在试管中加入10mL 0.1mol/L $NH_3 \cdot H_2O$溶液和1滴的酚酞溶液，观察溶液的颜色；再加入少量的固体NH_4Cl，振摇使其溶解，观察溶液颜色的变化；再将溶液分成3份，一份滴加5滴的0.1mol/L HCl溶液，一份滴加5滴的0.1mol/L NaOH溶液，对照观察3份溶液的颜色。

通过上述实验，说明缓冲溶液的缓冲原理。

4. 盐类的水解

（1）测定0.2mol/L下列溶液的pH。溶液有NaCl、NH_4Cl、NH_4Ac、Na_2CO_3，观察试纸的颜色并与标准比色卡对照，将溶液按酸性由强到弱排序，并解释各种盐溶液pH不同的原因。

实验结果说明：盐类的水溶液各呈现出不同程度的酸碱性，是因为它们在水中发生了不同程度的水解。

（2）取两支试管分别加入2mL 0.2mol/L NaAc溶液和1滴酚酞试液，其中一支试管用小火加热，另一支不加热，观察两支试管溶液颜色的深浅各有什么不同，并解释原因。

实验结果说明：加热可促进盐类的水解。

（3）取一药匙$FeCl_3$固体放入小烧杯中，用水溶解，观察溶液的颜色，并将此溶液分成3等份加入到三支试管中，在第1支试管中加5滴2mol/L HCl溶液；第2支试管用小火加热；第3支试管不作处理，留作观察比较。比较3支试管的颜色及透明度并解释原因。

实验结果说明：温度和浓度对盐类的水解会产生影响。

（4）在一支大试管中，加入3mL 0.1mol/L $Al_2(SO_4)_3$溶液和3mL 0.2mol/L Na_2S溶液，观察现象并写出反应式。

实验结果说明：盐类水解后生成的酸或碱愈弱或愈难溶于水，则水解程度愈大。

5. 沉淀溶解平衡

（1）在试管中加入$CaCl_2$溶液，再加入2mL 0.1mol/L Na_2CO_3溶液，然后再向其中加入6mol/L HCl溶液，观察此过程的反应现象并解释原因，写出化学反应方程式。

通过上述实验，根据溶度积规则，说明沉淀生成与溶解的条件。

实验结果说明：当$Q_i > K_{sp}$时，溶液会生成沉淀；当$Q_i < K_{sp}$时，沉淀发生溶解。

（2）在试管中加入2mL 0.1mol/L K_2CrO_4溶液，再加入几滴0.1mol/L $AgNO_3$溶液，然后加入2mL 0.1mol/L NaCl溶液，用玻璃棒搅动沉淀，观察此过程沉淀的颜色变化。写出化学反应方程式。

通过上述实验，说明沉淀转化的条件。

四、思考与提示

1．实验室应如何配制 $FeCl_3$、$SnCl_2$ 等溶液？为什么？

2．欲配制 pH ＝ 10 的缓冲溶液，应选择哪种酸比较好？

3． 0.1mol/L 的 $NH_3 \cdot H_2O$ 溶液和 0.1mol/L 的 $NH_3 \cdot H_2O$ 与 0.1mol/L 的 NH_4Cl 的混合液，哪一种溶液中 $c(OH^-)$ 较大？为什么？

4．能阐述清楚 $NH_3 \cdot H_2O\text{-}NH_4Cl$ 缓冲溶液的缓冲原理吗？

8

电化学基础

学习目标

1. 掌握原电池和电解池的基本原理；
2. 学会判断氧化剂和还原剂的相对强弱及氧化还原反应进行的方向；
3. 了解金属的腐蚀和防护。

汽车上的蓄电池，小电器上用的干电池均属于化学电源。它们都是利用氧化还原反应原理，将化学能转化成电能。所谓电化学，就是研究电与化学的关系。具体来说，就是研究在电解质存在的体系中，电流的产生与氧化还原反应关系的一门学科。

8.1 原电池

8.1.1 原电池装置

原则上任何化学反应都伴有能量产生，有些化学能量是可以加以利用的，将其转变成电能就是行之有效的方法。利用氧化还原反应，使化学能直接转变为电能的装置，叫做原电池装置，简称原电池。

如图8-1所示，用一个充满电解质溶液的盐桥，将置有锌片的ZnSO₄溶液和置有铜片的CuSO₄溶液连接起来，然后将锌片和铜片用导线连接，并在中间串联一个电流表，观察有什么现象发生，取出盐桥，观察现象。

实验报告：

项　　目	实验现象	思考后得出结论
锌片		
铜片		
电流计		

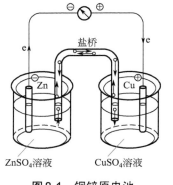

图8-1　铜锌原电池

盐桥是一个装满KCl饱和溶液和琼脂胶形成胨状物的U形玻璃管。

我们可以观察到如下现象。

（1）可以发现检流计指针立即发生偏转，说明导线中有电流通过。且根据指针的偏转方向判定，电子从锌片流向铜片。

（2）锌片开始逐渐溶解，铜片上有铜析出。

锌片溶解说明锌原子失去电子，形成Zn^{2+}进入溶液。

$$Zn-2e \longrightarrow Zn^{2+}$$

从锌片上释放出的电子，经过导线流向铜片；电子的这种有规则的流动产生了电流。CuSO₄溶液中的Cu^{2+}从铜片上获得电子，析出金属铜。

$$Cu^{2+} + 2e \longrightarrow Cu$$

两式相加，即得原电池的总反应为：

$$Cu^{2+} + Zn \longrightarrow Cu + Zn^{2+}$$

反应是自发进行的，这样组成的原电池叫做锌铜原电池，锌为负极，铜为正极。

（3）若取出盐桥，检流计指针回至零点；放入盐桥，检流计指针偏转，说明盐桥起到了沟通电路的作用。

思考

盐桥的作用原理是什么？

从上述实验可以看出，原电池由两个半电池组成。在锌铜原电池中，锌和锌盐溶液组成锌半电池，铜和铜盐溶液组成铜半电池，中间通过盐桥连接起来。

自己动手做一做

用不同的金属片设计，制作原电池并进行实验。

提示：可以使用的器材包括两片不同的金属片、砂纸、滤纸、食盐水、导线、灵敏电流表。

8.1.2　电极

根据电极上电子或电流的流向，规定电极的极性如下：

正极：正极是流入电子（电流流出）的电极，可用符号"＋"标出。例如铜锌原电池中的铜片为正极。

负极：负极是流出电子（电流流入）的电极，可用符号"–"标出。例如铜锌原电池中的锌片为负极。

8.1.3　原电池表达式

原电池的装置可以用符号来表示，也就是原电池表达式。例如铜锌原电池可用原电池表达式表示如下：

$$(-)\ Zn\ |\ ZnSO_4\ \|\ CuSO_4\ |\ Cu\ (+)$$

其中"｜"表示两相之间的接触界面，如金属与溶液的界面；"‖"表示盐桥；（-）和（＋）分别表示原电池的负极和正极，习惯上把负极写在左边，正极写在右边。

思考

氧化还原反应 $Zn + H_2SO_4 = ZnSO_4 + H_2\uparrow$ 能不能组成原电池？如果能，请用原电池符号表示。

8.2　电极电势

8.2.1　概述

在原电池中，每个半电池都是由同种元素的不同价态的两种物质组成。其中一种处于较低价态的物质称还原态（型）物质，另一种处于较高价态物质称为氧化态（型）物质，还原态（型）物质和与之对应的氧化态（型）物质一起构成氧化还原电对，简称电对。

电对可以用符号"氧化态物质/还原态物质"形式表示，如 Zn^{2+}/Zn，Cu^{2+}/Cu，H^+/H_2，Cl_2/Cl^-，MnO_4^-/Mn^{2+} 等。

（1）电极电势

金属、非金属及气体电极与其强电解质溶液之间，所产生的电位差，称为电极电势。可用符号 φ 表示，单位是伏特（V）。

电极电势的大小，表示原电池中两电对在氧化还原反应中争夺电子能力的大小。电极电势的绝对值无法测出，但可借助标准电极测出其相对值。

（2）标准氢电极

如同海拔高度是以海平面的高度为零作参考标准一样，测定电极电势也要选取一个标准电极作比较。这个标准电极为标准氢电极。将一片由铂丝连接的镀有蓬松铂黑的铂片，浸入氢离子浓度为1mol/L的硫酸溶液中，在298K时，从玻璃管上部侧口不断通入压力为100kPa的纯氢气，使铂片表面吸附氢气达饱和，被氢气饱和的铂片即为氢电极。被铂黑吸附达饱和的氢气与溶液中的氢离子建立了如下的平衡：

$$2H^+ + 2e \longrightarrow H_2 \uparrow$$

在此条件下，铂片上吸附的氢气与酸溶液构成的电极叫做标准氢电极，并规定此标准氢电极的电极电势为零，记为：

$$\varphi^{\ominus}(H^+/H_2) = 0V$$

（3）标准电极电势

为了便于比较，电化学上引入了标准状态：电极反应的有关离子浓度为1mol/L，有关气体压力为100kPa，温度为298K。处于标准状态下的电极电势称为标准电极电势，用符号$\varphi^{\ominus}$表示。

标准电极电势的测定，可由标准氢电极与被测标准电极构成原电池，在标准状态下测定原电池的标准电动势$E^{\ominus}$，而标准氢电极的电极电势$\varphi^{\ominus}(H^+/H_2) = 0V$，即可得到被测电极的标准电极电势$\varphi^{\ominus}$。例如，锌标准电极电势的测定，可将其与标准氢电极组成原电池，由电势差计得知，该原电池的标准电动势为$E^{\ominus} = 0.763V$，并且由电势差计指针的方向可知锌电极为负极，氢电极为正极。电池可表达为：

（−）Zn｜Zn^{2+}（1mol/L）‖H$^+$（1mol/L）｜H$_2$（100kPa），Pt（＋）

锌电极标准电势计算如下：

$$E^{\ominus} = \varphi_+^{\ominus} - \varphi_-^{\ominus} = \varphi^{\ominus}(H^+/H_2) - \varphi^{\ominus}(Zn^{2+}/Zn) = 0.763V$$

$$\varphi^{\ominus}(Zn^{2+}/Zn) = \varphi^{\ominus}(H^+/H_2) - E^{\ominus} = 0 - 0.763 = -0.763V$$

类似的方法，可测出其他各氧化还原电对的标准电极电势值。将标准电极电势按一定顺序排列起来，即得标准电极电势表（见附录5）。

非标准状态下的电极电势，考虑到了温度、参与反应物质的浓度、气体的压力等因素，可用能斯特方程计算。例如：

$$a(氧化态) + ne \longrightarrow b(还原态)$$

其298K时的能斯特方程为：

$$\varphi = \varphi^{\ominus} + \frac{0.059}{n} \lg \frac{c(氧化态)}{c(还原态)} \tag{8-1}$$

式中　φ——非标态下的电极电势，V；

　　$\varphi^{\ominus}$——标准电极电势，V；

$c(氧化态)$——电对中氧化态物质的浓度，mol/L；

$c(还原态)$——电对中还原态物质的浓度，mol/L。

思考

能否利用原电池来测定Cu电极的标准电极电势呢？

8.2.2　标准电极电势的应用

（1）比较氧化剂、还原剂的相对强弱

电极电势值的大小，反映了物质得失电子的难易，亦即反映了物质的氧化、还原能力的强弱。电极电势值越小，表明该电对的还原态物质越易失去电子，是越强的还原剂；电极电势值越大，表明该电对的氧化态物质越易获得电子，是越强的氧化剂。

【例8-1】在Cl_2/Cl^-和O_2/H_2O两个电对中，哪个是较强的还原剂？哪个是较强的氧化剂？

解 从附录5表中查得：$\varphi^\ominus(Cl_2/Cl^-) = 1.36V$，$\varphi^\ominus(O_2/H_2O) = 1.23V$，可见$\varphi^\ominus(Cl_2/Cl^-) > \varphi^\ominus(O_2/H_2O)$，则还原能力$H_2O > Cl^-$，而$Cl_2$是较强的氧化剂。

【例8-2】列出3个电对Cu^{2+}/Cu，Ag^+/Ag，Fe^{3+}/Fe^{2+}氧化态物质的氧化能力大小顺序。

解 查附录5表得：$\varphi^\ominus(Cu^{2+}/Cu) = 0.337V$，$\varphi^\ominus(Ag^+/Ag) = 0.799V$，$\varphi^\ominus(Fe^{3+}/Fe^{2+}) = 0.771V$，$\varphi^\ominus(Ag^+/Ag) > \varphi^\ominus(Fe^{3+}/Fe^{2+}) > \varphi^\ominus(Cu^{2+}/Cu)$，3个电对中氧化态物质氧化能力由大到小的顺序为：$Ag^+$，$Fe^{3+}$，$Cu^{2+}$。

（2）判断氧化还原反应进行的次序

演示实验8-2

在一支大试管中加入1mL 0.1mol/L KI溶液、1mL饱和H_2S溶液，再加入适量CCl_4。然后逐滴加入0.1mol/L $FeCl_3$溶液，并不断振荡，观察现象。

实验报告：

溶　　液	实验现象	思考后得出结论
KI溶液		
H_2S溶液		

通过实验现象，可以发现，水层（上层）首先出现浑浊，随着$FeCl_3$溶液的不断加入，CCl_4层逐渐由无色变为紫色。这说明Fe^{3+}作为氧化剂与H_2S和I^-的反应不是同时进行的。

由于I_2溶于CCl_4层，使CCl_4层出现紫红色。

一种氧化剂与几种还原剂作用时，电极电势差值最大的两者之间首先发生氧化还原反应。

（3）判断氧化还原反应的方向

对于给定的氧化还原反应，均可以组成一个原电池。那么，氧化还原反应方向的判断，就可以由原电池的电动势是否大于零做出判定。

$$E^\ominus = \varphi^\ominus_+ - \varphi^\ominus_- \tag{8-2}$$

在标准状态下，

若$E^\ominus < 0$，则该氧化还原反应自发从左向右进行；

若$E^\ominus < 0$，则该氧化还原反应自发从右向左进行。

若$E^\ominus = 0$，则氧化还原反应处于平衡状态。

【例8-3】在标准状态下，反应$2Fe^{3+} + Cu \longrightarrow 2Fe^{2+} + Cu^{2+}$能否自动进行？

解 从给定反应中各物质对应元素的化合价变化可知，Fe^{3+}是氧化剂，而Cu是还原剂。

查附录5表得：$\varphi^\ominus(Fe^{3+}/Fe^{2+}) = 0.771V$，$\varphi^\ominus(Cu^{2+}/Cu) = 0.337V$。

组成原电池时，电动势值为：

$$E^\ominus = \varphi^\ominus(Fe^{3+}/Fe^{2+}) - \varphi^\ominus(Cu^{2+}/Cu) = (0.771-0.337)V = 0.434V$$

因为 $E^\ominus > 0$，所以该反应能自动地进行。

思考

化学能可以转变为电能，电能能否转变为化学能呢？

8.3 电解及应用

8.3.1 电解池

电流通过电解质溶液或熔融状态的离子化合物时，引起氧化还原反应的过程叫做电解。电解过程与原电池正好相反，它是把电能转变为化学能的过程。进行电解的装置，叫做电解池或电解槽。

演示实验8-3

如图8-2的装置，在盛有NaCl水溶液的U形管的两端，分别插入石墨棒作电极。分别向阴极附近的溶液中加2滴酚酞试液，往阳极附近的溶液中加入2滴淀粉－碘化钾试液。接通电源，观察实验现象。

实验报告：

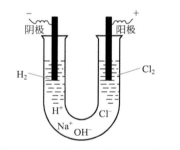

图8-2　电解饱和食盐水溶液装置

溶　　液	实验现象	思考后得出结论
KI溶液		
H₂S溶液		

注：与直流电源负极相连的电极叫阴极，与直流电源正极相连的电极叫阳极。

由实验可以看出，两极很快都有气泡产生，阴极附近溶液变红，阳极附近溶液变蓝。这是因为在通电前，NaCl水溶液中有 Na^+、Cl^-、H^+、OH^- 四种离子。

$$NaCl \longrightarrow Na^+ + Cl^-$$
$$H_2O \longrightarrow H^+ + OH^-$$

通电后，这些自由移动的离子发生定向移动，Cl^-、OH^- 移向阳极，Na^+、H^+ 移向阴极，并发生反应：

| 阳极 | $2Cl^- - 2e \longrightarrow Cl_2 \uparrow$ | 氧化反应 |
| 阴极 | $2H^+ + 2e \longrightarrow H_2 \uparrow$ | 还原反应 |

电解总反应为：

$$2NaCl + 2H_2O \xrightarrow{\text{电解}} 2NaOH + H_2 \uparrow (\text{阴极}) + Cl_2 \uparrow (\text{阳极})$$

思考

将 U 形管中的 NaCl 溶液改为纯水，插入两根石墨电极，接通直流电源，会是什么现象？

电解时，阳离子得到电子或阴离子失去电子的过程叫离子的放电。

在上述饱和食盐水的电解过程中，由于 H^+ 在阴极放电，H^+ 被还原，产生 H_2，破坏了水的电离平衡，使阴极附近溶液中 OH^- 增多，溶液显碱性，因而使酚酞变红；阳极由于 Cl^- 放电而被氧化，产生 Cl_2，Cl_2 又将 I^- 氧化为 I_2，I_2 遇淀粉显蓝色。

电解质在直流电的作用下发生氧化还原反应的过程叫电解。在电解过程中要消耗电能，才能使 NaCl 发生电解。这种消耗电能，使电解质发生氧化还原反应，从而把电能转化为化学能的装置就叫做电解池。

思考

（1）试从组成、原理、功能等几方面对电解池和原电池进行比较。

（2）电解 $CuCl_2$ 溶液可以得到哪些产物？

8.3.2 电解的应用

电解在工业上有很重要的用途，其应用领域主要有以下几个方面。

（1）电解工业

在电解工业中，主要是通过电解的方法可以制得通过一般化学反应难以得到的产物，或一般化学反应不能实现的反应。例如，电解饱和食盐水制取烧碱，同时还可得到 Cl_2 和 H_2。电解氟氢化钾（KHF_2）制 F_2 等。还可以制得其他一些无机盐及有机物质。

电解法制 F_2 的电解反应为：

$$2KHF_2(\text{熔融态}) \xrightarrow{\text{电解}} 2KF + H_2 \uparrow (\text{阴极}) + F_2 \uparrow (\text{阳极})$$

（2）电冶金工业

电冶金是利用电解法从熔融态金属化合物中冶炼金属。它既可以制取不活泼金属，也可以制取活泼金属。

根据前面所讲的电解金属盐溶液，金属离子在阴极的放电规律，电解不活泼金属及 Zn、Fe、Ni 等金属的盐溶液时，即可得到相应金属单质，电解活泼金属盐溶液时，阴极上得 H_2。因此，制取 K、Na、Mg、Al 这样的活泼金属时，只能电解它们的熔融化合物。例如电解熔融 NaCl 时，阴极上可析出金属钠，电解反应如下：

$$通电前 \quad NaCl \xrightarrow{熔融态} Na^+ + Cl^-$$

通电后　在阳极　　$2Cl^- - 2e \longrightarrow Cl_2$

　　　　在阴极　　$2Na^+ + 2e \longrightarrow 2Na$

总电解反应　　　$2NaCl \xrightarrow[熔融态]{电解} 2Na(阴极) + Cl_2(阳极)$

（3）电镀

应用电解原理，在金属或其制品表面上镀上一层金属或合金的过程叫电镀。电镀的目的是增强金属的抗腐蚀能力，增加金属的表面美观和表面硬度。因此，镀层通常是一些在空气中或溶液中比较稳定的金属，如铬、锌、镍、金、银，或合金如铜锌合金、铜锡合金等。

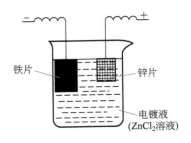

图8-3　电镀锌实验示意图

例如，在铁制品上镀锌，如图8-3所示。将铁制品（镀件）作阴极，被镀金属锌作阳极，$ZnCl_2$溶液作电镀液，则电镀反应如下：

阳极　　　　　　　$Zn - 2e \longrightarrow Zn^{2+}$

　　　　　　　　　　　　　　（被镀金属溶解）

阴极　　　　　　　$Zn^{2+} + 2e \longrightarrow Zn$

　　　　　　　　　　　　　　（Zn被镀在镀件上）

在电镀技术上，为了使镀件表面得到一层有一定厚度的、均匀的、美观的镀层，必须严格控制电镀的条件。在实际生产中，电镀液的配方是很复杂的，在适当的电镀条件下，加入合适的电镀溶液和其他相应的辅助试剂，可得到表面均匀、光滑、牢固的镀层。

自己动手做一做

在烧杯里放入$CuSO_4$溶液，用导线将电源与电流表串联，连接一铁制品（用酸洗净）作阴极（与电源负极相接），用铜片作阳极（与电源正极相接），通电，观察铁制品表面颜色的变化。

8.4　金属的腐蚀与防护

8.4.1　金属的腐蚀

在日常生活中，经常见到铁制品在潮湿的空气中产生红棕色粉末状铁锈，铜制品表面产生铜绿，铝制品表面出现白色斑点等现象。这是因为这些金属与周围的相关物质发生了化学反应而产生的。这种金属或合金与周围的气体或液体进行化学反应而遭到破坏的现象，叫做金属的腐蚀。

金属的腐蚀是普遍的现象，腐蚀造成的危害也是严重的。金属腐蚀的危害不仅在于金属本身遭受破坏和损失，更重要的是使金属机器设备、仪器仪表遭受破坏和损失，由此也可能造成产品质量下降、停工、停产甚至引发重大事故，造成巨大的经济损失，危害人身安全，造成环境污染。所以，了解金属腐蚀原因和采取有效措施进行防护是非常重要的。

根据金属周围介质不同及反应类型的不同，金属腐蚀可分为化学腐蚀和电化学腐蚀两类。

（1）化学腐蚀

金属与接触到的氧化性物质直接发生化学反应而引起的腐蚀称为化学腐蚀。所接触到的氧化性物质主要是一些干燥的气体，如 O_2、SO_2、Cl_2 等，也可以是非电解质液体。

例如，Fe 在高温下与 O_2 或 Cl_2 的反应，就属于这类腐蚀。

$$4Fe + 3O_2 \xrightarrow{\text{高温}} 2Fe_2O_3$$
$$2Fe + 3Cl_2 \xrightarrow{\text{高温}} 2FeCl_3$$

（2）电化学腐性

不纯的金属或合金，接触到电解质溶液，发生原电池反应而产生腐蚀，称为电化学腐蚀。在原电池中，由于金属或合金中的杂质的电极电势往往大于金属的，所以金属是作为原电池的负极被腐蚀。

<hr>

演示实验8-4

在一盛有稀硫酸的试管中，加入一小块化学纯的金属锌，观察锌表面产生氢气的现象；再用一根铜丝与锌表面接触，或取另一块附有铜丝的锌块加入同样的稀硫酸溶液中，继续观察在锌表面产生氢气的现象。

实验报告：

实验材料	实验现象	思考后得出结论
化学纯的金属锌		
铜丝与锌表面接触		

<hr>

从实验可以看出，纯锌与稀硫酸的反应很慢，但放入铜丝并与锌接触后或附有铜丝的锌块表面产生大量气泡。这说明，Zn、Fe 等中等活泼性的金属，不含杂质时较难被腐蚀，含有杂质时，相当于形成了原电池，因而很容易被腐蚀。例如，钢铁中含有杂质碳、硅等，并且能导电，在潮湿的空气中，金属表面形成一层水膜，水膜又吸收空气中的酸性气体或氧气，产生了电解质溶液介质，铁和其中的杂质形成无数的微小原电池，使铁很容易被腐蚀。钢铁的电化学腐蚀原理如图8-4所示。

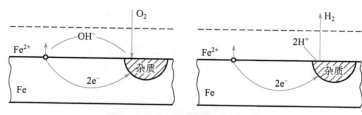

图8-4　钢铁的电化学腐蚀原理

铁充当原电池的负极，发生氧化反应，被腐蚀，而杂质充当正极，发生还原反应。其电化学腐蚀反应如下：

当水膜内存在酸性成分时：

负极（铁）

$$2Fe-2e \longrightarrow Fe^{2+}$$
$$Fe^{2+} + 2OH^- \longrightarrow Fe(OH)_2 \downarrow$$

正极（杂质）

$$2H^+ + 2e \longrightarrow H_2$$

总反应

$$Fe + 2H_2O \longrightarrow Fe(OH)_2 \downarrow + H_2 \uparrow$$

当水膜近中性，且吸收O_2时（多数情况下，铁腐蚀是如此）：

负极（铁）

$$2Fe-4e \longrightarrow 2Fe^{2+}$$

正极（杂质）

$$O_2 + 2H_2O + 4e \longrightarrow 4OH^-$$

总反应

$$2Fe + O_2 + 2H_2O \longrightarrow 2Fe(OH)_2 \downarrow$$

生成的$Fe(OH)_2$再继续被氧化成$Fe(OH)_3$，$Fe(OH)_3$部分脱水生成红褐色的$FeO_3 \cdot xH_2O$，即铁锈。

金属的腐蚀是一个复杂的过程，腐蚀的速率、腐蚀的程度与很多因素有关，如金属本身的性质、所处的介质成分等。一般，金属腐蚀是化学和电化学腐蚀共同作用的结果，但电化学腐蚀更普遍，腐蚀速率和腐蚀的程度也更大。

8.4.2 金属的防护

金属的防护是从金属和介质两方面考虑的，可采取以下方法。

① 制成耐腐蚀的合金：例如在钢铁中加入某些金属（如Cr、Mn、Ti、Ni）或非金属制成合金，可以大大提高金属的抗腐蚀能力。

② 隔离法：即在要防护的金属表面涂盖一层保护涂层，使金属与周围介质隔离。例如在金属表面涂油脂、油漆、沥青或覆盖搪瓷、橡胶，喷镀塑料或电镀其他金属等方法进行防护。

③ 化学处理法：采用化学处理方法，使金属表面形成一层钝化保护层的方法叫化学处理法。常见的有钢铁发蓝和钢铁磷化法。

④ 电化学防护法：金属及其制品长期接触电解质溶液时，常采用电化学保护法。根据金属电化学腐蚀原理，利用原电池正极不受腐蚀的原理，可采用强制方法使被保护金属作正极的方法。

此外还可以对腐蚀介质作处理，如加入缓蚀剂的方法可对金属起防护作用。总之，金属腐蚀的防护是多种多样的，需视不同情况，采取合适的科学的方法。

 阅读材料

化学电源的现状与发展

化学电源是一种直接把化学能转变成低压直流电能的装置，这种装置实际上是一个小的直流发电器或能量转换器。在现代化的国民经济的各个部门中使用着各种各样的化学电源，化学电源已经成为国民经济中不可缺少的一个重要组成部分。化学电源具有以下特点：便于携带、使用简便；电池的容量、电流、电压可以在相当的范围内变动；可以制成任意的形状和大小；能经受各种环境的考验（如冲击、震动、旋转、高温、低温等）而保证电能的正常输出；能换效率高，无噪声。正因为化学电源有众多的优点，因此被广泛使用于工业、农业、交通运输业、通讯、文化教育等领域。

一、化学电源发展简史

1. 回顾历史

1800年伏打根据伽伐尼（Galvani）于1786年提出的关于用两种不同金属接触青蛙肌肉时能够产生电流的所谓电学说研制成了伏打电池，这是世界上第一个能够实际应用的电池，并用它进行了许多电学有关的研究工作，并发现了一些基本定律，如欧姆定律、法拉第定律等。

1859年法国的科学家普兰特（Plante）发明了铅酸蓄电池，这是世界上第一个可充电的电池；1869年法国的科学家勒克兰社（Leclanche）研制成功了锌锰干电池；1889～1901年间瑞士的扬格纳（Jungner）和美国的爱迪生（Edison）先后研究成功了镉镍电池和铁镍蓄电池；在第一次世界大战期间，中性锌-空气电池被研制成功；1943年法国安德烈（Andre）发明了锌-银电池；1947年美国的茹宾（Ruben）研制成功了锌汞电池。在20世纪80年代出现了较高比能量并能大电流工作的小型镍金属氢化物（Ni/MH）蓄电池，20世纪90年代又出现了更高比能量的锂离子蓄电池及有实用前景的聚合物电解质膜（PEM）燃料电池。这些新型绿色小型蓄电池的出现，使现代化便携式电子信息产品电源的质量和体积明显减小。输出功率明显提高，大大促进了电子产品的发展。以上这些电池在实际运用过程中都经历了无数次从结构、工艺、材料方面的改进，使电池性能较以前有大幅度的提高。

2. 电池的发展随着便携机器的发展而发展

随着便携机器的日益丰富，电池逐渐成为人们关心的电子产品。由于需求的扩大，使电池发展成为一个新兴的产业。电池技术也因此而得以飞速发展。从1986年锂二次电池问世，1990年Ni/MH电池投放市场，1991年锂离子二次电池参与市场竞争，到1997年聚合物锂离子电池批量生产，十几年的时间内，电池行业已聚集了巨大的财富。难怪美国的科学家曾评述：未来10年最赚钱的10种科技产品中有两项与电池有关，一项是高密度电源，另一项为混合动力汽车。

二、化学电源的种类

1. 锌-二氧化锰电池

锌-二氧化锰电池（简称锌锰电池）采用二氧化锰作正极，锌作负极，氯化铵和氯化锌的水溶液作电解质溶液，面糊粉或浆层纸作隔离层。锌锰电池的电解质溶液通常制成凝胶状或被吸附在其他载体上，而呈不流动状态，所以又称"干电池"。

2. 铅酸电池

铅酸电池的正、负电极分别为二氧化铅和铅，硫酸为电解液。铅酸电池是目前世界上被广泛使用的一种动力电源，有如下的特点：制造工艺简单，价格低廉；电压平稳，安全性好；维护简便甚至可以免维护；适用范围广，原材料丰富；自放电低，一般充电后搁置4个月容量损失不超过10%；功率特性良好，回收技术成熟。

3. 锂离子电池

锂离子电池是由碳作负极、嵌锂的金属氧化物作正极和非水电解质构成，正、负极均采用可供锂离子自由脱嵌的活性物质。充电时Li^+从正极脱出，嵌入负极；放电时Li^+则从负极脱出，嵌入正极。锂离子电池以$LiMnO_2$、$LiCoO_2$等为正极材料，石墨为负极材料。

4. 镉镍电池

袋式镉镍电池的主要优点是结构坚固、寿命长、荷电保持能力好、可靠性高、耐滥用，而且价格也是镉镍电池中最低的一类。其主要缺点是比能量低，约20W·h/kg，电池成本高于铅酸蓄电池。袋式镉镍电池容量范围宽，它有着广泛的用途，20世纪60年代以前主要是军用，70年代后转向民用，特别适合对体积要求不高及固定使用场所的情况。

5. 镍氢电池

镍氢电池于1988年进入实用化阶段，1990年在日本开始规模生产，此后产量成倍增加。发展方向在小型二次电池领域，Ni/MH电池在市场竞争中面临镉镍电池和锂离子电池两面夹击。为了与锂离子电池竞争，Ni/MH电池正在向高容量化方向发展。

三、化学电源的发展方向

1. 未来小型电池的前景十分乐观

据有关统计，2003年美国人均年耗电池21只，日本人均16只，欧洲人均11只，我国人均6只，而拉丁美洲人均不到3只。随着科技日益发展，生活水平提高，将有多种形式的电器进入千家万户，这将促进小型电池的大量发展，人均将增加0.5～4只不等，即需增产电池数十亿只，电池前景十分乐观。

2. 大型电池和中型电池的前景十分诱人

由于人类环境意识的增强及石油的短缺，未来的汽车势必采用电动汽车。当前汽车所用的电池，只作为起动、点火、照明用电源，需用量已在2亿只以上。如果作为汽车动力用途，至少每辆车用8只以上，将形成供不应求的局面，前景十分诱人。

总之，由于电子技术、通信事业、信息产业的飞速发展及国际上对环境和资源保护的日益重视，促使化学电源产品向高容量、高性能、低消耗、无公害、体积小和质量小的方向发展。小型二次高能电池朝着这个方向飞速前进，将成为21世纪世界科技中一颗璀璨的明珠。

习题与思考

1. 填空题

（1）原电池是把_____能转化为_____的装置。在原电池工作时，正极发生_____反应，负极发生_____反应。其中盐桥的作用是_____。

（2）在原电池反应中，活泼金属作_____，活泼性较弱的金属或非金属作____极。

（3）在反应式 $MnO_4^- + 8H^+ + 5e \longrightarrow Mn^{2+} + 4H_2O$ 中，氧化态物质是_____，还原态物质是_____，该氧化还原电对可表示为_____。

（4）标准电极电势是指温度为_____，与电极有关的离子浓度为_____，有关气体的压力为_____的标准状态下，该电极与标准氢电极的电势之差。

（5）标准氢电极的电极电势值为_____，其他电对的标准电势值低于标准氢电极的电极电势时，则其值_____，高于时，其值_____。

（6）标准电极电势的值越高，说明_____态的_____能力越强；其值越低，则_____

态的_____能力越强。

（7）已知，$\varphi^{\ominus}(Mg^{2+}/Mg) = -2.37V$，$\varphi^{\ominus}(Pb^{2+}/Pb) = -0.126V$，则在 Mg^{2+}、Mg、Pb^{2+}、Pb 中，氧化能力最强的是_____，还原能力最强的是_____。

（8）表示原电池的符号叫原电池的表达式。电池表达式中，"(−)"表示_____，常写在_____边。"（＋）"表示_____，常写在_____边。"∣"表示_____，"∥"表示_____。如果电极反应中无金属导体，常用惰性电极_____。

2．由下列氧化还原反应各组成一个原电池，并用原电池表达式表示出来。

（1）$Mg + NiCl_2 \longrightarrow MgCl_2 + Ni$

（2）$Cu + 2AgNO_3 \longrightarrow Cu(NO_3)_2 + 2Ag$

（3）$Fe + H_2SO_4 \longrightarrow FeSO_4 + H_2 \uparrow$

（4）$2HgCl_2 + SnCl_2 \longrightarrow Hg_2Cl_2 + SnCl_4$

3．科学探究：设计一套电解饱和食盐水的装置并进行实验。

实验八 电化学基础

一、实验目的

1．掌握电极电势及其应用，氧化还原反应与电极电势的关系；

2．熟悉原电池的工作原理，了解电解原理和电解产物的判断。

二、实验仪器与试剂

伏特计、电解槽（U 形玻璃管）、铜片、锌片、碳棒、盐桥。

KI（0.1mol/L）、$FeCl_3$（0.1mol/L）、KBr（0.1mol/L）、$Pb(NO_3)_2$（0.5mol/L）、$CuSO_4$（0.5mol/L，1mol/L）、$ZnSO_4$（0.5 mol/L，1mol/L）、Na_2SO_4（0.5mol/L）、$(NH_4)_2Fe(SO_4)_2 \cdot 6H_2O$（固）、饱和 NaCl 溶液、溴水、碘水、锌粒、铅粒、CCl_4、酚酞试液、淀粉试液。

三、实验内容与步骤

1．结合电极电势进行氧化剂、还原剂的相对强弱比较

（1）在试管中加入 0.1mol/L KI 的溶液，再加几滴 0.1mol/L $FeCl_3$ 溶液，振荡，观察现象；再加入 1mL CCl_4，充分振荡，观察 CCl_4 层颜色和水层颜色的变化情况。写出化学反应方程式。

用 0.1mol/L KBr 溶液代替 KI 溶液进行上述实验，观察反应是否进行？试说明原因。

（2）在两支试管中各加少许 $(NH_4)_2Fe(SO_4)_2 \cdot 6H_2O$ 晶体，用适量水溶解，在其中一支试管中加 2 滴溴水（不宜多加），另一支试管中加 2 滴碘水，再各加 1mL CCl_4，充分振荡，观察 CCl_4 层的颜色，判断反应是否进行。写出化学反应方程式。

根据实验（1）和实验（2）的结果，比较 Br_2/Br，I_2/I，Fe^{3+}/Fe^{2+} 三个电对电极电势的相对大小。

（3）在两支试管中各加一粒擦净表面的锌粒，在其中一支试管中加入1mL 0.5mol/L Pb(NO$_3$)$_2$溶液，另一支试管中加入1mL 0.5mol/L CuSO$_4$溶液，观察现象。写出化学反应方程式。

（4）在两支试管中各加入一擦净表面的铅粒，在其中一支试管中加入1mL 0.5mol/L ZnSO$_4$溶液，另一支试管中加入1mL 0.5mol/L CuSO$_4$溶液，观察现象。写出化学反应方程式。

根据实验（3）和实验（4）的结果，排出Pb^{2+}/Pb，Zn^{2+}/Zn，Cu^{2+}/Cu三个电对电极电势的相对高低。

2．铜、锌原电池

在两个100mL烧杯中，分别加入30～50mL 1.0mol/L CuSO$_4$溶液和30～50mL 1.0mol/L ZnSO$_4$溶液，两烧杯用盐桥连接。将一铜片置于CuSO$_4$溶液中，将一锌片置于ZnSO$_4$溶液中，分别作为正极和负极。用导线将铜片通过开关与伏特计正极相连，锌片与负极相连。闭合或开启开关，观察伏特计指针或读数，并做记录。

3．电解饱和食盐水溶液

按图8-5组装电解槽。然后在阳极附近的液面滴1滴淀粉试液和1滴0.1mol/L KI溶液；阴极附近液面滴1滴酚酞试液。接通电源，观察现象。写出有关反应方程式。

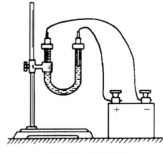

图8-5　电解槽

四、思考与提示

1．如何判断氧化还原反应进行的方向？

2．原电池的正极和电解池的阳极以及原电池负极与电解池的阴极发生的反应本质上是否相同？

3．电解硫酸钠溶液时，阴极会析出钠吗？

4．如果一直流电源失去了正、负极的标记，是否有简单的化学方法判断出正、负极？

9 配合物

学习目标

1. 掌握配合物的有关概念和命名；
2. 了解配位平衡的原理；
3. 了解配合物的应用及内配物（螯合物）的概念。

配位化合物简称配合物，早期也称为络合物，它是一类组成复杂、用途极为广泛的化合物。历史上有记载的人类发现的第一种配合物就是人们所熟悉的亚铁氰化铁 $Fe_4[Fe(CN)_6]_3$（普鲁士蓝），它是普鲁士人狄斯巴赫（Diesbach）于1704年在染坊中将兽皮、兽血同碳酸钠煮沸而得到的一种蓝色染料。

元素周期表中绝大多数金属元素都能形成配合物。配合物被广泛应用于分析化学、配位催化、冶金工业、生物医药、临床检验、环境检测等领域。

9.1 配合物的基本概念

9.1.1 配合物的概念

（1）配合物

在我们身边存在着形形色色的配合物，比如血液中的血红素就是亚铁离子形成的配合物，植物中的叶绿素是镁离子形成的配合物，另外，绚丽多彩的各色宝石，以及各种颜色的颜料都是配合物，图9-1给出的就是一类以 Co^{3+} 形成的配合物颜料。

从左到右： 黄色(yellow)　　　　$[Co(NH_3)_6]^{3+}$
　　　　　　橙色(orange)　　　　$[Co(NH_3)_5NCS]^{2+}$
　　　　　　红色(red)　　　　　 $[Co(NH_3)_5H_2O]^{3+}$
　　　　　　紫色(purple)　　　　$[Co(NH_3)_5Cl]^{2+}$
　　　　　　绿色(green)　　　　 $[Co(NH_3)_4Cl_2]^+$

图9-1　Co³⁺形成的配合物颜料

演示实验9-1

　　取三支试管分别加入2mL 0.2mol/L CuSO₄溶液。在第一支试管中，滴加5滴1.0mol/L NaOH溶液；在第二支试管中，滴加5滴0.2mol/L BaCl₂溶液；在第三支试管中，先滴加适量（2～5滴）的2mol/L NH₃·H₂O溶液，然后继续滴加5～10滴NH₃·H₂O溶液，观察三支试管中的现象。

　　实验报告：

试　管	实验现象	思考后得出结论
第一支试管		
第二支试管		
第三支试管		

实验现象如下：

第一支试管中出现蓝色$Cu(OH)_2$沉淀。这表明溶液中有Cu^{2+}存在。

$$CuSO_4 + 2NaOH === Cu(OH)_2 \downarrow + Na_2SO_4$$

第二支试管中出现白色$BaSO_4$沉淀。这表明溶液中有SO_4^{2-}存在。

$$CuSO_4 + BaCl_2 === BaSO_4 \downarrow + CuCl_2$$

第三支试管中先出现浅蓝色碱式硫酸铜$Cu_2(OH)_2SO_4$沉淀。

$$2CuSO_4 + 2NH_3 \cdot H_2O === Cu_2(OH)_2SO_4 \downarrow + (NH_4)_2SO_4$$

继续滴加$NH_3 \cdot H_2O$，浅蓝色沉淀消失，变成深蓝色溶液。

 思考

这种深蓝色溶液是什么？溶液中是否还有Cu^{2+}存在？

演示实验9-2

　　取一支试管加入4mL 0.2mol/L CuSO₄溶液，滴加2mol/L NH₃·H₂O溶液，直到溶液变成深蓝色，然后将溶液分成三份，分别装在三支试管里，在第一支试管中，滴加5滴1.0mol/L NaOH溶液；在第二支试管中，滴加5滴0.2mol/L BaCl₂溶液；在第三支试管中，用pH试纸检测pH；观察前面两支试管中的现象，记录第三支试管中的溶液pH。

实验报告：

试 管	实验现象	思考后得出结论
第一支试管		
第二支试管		
第三支试管		

实验现象如下：

第一支试管中没有出现蓝色 $Cu(OH)_2$ 沉淀，这表明溶液中几乎没有 Cu^{2+} 存在。

第二支试管中出现白色 $BaSO_4$ 沉淀，这表明溶液中仍有 SO_4^{2-} 存在。

第三支试管，用 pH 试纸测得 pH = 7，说明溶液中无明显 $NH_3 \cdot H_2O$。

由以上实验事实可以推知，深蓝色溶液中，存在简单 SO_4^{2-}，没有简单 Cu^{2+}，无明显 $NH_3 \cdot H_2O$，经过进一步元素含量分析，证实了在这种深蓝色的溶液中，生成了一种复杂的离子 $[Cu(NH_3)_4]^{2+}$ [四氨合铜（Ⅱ）] 配离子，它和带相反电荷的 SO_4^{2-} 结合而成 $[Cu(NH_3)_4]SO_4$ [硫酸四氨合铜（Ⅱ）]，其形成见图 9-2，反应式为：

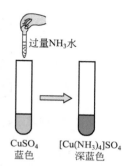

图9-2　硫酸四氨合铜（Ⅱ）的生成

$$CuSO_4 + 4NH_3 \cdot H_2O =\!\!=\!\!= [Cu(NH_3)_4]SO_4 + 4H_2O$$

这种由一个金属阳离子和一定数目的中性分子或阴离子通过配位键结合而成的复杂离子称为配离子。配离子与带相反电荷的其他离子所组成的化合物叫做配合物。

思考

配位键是共价键吗？与共价键有什么区别？

（2）配位键

配位键是一种特殊的共价键，并不是任意的两个原子相遇就能形成的。它要求成键的两个原子中一个原子（A）有孤对电子，另一个原子（B）有接受孤对电子的"空轨道"，这样两个原子间形成的共价键叫做配位键。配位键的表示方法为 A→B，其中 A 是提供电子对的原子，叫做电子对的给予体；B 是接受电子对的原子，叫做电子对的接受体。

现以铵离子（NH_4^+）为例，来说明配位键的形成。

铵离子（NH_4^+）是由氨分子(NH_3)与氢离子（H^+）结合而成的。NH_3 中的 N 有一对没有与其他原子共用的孤对电子；H^+ 是氢原子失去一个电子得到的，它具有一个空轨道。当 NH_3 分子与 H^+ 相遇时，它们一个提供一对孤对电子由两方共用，另一个提供容纳电子对的空轨道，通过配位键形成 NH_4^+，如图 9-3 所示。

$$H \overset{..}{\underset{..}{N}} H \; + \; H^+ \longrightarrow \left[H - \overset{H}{\underset{H}{N}} - H \right]^+$$

图9-3　NH_4^+ 形成示意图

9.1.2 配合物的组成及结构

配合物结构较为复杂，一般配合物是由配离子和带相反电荷的其他离子所组成的。

在配离子中，含有一个中心离子，在中心离子的周围结合着的几个中性分子或阴离子叫做配位体。中心离子和配位体共同构成了配离子（书写化学式时，用［］括起来表示）。由于两者相距较近，常称为配合物的内界。配合物中，除配离子外的其他离子，距离中心离子较远，常叫做配合物的外界。

下面以［$Cu(NH_3)_4$］SO_4［硫酸四氨合铜（Ⅱ）］为例，说明配合物的组成，并分别阐明中心离子、配位体、外界离子等概念。硫酸四氨合铜（Ⅱ）的结构示意图如图9-4所示。配合物的组成如图9-5所示。

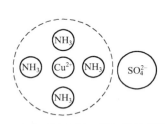

图9-4 硫酸四氨合铜（Ⅱ）结构示意图

图9-5 配合物的组成

（1）中心离子

中心离子是配合物的核心部分，是配合物的形成体，又叫做中心体，一般是带正电荷的阳离子，主要是过渡金属的阳离子，如Ag^+、Cu^{2+}、Zn^{2+}、Fe^{3+}、Fe^{2+}等。例如在$[Cu(NH_3)_4]SO_4$中，Cu^{2+}就叫做中心离子。

（2）配位体和配位数

配位体是一些中性分子或阴离子，紧靠在中心离子周围，并直接与中心离子通过配位键相结合。常见的配位体见表9-1，如NH_3、H_2O、I^-、CN^-、SCN^-等。在配合物中直接与中心离子相结合的原子叫做配位原子，与中心原子结合的配位原子的数目称为该中心离子的配位数，配位数一般为2、4、6。例如在$[Cu(NH_3)_4]SO_4$中，Cu^{2+}的配位数为4。

表9-1 常见的配位体

配位原子	配位体举例
卤素	F^-，Cl^-，Br^-，I^-
O	H_2O，$RCOO^-$，$C_2O_4^{2-}$（草酸根离子）
N	NH_3，NO（亚硝基），NH_2—CH_2—CH_2—NH_2（乙二胺）
C	CN^-（氰离子）
S	SCN^-（硫氰根离子）

每一种金属离子都有其特征的配位数，一些离子的常见配位数见表9-2。

（3）外界离子

外界离子是距离中心离子较远的带相反电荷的离子，构成了配合物的外界。通常外界离子是带正、负电荷的简单离子或原子团，如SO_4^{2-}、Cl^-、K^+、NH_4^+等。

表9-2　一些金属离子的常见配位数

配位数	金属阳离子
2	Ag^+，Cu^{2+}，Au^+
4	Zn^{2+}，Cu^{2+}，Hg^{2+}，Ni^{2+}，Co^{2+}，Pt^{2+}，Pd^{2+}，Ba^{2+}
6	Fe^{2+}，Fe^{3+}，Co^{2+}，Co^{3+}，Cr^{3+}，Pt^{4+}，Al^{3+}，Ca^{2+}

（4）配离子电荷

配离子带有电荷，配离子的电荷数是中心离子的电荷数和配位体电荷数的代数和。如 $[Fe(CN)_6]^{3-}$ 配离子中，中心离子 Fe^{3+} 带有3个单位的正电荷，配位体共6个 CN^- 离子，每一个配体带一个单位的负电荷，共6个单位的负电荷，配离子电荷计算如下：

$$[Fe(CN)_6]^{3-} 配离子的电荷数 = (+3) + (-1) \times 6 = -3$$

所以，$[Fe(CN)_6]^{3-}$ 配离子带3个单位负电荷。

如果配位体不是带负电荷的离子，而是中性分子，则配离子的电荷数就是中心离子的电荷数。在 $[Cu(NH_3)_4]^{2+}$ 中，由于配位体 NH_3 不带电荷，而 Cu^{2+} 带2个单位正电荷，计算如下：

$$[Cu(NH_3)_4]^{2+} 配离子的电荷数 = (+2) + 0 \times 4 = +2$$

所以，$[Cu(NH_3)_4]^{2+}$ 配离子带2个单位的正电荷。铜氨配离子结构如图9-6所示。

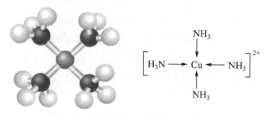

图9-6　四氨合铜（Ⅱ）离子（铜氨配离子）结构

9.1.3　配离子及配合物的命名

配合物的种类很多，范围也很广。通常配合物的命名与无机化合物的命名原则基本相同，所不同的在于配离子本身组成比较复杂，有它自身的一套命名方法。

（1）配离子的命名

配离子按以下顺序系统命名：

配位数（中文数字表示）→配位体→"合"→中心离子→化合价（罗马数字表示）。

有的配离子可以用简称表示，例如：

$[Cu(NH_3)_4]^{2+}$：四氨合铜（Ⅱ）离子，简称"铜氨配离子"；

$[Ag(NH_3)_2]^+$；二氨合银（Ⅰ）离子，简称"银氨配离子"；

$[Fe(CN)_6]^{3-}$：六氰合铁（Ⅲ）离子，简称"铁氰根配离子"；

$[Fe(CN)_6]^{4-}$：六氰合铁（Ⅱ）离子，简称"亚铁氰根配离子"。

（2）配合物的命名

配合物的命名与一般无机化合物的命名原则相同。通常是按配合物的分子式从后向前依次读出它们的名称。

① 若配离子为阳离子，配离子在前，外界离子在后，命名为"某化某"或"某酸某"。命名次序是：外界离子（或加"化"字）→配离子。

$[Cu(NH_3)_4]SO_4$：硫酸四氨合铜（Ⅱ）；

$[Ag(NH_3)_2]Cl$：氯化二氨合银（Ⅰ）；

$[Co(NH_3)_6]Cl_3$：三氯化六氨合钴（Ⅲ）。

② 若配离子为阴离子，外界离子在前，配离子在后，命名为"某酸某"。命名次序是：配离子→"酸"→外界离子。

$K_4[Fe(CN)_6]$：六氰合铁（Ⅱ）酸钾，俗称"黄血盐"（亚铁氰化钾）；

$K_3[Fe(CN)_6]$：六氰合铁（Ⅲ）酸钾，俗称"赤血盐"（铁氰化钾）。

9.2　螯合物

9.2.1　螯合物的基本概念

螯合物是配合物的一种类型，是每个配位体以2个或2个以上的配原子与同一个中心离子形成的具有稳定环状结构的配合物。其中配位体像螃蟹的螯钳一样钳牢中心离子，从而形象地称为螯合物（螯合即成环的意思）。能与中心离子形成螯合物的配位体叫做螯合剂。

氨羧类化合物是最常见的螯合剂，其中最典型的是乙二胺四乙酸及其盐，简写为EDTA。EDTA中2个氨基氮和4个羧基氧都可提供电子对，与中心离子结合成六配体，是5个五元环的螯合物。

下面以二乙二胺合铜（Ⅱ）配离子为例，来认识螯合剂。

乙二胺分子是一种有机化合物，每个分子上有2个氨基（—NH_2），其结构式为：

$$NH_2—CH_2—CH_2—NH_2$$

当乙二胺和铜离子配合时，每个乙二胺分子中的2个氨基的氮原子，各可提供一对未共用的电子，它们和中心离子配位。也就是说，每个乙二胺分子有2个配位原子，可以形成2个配位键。由于2个配位原子在分子中相隔2个其他原子，因此1个乙二胺分子和铜离子配合形成了1个由5个原子组成的环状结构。当有2个乙二胺分子和铜离子配合时，就形成了具有2个五元环所组成的稳定的配离子，其反应方程式如下：

在螯合物中，环数越多，稳定性越强，五元环（环上的原子数目为5）和六元环的稳定性最强。形成螯合物的配体大多数是有机物，常见的配位原子是N、O、S、P等。

9.2.2　螯合物的形成条件

螯合物的中心离子和螯合剂必须具备如下条件：

（1）中心离子必须具有空轨道。

（2）螯合剂必须含有2个或2个以上能提供孤对电子的原子。

（3）该2个原子必须相隔2个或3个其他原子，以便形成稳定的五元环或六元环。

9.2.3　常见螯合剂

除乙二胺外，氨基乙酸是另一种常见的螯合剂。当氨基乙酸与铜离子配合时，每分子氨基乙酸上氨基的氮原子和羧基的氧原子都可供出一对未共用的电子和中心离子配位，从而形成稳定的环状螯合物。此时，铜离子所带的正电荷和2个氨基乙酸分子羧基上所带的负电荷中和，形成了中性的配合分子，而不是配离子。氨基乙酸铜分子结构式，如图9-7所示。

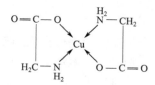

图9-7　氨基乙酸铜结构式

在实际应用上使用较多的螯合剂是乙二胺四乙酸（EDTA），是有机四元酸，这种既有氨基，又具有羧基的螯合剂叫做氨羧螯合剂。EDTA的结构式，如图9-8所示。

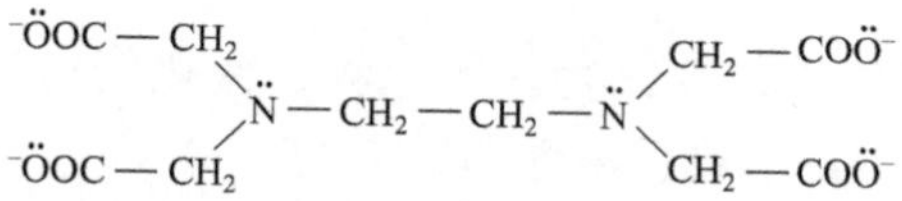

$$\text{}^-\text{OOC}-CH_2 \quad \quad CH_2-COO^-$$

图9-8　乙二胺四乙酸（EDTA）结构式

当EDTA与铜离子螯合时，每分子EDTA上2个氨基的氮原子和4个羧基上的氧原子都可以提供一对未共用的电子和中心离子配位，因此形成了由5个五元环组成的更为复杂的多环螯合物，其结构如图9-9所示。

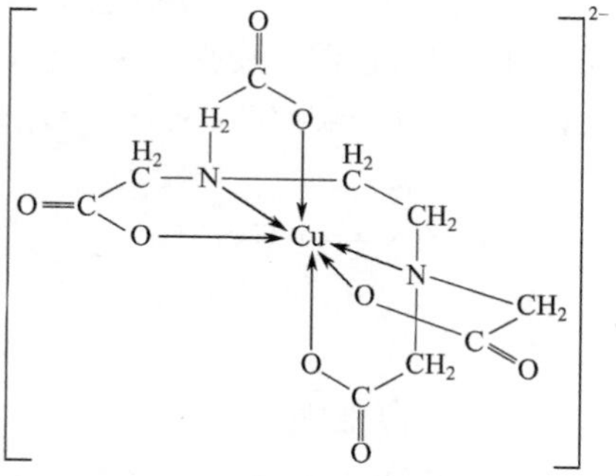

图9-9　乙二胺四乙酸铜离子螯合物的结构

螯合剂EDTA也可以简写为H_4Y，它在冷水中溶解度较小（室温时，每100g水，约溶解0.02g H_4Y）；不溶解于酸；仅能溶解于碱和氨水中，因此在使用上受到限制，不适合作分析用的滴定剂。在分析工作中，常使用EDTA的二钠盐Na_2H_2Y，它在水中溶解度比较大（室温时，每100g水溶解约11g Na_2H_2Y）。EDTA的二钠盐（习惯上也叫EDTA）用于配位滴定有以下优势。

（1）螯合能力强。除碱金属以外，能与几乎所有的金属离子形成稳定的螯合物。

（2）配位比简单。一般情况下都是按照1∶1的比例螯合的。

（3）形成的螯合物易溶于水。

9.3 配位平衡及应用

9.3.1 配合物的稳定性

配合物和一般的无机、有机化合物在性质上有很大的差异，这与配离子的特殊结构有着密切的关系。由于金属离子生成配合物以后，溶液中很少有游离的金属离子存在，因此配合物在溶液中的性质，主要取决于配离子的性质。

配合物具有如下的主要特征。

9.3.1.1 金属离子形成配离子时性质改变

当一个简单的化合物与配合剂反应生成配合物后，它的性质就会发生很大的变化。

（1）溶解度改变

一些难溶于水的金属氯化物、溴化物、碘化物、氰化物可以依次溶于过量的 Cl^-、Br^-、I^-、CN^- 等离子或 $NH_3 \cdot H_2O$ 中，形成可溶性的配合物。

例如，AgCl 是一种溶解度很小的固体，当在 AgCl 中加入 $NH_3 \cdot H_2O$ 时，可以生成可溶的 $[Ag(NH_3)_2]Cl$，水溶性大大增加，反应式为：

$$AgCl + 2NH_3 \cdot H_2O \Longrightarrow [Ag(NH_3)_2]Cl + 2H_2O$$

（难溶）　　　　　　　　　（易溶）

（2）颜色改变

通常有色金属离子与配位体形成配离子时，离子颜色加深。例如，在浅蓝色的 $CuSO_4$ 溶液中加入 $NH_3 \cdot H_2O$，生成 $[Cu(NH_3)_4]SO_4$ 后溶液变为深蓝色，反应方程式如下：

$$CuSO_4 + 4NH_3 \cdot H_2O \Longrightarrow [Cu(NH_3)_4]SO_4 + 4H_2O$$

（浅蓝色）　　　　　　　　　（深蓝色）

再如，

$$Fe^{3+} + 6CN^- \Longrightarrow [Fe(SCN)_6]^{3-}$$

（黄色）　　　　　　　　　（红色）

（3）电极电势改变

如图 9-10 所示，在铜锌原电池中测得电池电势为 1.0V，现在在硫酸铜溶液中加入氨水直至生成的沉淀溶解，可发现电表的读数变小，再往硫酸锌溶液中加入氨水，又可观察到电表读数增大。

由于形成配合物后，电极电势降低，使金属离子的氧化能力降低，金属的还原能力升高。

（4）酸碱性变化

在一元弱酸溶液中加入金属离子与弱酸根形

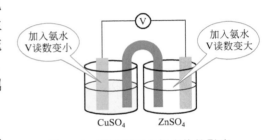

图 9-10 配离子对电极电势的影响

成配离子后，形成的配合酸成为强酸。

$$HCN(弱酸) + AgCN(s) \Longrightarrow H[Ag(CN)_2](强酸)$$

同样，在难溶金属氢氧化物中加入配位剂，则形成配合物后因释放出 OH^- 而使碱性加强。

$$Cu(OH)_2(弱碱) + 4NH_3 \Longrightarrow [Cu(NH_3)_4](OH)_2(强碱)$$
$$Zn(OH)_2(弱碱) + 4NH_3 \Longrightarrow [Zn(NH_3)_4](OH)_2(强碱)$$

9.3.1.2 配合物的稳定性

在配合物中，配离子与外界离子之间是以离子键的形式相结合的，在溶液中能完全电离。而在配离子中，中心离子和配位体是以配位键的形式相结合的，比较稳定，因此配合物在溶液中的性质主要决定于配离子的稳定性。配合物的稳定性，是指配离子在溶液中是否容易离解成组成它的中心离子和配位体。下面通过演示实验来认识一下。

演示实验9-3

取一支试管加入 2mL 0.2mol/L $CuSO_4$ 溶液，滴加 2mol/L $NH_3 \cdot H_2O$ 溶液，直到溶液变成深蓝色，然后将溶液均分在两支试管里，在第一支试管中，滴加 5 滴 1.0mol/L NaOH 溶液；在第二支试管中，滴加 5 滴 1.0mol/L Na_2S 溶液；观察两支试管中现象。

实验报告：

试管	实验现象	思考后得出结论
第一支试管		
第二支试管		

实验现象如下：

（1）第一支试管中无变化，没有天蓝色的 $Cu(OH)_2$ 沉淀生成。说明溶液中可能没有游离的 Cu^{2+} 存在。

（2）第二支试管中有黑色的 CuS 沉淀生成，说明溶液中有少量的 Cu^{2+} 存在。生成沉淀的原因是 CuS 的溶解度要大大低于 $Cu(OH)_2$ 的溶解度，更容易生成沉淀。

以上实验说明，铜氨配离子在溶液中还是可以微弱地离解出少量的游离 Cu^{2+}，存在着一个类似弱电解质电离的离解平衡，总离解式为：

$$[Cu(NH_3)_4]^{2+} \Longrightarrow Cu^{2+} + 4NH_3$$

9.3.2 配位平衡

在配位反应中，配离子的形成和离解处于相对平衡状态中，这种平衡叫做配位平衡。与弱电解质的电离平衡相似，在一定条件下，当配离子的生成和离解达到平衡时，也可以写出配离子的平衡常数表达。例如 $[Cu(NH_3)_4]^{2+}$ 离解时，平衡反应式为：

$$[Cu(NH_3)_4]^{2+} \Longrightarrow Cu^{2+} + 4NH_3$$

其平衡常数表达式为：

$$K_{不稳} = \frac{c(Cu^{2+})c^4(NH_3)}{c([Cu(NH_3)_4]^{2+})}$$

$K_{不稳}$ 叫做配离子的不稳定常数。这个常数越大，表示配离子越容易离解，即配离子越不稳定；反之，$K_{不稳}$越小，表示配离子越难离解，即配离子越稳定。

在实际工作中，除了用 $K_{不稳}$ 表示配离子的稳定性外，也常用稳定常数表示配离子的稳定性，如当 $[Cu(NH_3)_4]^{2+}$ 形成时，平衡反应式为

$$Cu^{2+} + 4NH_3 \rightleftharpoons [Cu(NH_3)_4]^{2+}$$

其平衡常数表达式为：

$$K_{稳} = \frac{c([Cu(NH_3)_4]^{2+})}{c(Cu^{2+})c^4(NH_3)}$$

$K_{稳}$ 常数叫做配离子的稳定常数，这个常数越大，说明其生成配离子的倾向越大，而离解的程度越小，即配离子越稳定。由此可见，稳定常数和不稳定常数互为倒数。

$$K_{稳} = \frac{1}{K_{不稳}}$$

稳定常数和不稳定常数在应用上十分重要，通常配合物的稳定常数都比较大，为了书写方便，我们常用它的对数值 $\lg K_{稳}$ 来表示。螯合物与一般的配合物相比，其特点之一就是稳定常数更大，因此螯合物更稳定。一些常见的 EDTA 金属螯合物 $\lg K_{稳}$ 值，如表 9-3 所示。

表 9-3　一些常见的 EDTA 金属螯合物 $\lg K_{稳}$ 值

中心离子	Na^+	Ba^{2+}	Mg^{2+}	Ca^{2+}	Mn^{2+}	Fe^{2+}	Zn^{2+}	Cd^{2+}	Pb^{2+}	Cu^{2+}	Cr^{3+}	Fe^{3+}
$\lg K_{稳}$	1.7	7.8	8.6	11	13.8	14.8	16.4	16.4	18.3	18.7	23	24.2

9.3.3　配位平衡的移动

（1）溶液 pH 的影响

pH 值较小时发生酸效应，例如：

$$[Fe(CN)_6]^{4-} \rightleftharpoons Fe^{2+} + 6CN^-$$

由于溶液呈酸性，使得 H^+ 会与 CN^- 结合成弱电解质 HCN。

$$H^+ + CN^- \rightleftharpoons HCN$$

这就减少了 CN^- 浓度，使得配位平衡向右移动，促使配离子 $[Fe(CN)_6]^{4-}$ 进一步离解成 Fe^{2+}。

pH 值较大时，金属离子存在不同程度的水解，即发生水解效应。

（2）配离子与沉淀之间的转化

若在 AgCl 沉淀中加入大量氨水，可使白色 AgCl 沉淀溶解生成无色透明的配离子 $[Ag(NH_3)_2]^+$。反之，若再向该溶液中加入 NaBr 溶液，立即出现淡黄色沉淀，反应如下：

前者因加入配位剂 NH_3 而使沉淀平衡转化为配位平衡，后者因加入较强的沉淀剂而使配位平衡转化为沉淀平衡。配离子稳定性越差，沉淀剂与中心离子形成沉淀的 K_{sp} 越小，配位平衡就越容易转化为沉淀平衡；配体的配位能力越强，沉淀的 K_{sp} 越大，就越容易使沉淀平

衡转化为配位平衡。

（3）配离子与配离子之间的转化

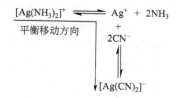

向一种配离子溶液中，加入另一种能与该中心离子形成更稳定配离子的配位剂时，原来的配位平衡将发生转化。配离子之间的转化，与配离子与沉淀之间的转化类似，反应向着生成更稳定的配离子的方向进行。

例如向银氨溶液中加入足量的 CN^- 后，将有如下的变化：

由于生成了更稳定的 $[Ag(CN)_2]^-$，这就破坏了 $[Ag(NH_3)_2]^+$ 的离解平衡，使 $[Ag(NH_3)_2]^+$ 不断地转化为 $[Ag(CN)_2]^-$。

9.3.4　配合物的应用

（1）在生物化学中的作用

配合物在生物化学中具有广泛和重要的作用。例如人体中的血红素就是典型的金属配合物，血红素的结构示意图见图9-11。氧以血红蛋白配合物的形式，被红细胞吸收，并担任输送氧的任务。某些分子或阴离子如 CO 和 CN^- 等，能与血红蛋白形成比血红蛋白-氧更为稳定的配合物，使血红蛋白中断输送氧，造成组织缺氧而中毒。这就是煤气（含 CO）及氰化物（含 CN^-）中毒的基本原理。

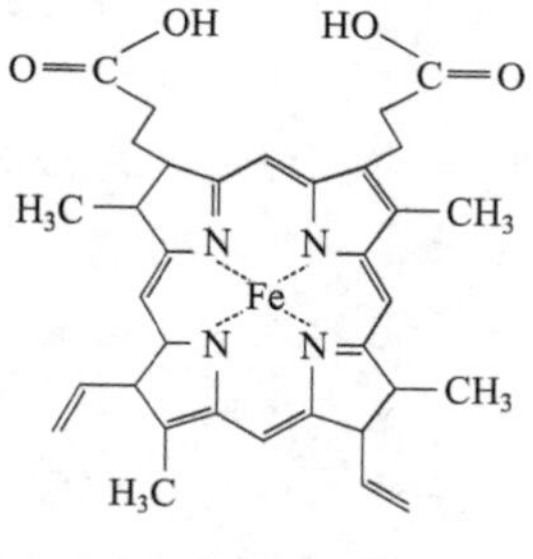

图9-11　血红素（Fe^{2+}）结构示意图

（2）在元素分离和分析中的应用

配位体作为试剂所参与的反应，几乎涉及分析化学的所有领域。利用元素与不同配位体形成的配合物，特别是形成螯合物后在性质上表现出的极大差异，达到对微量元素的分离和分析的目的。例如由于 EDTA 与金属离子的螯合反应进行迅速，所生成的螯合物性质又比较稳定、易溶解于水，所以在定量分析中，可以利用配合物的形成与相互转化的原理用 EDTA 作标准滴定溶液，通过铬黑 T 等指示剂在不同条件、不同组成下颜色的改变，测定水中硬度及盐中金属离子含量等。

同一种元素与不同配位体或同一种配位体与不同元素形成的配合物颜色经常会有差异。可以利用所形成的配合物其颜色上的差异，进行定性和定量分析。例如在定量分析中，配位体可以作为吸光光度法中的显色剂。由于在一定浓度范围内，溶液的颜色与金属离子的浓度成比例关系，通过吸光度的测定就可以计算出金属离子的浓度。

（3）在电镀工业中的应用

许多金属制件，经常使用电镀法镀上一层既耐腐蚀又美观的锌、铜、镍、铬、银等金属。为使金属镀层均匀、光亮、致密，必须控制电镀液中的上述金属离子以很小的浓度在作为阴极的金属制件上源源不断地放电沉积，这些金属离子的配合物可以达到此要求。由于配位体CN⁻能与大部分金属离子形成稳定的配离子，所以电镀工业中长期使用氰化物作为电镀液。但是含氰废电镀液有剧毒，对环境造成极大的污染。近年来人们根据配位化学的基本原理，已经逐步找到能够替代氰化物作为配合剂的新型电镀液，如焦磷酸盐、氨三乙酸盐等，无毒电镀新工艺也正在逐步建立。

除上述领域以外，配合物还在原子能、半导体、激光材料、太阳能储存等高科技领域和环境保护、印染、皮革鞣制、冶金等部门有着广泛的应用。

 阅读材料

超氧化物歧化酶SOD

超氧物歧化酶，简称SOD，是一种新型酶制剂，它在生物界的分布极广，几乎从动物到植物，甚至从人类到单细胞生物，都有它的存在。SOD是人体内的垃圾清道夫，是机体内氧自由基的头号杀手，体内的SOD活性越高，寿命就越长。

超氧化物歧化酶SOD就是一类配合物，按其所含金属中心离子不同可分为三种：第一种是含铜（Cu）、锌（Zn）的称Cu/Zn-SOD，是最为常见的一种酶，呈绿色，主要存在于机体细胞浆中；第二种是含锰（Mn）的称Mn-SOD，呈紫色，存在于真核细胞的线粒体和原核细胞内；第三种是含铁（Fe）称Fe-SOD，呈黄褐色，存在于原核细胞中。

国内外已把Cu-SOD加入化妆品中。经临床验证和长期使用表明，Cu-SOD作为化妆品的优质添加剂，能透过皮肤吸收，且可保存其活性，不仅有抗皱、祛斑、去色素等作用，还有抗炎、防晒、延缓皮肤衰老的作用。其作用机理是基于活性部位铜能清除体内自由基，比如可以清除氧自由基、过氧化脂质等。氧自由基会引起脂质过氧化，并与蛋白质交联，产生不溶性蛋白质，导致结缔组织中胶原蛋白的胶原变韧、长度缩短，使皮肤失去膨胀力即产生皱纹；而过氧化脂质在氧化酶的作用下能分解成丙二醛等物质，并与磷酸酰乙醇胺交联生成黄色色素，然后再与蛋白质、核酸等物质形成紫褐质即所谓老年斑。

 阅读材料

甘氨酸螯合物

甘氨酸螯合物有甘氨酸钠、甘氨酸镁、甘氨酸钙、甘氨酸锌等，其中甘氨酸钠是一种白色或微黄色粉状结晶，有吸湿性，易溶于水，水溶液显碱性，用于食品保鲜、洗涤剂、电镀液等。甘氨酸镁（螯合镁）是白色粉状物，极易溶于水，是一种新型补镁剂。

甘氨酸钙（螯合钙）是一种新型补钙剂，比葡萄糖酸钙等其他补钙剂更易于被人体吸收。它具有化学结构稳定、水溶性好、吸收率高的优点，可强化在奶制品（奶粉、牛奶、豆奶等）、谷物类保健品及其他食品中。甘氨酸钙是由两个甘氨酸和一个钙离子结合的螯合型物质，是短肽链，吸收不需要维生素D的配合，极易透过肠上皮细胞膜，直接通过人体肠道被吸收。另外，由于甘氨酸钙具有螯合型结构，非常稳定，在人体肠道内不易与食物中的草酸及植物酸等物质反应而被耗损，不会因此引起体内结石症，大大提高了人体对钙的利用率。

甘氨酸锌（螯合锌）由甘氨酸与氧化锌反应，经纯化、精制而得。甘氨酸锌是一种很好的食品锌强化剂，对婴儿及青少年的智力和身体发育有重要的作用，吸收效果比无机锌好。可以用作药用辅料，是锌营养强化剂。我国规定可用于婴幼儿食品，使用量为 25～70mg/kg（以锌计，下同）；在强化锌饮料、谷类及其制品中为 10～20mg/kg；在乳制品中为 30～60mg/kg。

习题与思考

1. 填空题

（1）$K_3[Fe(CN)_6]$ 的系统命名是_____，它是一种_____盐，其中_____是配离子的形成体，_____是配位体，配位数是_____，铁离子与氰根离子间是以_____相结合的。

（2）中心离子是配合物的_____，它位于配离子的_____，常见的中心离子是_____元素的离子。

（3）在配离子中与中心离子直接结合的_____数目叫_____的配位数。

（4）指出下列配离子的中心离子、配位体、配位数、配离子的电荷数及名称。

配离子	中心离子	配位体	配位数	配离子电荷数	名称
$[Cr(NH_3)_6]^{3+}$					
$[Co(H_2O)_6]^{2+}$					
$[Al(OH)_4]^-$					
$[Fe(SCN)_6]^{3-}$					
$[PtCl_6]^{2-}$					

2. 写出下列配合物的化学式

（1）六氨合锑（Ⅴ）酸铵　　　　　（2）四碘合汞（Ⅱ）酸钾

（3）铁氰化钾　　　　　　　　　　（4）银氨配离子

3. 用 $NH_3 \cdot H_2O$ 处理含 Ni^{2+} 和 Al^{3+} 的溶液。起先得到有色沉淀；继续加氨，用过量的碱溶液（如 NaOH 溶液）处理，得到澄清的溶液，如果往澄清溶液中慢慢地加入酸，则又形成白色沉淀，继续加酸则沉淀又分解，请解释这些现象。

4．趣味实验："橙汁"变清"水"

（1）在一支洁净的试管中，加入5mL稀释的氯化汞溶液，再将无色的碘化钾溶液逐滴加入试管，形成碘化汞。

由于碘化汞是橙色的，所以制得的液体就像橙汁一样。

（2）将碘化钾溶液继续逐滴加入试管，碘化汞就会成为无色的配合物，这样橙色的液体又变成了透明的液体。

注意：此实验必须在老师的指导下进行，整个操作应该在通风橱中进行。

实验九　配合物

一、实验目的

1．掌握配合物生成和配离子的稳定性；
2．了解配合物和复盐的区别；
3．掌握简单离子和配离子的区别。

二、实验仪器与试剂

试管、试管架、表面皿（大、小各1块）、烧杯（100mL）、石棉网、铁台架、铁圈、酒精灯。

$CuSO_4 \cdot 5H_2O$ 晶体、95%乙醇、$CuSO_4$（0.2mol/L）、$BaCl_2$（0.1mol/L）、NaOH（0.1mol/L，6mol/L）、$NH_3 \cdot H_2O$（6mol/L）、$AgNO_3$（0.1mol/L）、NaCl（0.1mol/L）、$NH_4Fe(SO_4)_2$（0.1mol/L）、KSCN（0.1mol/L）、$FeCl_3$（0.1mol/L）、$K_3[Fe(CN)_6)]$（0.1mol/L）、NH_4F（2mol/L）、$(NH_4)_2C_2O_4$（饱和）、$AgNO_3$（0.1mol/L）、NaCl（0.1mol/L）、KBr（0.1mol/L）、$Na_2S_2O_3$（0.1mol/L，饱和）、Na_2S（0.1mol/L）、CCl_4、红色石蕊试纸。

三、实验内容

1．配合物的生成和组成

（1）在试管中加入约0.5g $CuSO_4 \cdot 5H_2O$（s），加少许蒸馏水搅拌溶解，再逐滴加入6mol/L的氨水溶液，观察现象，继续滴加氨水至沉淀溶解而形成深蓝色溶液，然后加入2mL 95%乙醇，振荡试管，有何现象？静置2min，过滤，分出晶体。在滤纸上逐滴加入2mol/L $NH_3 \cdot H_2O$ 溶液使晶体溶解，在漏斗下端放另一支干净试管盛接此溶液，保留备用。写出相应化学反应方程式。

（2）将上述溶液分成2份，在一支试管中滴入2滴0.1mol/L $BaCl_2$ 溶液，另一支试管滴入2滴0.1mol/L NaOH溶液，观察现象，写出化学反应方程式。

另取两支试管，各加入5滴0.2mol/L $CuSO_4$ 溶液，然后分别向试管中滴入2滴0.1mol/L $BaCl_2$ 溶液和2滴0.1mol/L NaOH溶液，观察现象，写出化学反应方程式。

比较两个实验的结果，分析该配合物的内界和外界组成。

（3）在一支试管中，加入 0.1mol/L AgNO₃ 溶液 1mL，逐滴加入 6mol/L NH₃·H₂O，边滴边振荡，待生成的沉淀完全溶解后多加 NH₃·H₂O 1～2 滴，观察现象，写出化学反应方程式。然后在此溶液中滴入 2 滴 0.1mol/L NaCl 溶液，观察现象，并加以解释。

另取一支试管，加入 0.1mol/L AgNO₃ 溶液 1mL，滴入 2 滴 0.1mol/L NaCl 溶液，观察现象，写出化学反应方程式。

比较两个实验的结果，分析该配合物的内界和外界组成。

2. 配合物与简单化合物、复盐的区别

（1）在一支试管中加入 10 滴 0.1mol/L FeCl₃ 溶液，再滴加 2 滴 0.1mol/L KSCN 溶液，观察溶液呈何颜色？取 0.1mol/L FeCl₃ 溶液 1mL，加入 0.1mol/L KSCN 溶液 2 滴，观察现象。

（2）用 0.1mol/L K₃[Fe(CN)₆] 溶液代替 FeCl₃ 溶液，同（1）法进行实验，观察现象是否相同。

比较上面两个实验的结果，分析简单化合物和配合物的区别。

（3）取两支试管，各加入 5 滴 0.1mol/L NH₄Fe(SO₄)₂ 溶液，在第一支试管中，滴入 2 滴 0.1mol/L BaCl₂ 溶液，观察现象；在第二支试管中滴入 2 滴 0.1mol/L KSCN 溶液，观察现象；另取一块大的表面皿，在其中心滴加 5 滴 0.1mol/L NH₄Fe(SO₄)₂ 溶液，再加入 3 滴 6mol/L NaOH 溶液，混匀，在另一块较小的表面皿中心粘上一条润湿的红色石蕊试纸，把它盖在大的表面皿上做成气室，将此气室放在水浴上微热 2min，观察现象。

根据上述实验，说明配合物和复盐的区别。

3. 配位平衡及其移动

（1）配位平衡

在试管中加入 3mL 0.2mol/L CuSO₄ 溶液，逐滴加入 6mol/L 的氨水溶液，直至形成深蓝色溶液，然后均分在 3 支试管中，第一支试管中滴加 2 滴 0.1mol/L BaCl₂ 溶液，第二支试管中滴加 2 滴 0.1mol/L NaOH 溶液，第三支试管中滴加 2 滴 0.1mol/L Na₂S 溶液，观察这三支试管中的实验现象并进行解释。

（2）配合物的转化

在一支试管中，加入 10 滴 0.1mol/L FeCl₃ 溶液和 1 滴 0.1mol/L KSCN 溶液，观察溶液颜色。向其中滴加 2mol/L NH₄F 溶液，溶液颜色又如何？再滴入饱和 (NH₄)₂C₂O₄ 溶液，溶液颜色又怎样变化？简单解释上述现象。

（3）配位平衡与沉淀平衡

在一支离心试管中加入 2 滴 0.1mol/L AgNO₃ 溶液，按下列步骤进行实验。

① 逐滴加入 0.1mol/L NaCl 溶液至沉淀刚生成。

② 逐滴加入 6mol/L 氨水至沉淀恰好溶解。

③ 逐滴加入 0.1mol/L KBr 溶液至刚有沉淀生成。

④ 逐滴加入 0.1mol/L Na₂S₂O₃ 溶液，边滴边剧烈振摇至沉淀恰好溶解。

⑤ 逐滴加入 0.1mol/L KI 溶液至沉淀刚生成。

⑥ 逐滴加入饱和 Na₂S₂O₃ 溶液，至沉淀恰好溶解。

⑦ 逐滴加入 0.1mol/L Na₂S 溶液至沉淀刚生成。

比较几种沉淀的溶度积大小和几种配离子稳定常数大小讨论配位平衡与沉淀平衡的关系。

（4）配位平衡与氧化还原反应

取两支试管各加 5 滴 0.1mol/L FeCl₃ 溶液及 10 滴 CCl₄，然后往第一支试管滴入 2mol/L NH₄F

溶液至溶液变为无色，第二支试管中滴入几滴蒸馏水，摇匀后在两支试管中分别再滴入5滴0.1mol/L KI溶液，振荡后比较两试管中CCl_4层的颜色，解释现象。

4. 选做：趣味制"酒"（不能饮用）

（1）准备4只小烧杯、1只瓷杯、$FeCl_3$固体、浓$NH_3 \cdot H_2O$、1mol/L KSCN、硝基苯酚固体、浓HCl。在瓷杯内放入500mL蒸馏水、2滴浓$NH_3 \cdot H_2O$、20滴1mol/L KSCN。

（2）再在4只烧杯中分别加入4滴酚酞、几粒对硝基苯酚固体、几粒$FeCl_3$固体、10滴浓HCl。

（3）将瓷杯中的溶液均分在四只烧杯中分别得到"草莓苏打水"、"柠檬水"、"葡萄酒"、"清酒"。

想一想为什么？

四、思考与提示

1. 根据实验结果，阐述配合物的生成、组成和性质。
2. 根据实验结果，阐述配合物与复盐的区别。

综合实验

综合实验以化学品制备实验为主，对实验技术的要求较高，涉及的基本操作面也较广。通过综合实验，学生可以学会一些化学产品的制备方法，从中获得实验基本操作的训练。综合实验为学生进一步规范、熟练实验室操作，打下一定的技术基础。

综合实验一　硫酸亚铁铵的制备

一、实验目的

1. 了解复盐的制备方法；
2. 熟练掌握过滤、蒸发、结晶等基本操作；
3. 了解目测比色法检验产品质量的方法。

二、实验原理

铁溶于稀硫酸中生成硫酸亚铁。硫酸亚铁与等物质的量的硫酸铵在水溶液中相互作用，生成溶解度较小[1]的浅蓝绿色硫酸亚铁铵 [$FeSO_4 \cdot (NH_4)_2SO_4 \cdot 6H_2O$] 复盐晶体，反应式如下：

$$Fe + H_2SO_4 =\!=\!= FeSO_4 + H_2 \uparrow$$
$$FeSO_4 + (NH_4)_2SO_4 + 6H_2O =\!=\!= FeSO_4 \cdot (NH_4)_2SO_4 \cdot 6H_2O$$

在空气中亚铁盐通常易被氧化，但形成的复盐比较稳定不易被氧化。

三、实验仪器与试剂

托盘天平、布氏漏斗、吸滤瓶、比色管（25mL）、蒸发皿、表面皿、烧杯、石棉网、酒精灯。

HCl（2mol/L）、H_2SO_4（3mol/L），NaOH（2mol/L）、Na_2CO_3（1mol/L）、$BaCl_2$（1mol/L）、KSCN（1mol/L）、铁屑、硫酸铵（固体）、pH试纸，Fe^{3+}标准溶液[2][0.2g/L。在分析天平上准确称取$NH_4Fe(SO_4)_2 \cdot 12H_2O$（硫酸铁铵）1.7268g，用少量水溶解并加入5mL 3mol/L H_2SO_4，全部转移至1L的容量瓶中，用水稀释至刻度，摇匀]。

四、实验内容与步骤

1. 铁屑表面油污的去除

称取4g铁屑，放在小烧杯中，加入1mol/L Na_2CO_3溶液20mL，小火加热约10min，用倾泻法除去碱液，用水把铁屑冲洗干净，备用。

2. 硫酸亚铁的制备

在盛有4g铁屑的小烧杯中倒入30mL 3mol/L H_2SO_4，盖上表面皿，放在石棉网上用小火加热，使铁屑和H_2SO_4反应直至不再有气泡冒出为止（约需20min）。在加热过程中应随时加入少量水，以补充被蒸发的水分[3]。趁热减压过滤，滤液立即转移至蒸发皿中，此时溶液的pH值应在1左右。

3. 硫酸亚铁铵的制备

根据$FeSO_4$的理论产量，按照反应式计算所需固体硫酸铵的质量。在室温下将称出的$(NH_4)_2SO_4$配制成饱和溶液，加到上述制备得到的硫酸亚铁溶液中，混合均匀，并用3mol/L H_2SO_4溶液调节pH为1～2。用小火蒸发浓缩至表面出现晶体膜为止（蒸发过程中不宜搅动），放置使溶液慢慢冷却，硫酸亚铁铵即可结晶出来。用减压过滤法滤出晶体，把晶体用滤纸吸干。观察晶体的形状和颜色。称出质量并计算产率。

4. 产品检验

（1）试用实验方法证明产品中含有NH_4^+、Fe^{2+}和SO_4^{2-}。

（2）Fe^{3+}的限量分析。

① 标准溶液的配制　取1支25mL比色管，加入0.2g/L的Fe^{3+}标准溶液1mL，加2mol/L HCl 2mL和1mol/L KSCN溶液1mL，再加不含氧的蒸馏水（将蒸馏水煮沸约10min，除去其中溶解的氧，盖好，冷却后取用）至25mL刻度，摇匀。

② 检验溶液的配制　在托盘天平上称1g产品于25mL比色管中，用15mL不含氧的蒸馏水溶解后，加2mL 2mol/L HCl和1mL 1mol/L KSCN溶液，再加不含氧的蒸馏水至25mL刻度，摇匀。

将两只比色管并排置于白纸上，眼睛由比色管口向下注视，比较两管颜色的深浅[4]。检验溶液的颜色浅于标准溶液的颜色，则产品符合三级试剂的标准。

五、思考题

1. 铁屑表面的油污是怎样除去的？
2. 为什么要保持硫酸亚铁溶液和硫酸亚铁铵溶液有较强的酸性？
3. 怎样证明产品中含有NH_4^+、Fe^{2+}和SO_4^{2-}？

4．如何制取不含氧的蒸馏水？在 Fe^{3+} 的限量分析时，为什么一定用不含氧的蒸馏水？

注释：

［1］溶解度数据（100g H_2O 中）见综实表1-1。

综实表1-1　实验中涉及几种物质的溶解度数据（100g H_2O)

物　　质	273K	283 K	293 K	303 K	313 K	333 K	343 K	353 K
$(NH_4)_2SO_4$/g	70.6	73.0	75.4	78.0	81.0	88.0		95.3
$FeSO_4 \cdot 7H_2O$/g	32.89	45.17	62.11	82.73	110.27		266.0	
$FeSO_4 \cdot (NH_4)_2SO_4 \cdot 6H_2O$/g	26.35		41.31		62.26	92.49		139.48

［2］由实验员统一配制。

［3］可以防止 $FeSO_4$ 结晶出来。

［4］标准溶液和检验溶液应同时加入显色剂，并立即稀释至刻度，摇匀，进行比色。所用两只比色管应为质量、大小、形状相同的同一套比色管。

综合实验二　七水硫酸锌的制备

一、实验目的

1．掌握制备 $ZnSO_4 \cdot 7H_2O$ 的原理和方法；
2．熟练掌握过滤、洗涤、蒸发、结晶等基本操作。

二、实验原理

锌皮中的锌及杂质铁均能够溶解于稀 H_2SO_4 生成硫酸锌和硫酸亚铁。生成的 Fe^{2+} 可用硝酸氧化为 Fe^{3+}，用 NaOH 将溶液 pH 调至 8，使 $Fe(OH)_3$、$Zn(OH)_2$ 沉淀完全。沉淀过滤洗净后，用稀 H_2SO_4 控制 pH ＝ 4 溶解 $Zn(OH)_2$，而 $Fe(OH)_3$ 不溶解，过滤除去。将滤液蒸发，结晶得到 $ZnSO_4 \cdot 7H_2O$。反应式为：

$$Zn + H_2SO_4(稀) =\!=\!= ZnSO_4 + H_2 \uparrow$$
$$Fe + H_2SO_4(稀) =\!=\!= FeSO_4 + H_2 \uparrow$$
$$3Fe^{2+} + NO_3^- + 4H^+ =\!=\!= 3Fe^{3+} + 2H_2O + NO \uparrow$$
$$Fe^{3+} + 3OH^- =\!=\!= Fe(OH)_3 \downarrow$$
$$Zn^{2+} + 2OH^- =\!=\!= Zn(OH)_2 \downarrow$$
$$Zn(OH)_2 + H_2SO_4(稀) =\!=\!= ZnSO_4 + 2H_2O$$

三、实验仪器与试剂

托盘天平、布氏漏斗、抽滤装置、比色管、水浴、蒸发皿、烧杯。

浓 H_2SO_4、H_2SO_4（12mol/L）、浓 HNO_3、HNO_3（3mol/L）、HCl（3mol/L）、NaOH（3mol/L）、$AgNO_3$（0.1mol/L）、KSCN（1mol/L）、$FeSO_4 \cdot 7H_2O$（固）、pH试纸、废电池锌皮。

四、实验内容与步骤

1．废电池锌皮的处理及溶解

废电池的锌皮上常粘有 $ZnCl_2$、NH_4Cl、MnO_2 及沥青、石蜡等。在用酸溶解前，先在水中煮沸30min，再刷洗，以除去上述杂质。

称取7g处理干净的锌皮，剪碎，放入250mL的烧杯中，加入60mL 12mol/L H_2SO_4，微微加热使反应进行，反应开始后停止加热，放置过夜。过滤，以500mL烧杯接收滤液。将滤纸上的不溶物干燥后称重，计算实际溶解锌的质量。

2．$Zn(OH)_2$ 的生成和洗涤

将上面滤液加热，加3滴浓 HNO_3，搅拌，使 Fe^{2+} 被氧化为 Fe^{3+}。稍冷，在不断搅拌下逐滴加入3mol/L NaOH溶液，并不断搅拌，直至pH为8，使 Zn^{2+} 沉淀完全。加100mL蒸馏水，搅匀，抽滤，再用蒸馏水洗涤沉淀，至洗涤液中不含 Cl^- 为止。弃去滤液。

3．溶解 $Zn(OH)_2$ 及除去铁杂质

将洗净的 $Zn(OH)_2$ 沉淀放入一洗净的烧杯中，逐滴加入2mol/L H_2SO_4，并加热搅拌，控制pH＝4。加热煮沸使 Fe^{3+} 完全水解为 $Fe(OH)_3$ 沉淀，趁热过滤，用 $10 \sim 15$mL蒸馏水洗涤沉淀，将洗涤液并入滤液，弃去沉淀。

4．蒸发结晶

将上面除去 $Fe(OH)_3$ 沉淀的滤液移入蒸发皿中，加入几滴2mol/L H_2SO_4，使pH＝2。在水浴上浓缩至液面出现晶膜。自然冷却后抽滤，晾干，称重，计算产率。

5．产品检验

检验所得 $ZnSO_4 \cdot 7H_2O$ 产品中杂质项目的 Cl^-、Fe^{3+}、NO_3^- 是否符合试剂三级品要求。

称取1.0g $ZnSO_4 \cdot 7H_2O$（三级），溶于12mL蒸馏水中，均分装在3支比色管中。比色管编号（Ⅰ）。

称取1.0g所制得的 $ZnSO_4 \cdot 7H_2O$，溶于12mL蒸馏水中，均分装在3支比色管中。比色管编号（Ⅱ）。

（1）Cl^- 的检验：在上面两组比色管中各取1支，然后各加入2滴0.1mol/L $AgNO_3$ 和1滴3mol/L HNO_3，用蒸馏水稀释至25mL刻度，摇匀，进行比较。

（2）Fe^{3+} 的检验：在上面两组比色管中各取1支，各加入3滴3mol/L HCl和2滴1mol/L KSCN溶液，用蒸馏水稀释至25mL刻度，摇匀，进行比较。

（3）NO_3^- 的检验：在上面两组各剩下的1支比色管中，各加入固体 $FeSO_4 \cdot 7H_2O$ 少许，斜持比色管，沿管壁慢慢滴入2mL浓 H_2SO_4，比较形成的棕色环。

根据上面3次比较的结果，评定产品的杂质 Cl^-、NO_3^-、Fe_3^+ 的含量是否合格。

∴ 综合实验三　硫酸铜晶体的制取和结晶水含量的测定 ∴

一、实验目的

1．掌握称量、溶解、过滤、蒸发、结晶和干燥的基本操作；

2．了解制取晶体和用重结晶法提纯晶体的过程；

3．了解测定晶体里结晶水含量的方法；了解灼烧的技能。

二、实验仪器与试剂

托盘天平、烧杯、量筒、漏斗、玻璃棒、铁架台、石棉网、表面皿、瓷坩埚、坩埚钳、干燥器、酒精灯及滤纸。

氧化铜固体、硫酸（12mol/L）、蒸馏水。

三、实验原理

用硫酸与氧化铜发生反应可以制取硫酸铜晶体。

$$CuO + H_2SO_4 \longrightarrow CuSO_4 + H_2O$$

四、实验内容与步骤

1．制取硫酸铜晶体

（1）制成饱和硫酸铜溶液：用量筒量取10mL 12mol/L硫酸，倒入蒸发皿中，加热到将要沸腾时，用药匙慢慢地撒入氧化铜粉末，一直到氧化铜不能再反应为止。同时用玻璃棒不断地搅拌溶液。

（2）过滤：待氧化铜溶解完全，停止加热。蒸发皿冷却后，倒入用量筒量取的10mL蒸馏水，用玻璃棒搅拌溶液，使其混合均匀，然后将溶液倾入到事先组装好过滤器的漏斗中，用一个小烧杯接滤液，如综实图3-1所示。

（3）蒸发和结晶：将滤液倒入洁净的蒸发皿中加热，用玻璃棒搅拌溶液，待硫酸铜晶体刚一析出，就停止加热。待冷却后，析出硫酸铜晶体，如综实图3-2所示。

（4）干燥：小心倾倒出蒸发皿内的母液（回收），用药匙将晶体取出放在表面皿上，用滤纸吸干晶体表面的水分（待用）。

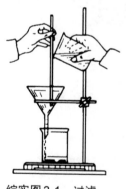

综实图3-1　过滤

综实图3-2　蒸发和结晶

2．重结晶法提纯硫酸铜晶体

为了得到纯度更高的晶体，可以将结晶出来的晶体重新溶解在蒸馏水里，加热，制成饱和溶液，待冷却后，使它再一次结晶，杂质留在母液里。这就是重结晶或再结晶。

（1）称量和溶解：用托盘天平称取上面制得的硫酸铜晶体5g，放在洁净的小烧杯中，再用量筒量取10mL蒸馏水倒入烧杯，并加热，使硫酸铜完全溶解。

（2）过滤：趁热把溶液倾入事先组装好的过滤器的漏斗中，用一个小烧杯接滤液。

（3）蒸发：把烧杯放在石棉网上加热，蒸去1/3体积的溶液。

（4）结晶：把烧杯浸到冷水里，溶液中即有硫酸铜晶体析出。

（5）干燥：小心倾倒出烧杯内的母液（回收），用药匙把晶体取出放在表面皿上，用滤纸吸收晶体表面的水，再把晶体放在两层滤纸上，用玻璃棒铺开，上面再盖一张滤纸，用手指轻轻挤压，以吸去晶体表面的水。更换新的滤纸，重复操作一次或两次，直到晶体干燥为止。

3．称量

（1）称量：准确称量干燥瓷坩埚的质量，并用该瓷坩埚称取2g已经研碎的硫酸铜晶体。

（2）加热：把盛有硫酸铜晶体的瓷坩埚放在三脚架的泥三角上，用酒精灯慢慢地加热，直到硫酸铜晶体的蓝色消失，完全变白，且不再有水蒸气逸出为止。然后将坩埚放在干燥器里冷却。

（3）称量：待瓷坩埚在干燥器里冷却后，放在天平上称量，记下瓷坩埚和无水硫酸铜的质量。

（4）加热至恒重：将盛有无水硫酸铜的瓷坩埚再加热，放在干燥器里冷却后再称量，记下质量。直到两次称量的质量相差不超过0.1g为止。

（5）计算：根据实验结果求出硫酸铜晶体中结晶水的含量。

$$结晶水的含量＝结晶水的质量/硫酸铜晶体的质量×100\%$$

五、思考与提示

1．在蒸发滤液时，为什么不能将滤液蒸干？

2．重结晶时，为什么要热滤？

综合实验四　粗食盐的提纯

一、实验目的

1．了解粗食盐提纯的化学方法；

2．练习溶解、沉淀、过滤、蒸发、结晶等基本操作。

二、实验原理

粗食盐中主要含有钙、镁、钾、铁的硫酸盐和氯化物等可溶性杂质以及泥沙等机械杂质。不溶性的机械杂质，可用过滤方法除去；可溶性杂质可以用化学方法除去，即加入合适的化学试剂，将可溶性杂质变为难溶物质而分离除去。所选择的试剂必须具备下列条件。

（1）能与杂质离子生成溶解度很小的沉淀或溶解度小的气体。

（2）试剂本身过量时能设法除去。

（3）尽可能采用便宜、易得到的试剂，以降低成本。

粗食盐中杂质的处理方法如下：

（1）先加入稍过量的 $BaCl_2$ 溶液，使 SO_4^{2-} 转化为难溶的 $BaSO_4$ 沉淀。

$$Ba^{2+} + SO_4^{2-} \longrightarrow BaSO_4 \downarrow （白色）$$

过滤，将 $BaSO_4$ 沉淀除去。

（2）加入 NaOH 和 Na_2CO_3 溶液，发生下列反应：

$$Mg^{2+} + 2OH^- \longrightarrow Mg(OH)_2 \downarrow （白色）$$
$$Ca^{2+} + CO_3^{2-} \longrightarrow CaCO_3 \downarrow （白色）$$
$$Ba^{2+} + CO_3^{2-} \longrightarrow BaCO_3 \downarrow （白色）$$
$$Fe^{3+} + 3OH^- \longrightarrow Fe(OH)_3 \downarrow （红棕色）$$

过滤，可除去上述沉淀。

（3）加盐酸除去过量的 NaOH 和 Na_2CO_3。

$$OH^- + H^+ \longrightarrow H_2O$$
$$CO_3^{2-} + 2H^+ \longrightarrow CO_2 \uparrow + H_2O$$

（4）少量可溶性杂质如 KCl，由于含量很少，在蒸发浓缩和结晶过程中仍留在溶液中，不会和 NaCl 同时结晶出来。

三、实验仪器与试剂

台秤、布氏漏斗、吸滤瓶、蒸发皿（100mL）、滤纸、水力泵、烧杯、酒精灯、石棉网、漏斗、试管。

粗食盐、HCl（2mol/L）、Na_2CO_3（1mol/L）、NaOH（2mol/L）、$BaCl_2$（1mol/L）、$(NH_4)_2C_2O_4$（0.5mol/L）、KSCN（0.5mol/L）、镁试剂、pH 试纸。

四、实验内容与步骤

1. 溶解粗盐

用台秤称取 10g 粗食盐，放入 200mL 烧杯中，加入自来水（自己计算用量），加热并搅拌，使其溶解。

2. 除去 SO_4^{2-} 和不溶性杂质

在搅动下，往上面的热粗食盐溶液中一滴一滴地加入 1mol/L $BaCl_2$ 溶液，直到溶液中的 SO_4^{2-} 都生成 $BaSO_4$ 沉淀为止（$BaCl_2$ 的用量大约 4mL）。继续加热 10min，使 $BaSO_4$ 颗粒长大而易于沉降和过滤。

为了检查 SO_4^{2-} 是否沉淀完全，可暂停加热和搅拌，待沉淀沉降后，沿烧杯壁滴加 1～2 滴 $BaCl_2$ 溶液，观察上层清液中是否还有浑浊现象。若无浑浊现象，说明 SO_4^{2-} 已沉淀完全；若仍有浑浊现象，说明 SO_4^{2-} 沉淀不完全，则需要继续滴加 $BaCl_2$ 溶液，直到沉淀完全为止。

沉淀完全后，继续加热 5min 使沉淀颗粒长大，静置几分钟。用普通漏斗过滤，用很少量的水洗涤沉淀，洗液并入滤液，弃去滤渣，留滤液。

3. 除去钙、镁、钡、铁离子

在滤液中加入 1mL 2mol/L NaOH 和 3mL 1mol/L Na_2CO_3 溶液，加热至沸。待沉淀下沉后，在上层清液中滴加 Na_2CO_3 溶液至不再产生沉淀（pH = 9～10），继续煮沸 10min，静置稍冷，用普通漏斗过滤，弃去滤渣，留滤液。

4. 除去过量氢氧化钠和碳酸钠

在上述滤液中，逐滴加入 2mol/L HCl 溶液，不断搅拌，至溶液呈微酸性为止（pH =

$5 \sim 6$）。

5. 蒸发结晶

将上述溶液移入蒸发皿中，用小火加热蒸发，浓缩至稀粥状的稠液为止（不可以蒸干）。

冷却后用布氏漏斗过滤，尽量将结晶抽干。再将晶体转移至蒸发皿中，在石棉网上小心慢慢烘干，即为精制食盐。

6. 称重并计算收率

将精制食盐冷却，称重，计算NaCl的收率。

$$氯化钠的收率＝精制食盐的质量/粗食盐的质量×100\%$$

7. 产品纯度的检验

在台秤上分别称取1g粗食盐和精制食盐，分别用5mL蒸馏水溶解，然后按下述方法检验并比较其纯度。

（1）SO_4^{2-}的检验：取两支试管，分别加入1mL粗盐溶液和精盐溶液，然后分别加入几滴1mol/L $BaCl_2$溶液，精盐溶液中应无沉淀产生。

（2）Ca^{2+}的检验：取两支试管，分别加入1mL粗盐溶液和精盐溶液，然后分别加入2滴0.5mol/L $(NH_4)_2C_2O_4$溶液，精盐溶液中应无沉淀产生。

（3）Mg^{2+}的检验：取两支试管，分别加入1mL粗盐溶液和精盐溶液，然后各加入2滴2mol/L NaOH溶液，使溶液呈碱性。再各加2滴镁试剂，如溶液变蓝，说明有镁离子存在[$Mg(OH)_2$被镁试剂吸附便呈现蓝色]。精盐溶液中应无Mg^{2+}。

（4）Fe^{3+}的检验：取两支试管，分别加入1mL粗盐溶液和精盐溶液，然后各加入$1 \sim 2$滴2mol/L HCl溶液，使溶液呈酸性。再各加1滴0.5mol/L KSCN溶液。在酸性条件下，Fe^{3+}与SCN^-生成血红色的$Fe(SCN)_n^{3-n}$（$n = 1 \sim 6$）：

$$Fe^{3+} + nSCN^- \longrightarrow Fe(SCN)_n^{3-n}$$

溶液中Fe^{3+}浓度越大，溶液颜色越深；反之，溶液颜色则越浅。精盐溶液应没有颜色。

五、思考题

1. 影响精盐收率的因素有哪些？

2. 怎样除去粗食盐中的钙、镁、钾和硫酸根离子？

3. 本实验中所用的沉淀剂$BaCl_2$可否用$Ba(NO_3)_2$或$CaCl_2$代替？Na_2CO_3能不能用K_2CO_3代替？

4. 用布氏漏斗抽滤结束后，能否先关水门后拔橡皮塞或胶皮管？为什么？

5. 过量盐酸如何除去？

6. 浓缩时，为什么不能将精盐溶液直接蒸干？

综合实验五 碳酸钠的制备

一、实验目的

1. 了解联合制碱法的反应原理；

2．熟悉复分解反应中利用盐类溶解度的差异来制取一种盐的方法；

3．掌握恒温水浴操作和减压过滤等操作。

二、实验原理

Na_2CO_3 又名苏打，工业上称为纯碱，是用途很广的化工原料。工业上常采用联合制碱法生产纯碱，它是将 CO_2 和 NH_3 通入 NaCl 溶液中反应生成 $NaHCO_3$，再将 $NaHCO_3$ 在高温下进行灼烧，令其转化为 Na_2CO_3。反应方程式如下：

$$CO_2 + NH_3 + NaCl + H_2O \!\!=\!\!=\!\! NaHCO_3 \downarrow + NH_4Cl$$

$$2NaHCO_3 \stackrel{\triangle}{=\!\!=\!\!=} Na_2CO_3 + CO_2 \uparrow + H_2O$$

第一个反应实质上是 NH_4HCO_3 和 NaCl 在水溶液中的复分解反应。为简化操作，本实验则直接用 NH_4HCO_3 与 NaCl 作用来制取 $NaHCO_3$。反应方程式为：

$$NH_4HCO_3 + NaCl \!\!=\!\!=\!\! NaHCO_3 \downarrow + NH_4Cl$$

由于反应向正方向进行的程度有限，NH_4HCO_3、NaCl、$NaHCO_3$ 和 NH_4Cl 同时存在于水溶液中，反应体系是一个复杂的四元交互体系，这些盐在水溶液中的溶解度互相发生影响。但是，根据各种盐在水中不同温度下的溶解度的比较，我们仍然可以粗略地判断从反应体系中分离几种盐的最佳条件，从而采用适宜的操作步骤。这四种盐在不同温度下的溶解度见综实表 5-1。

综实表 5-1　四种盐在不同温度下的溶解度　　　　　　单位：g/(100g H_2O)

盐	温度/℃										
	0	10	20	30	40	50	60	70	80	90	100
NaCl	35.7	35.8	36.0	36.3	36.6	37.0	37.3	37.8	38.4	39.0	39.8
NH_4HCO_3	11.9	15.8	21.0	27.0							
$NaHCO_3$	6.9	8.15	9.6	11.1	12.7	14.45	16.4				
NH_4Cl	29.4	33.3	37.2	41.4	45.8	50.4	55.2	60.2	65.6	71.3	77.3

当温度超过 35℃ 时，NH_4HCO_3 就发生分解反应，故反应温度不能超过 35℃。但温度太低又影响了 NH_4HCO_3 的溶解，从而影响 $NaHCO_3$ 的生成，故反应温度又不宜低于 30℃。从溶解度表看出，在 30～35℃ 范围内，$NaHCO_3$ 的溶解度在四种盐中是最低的。因此，选择在该温度范围内将研细的 NH_4HCO_3 粉末溶于浓的 NaCl 溶液中，在充分搅拌下，就可析出 $NaHCO_3$ 晶体。将 $NaHCO_3$ 晶体分离后进行热分解反应，便可得 Na_2CO_3 产品。

三、实验仪器与试剂

布氏漏斗、吸滤瓶、水力泵、蒸发皿、滤纸、温度计、烧杯、电炉（或酒精灯）、玻璃棒、试管。

食盐水（自配）、混合碱液（3mol/L NaOH 溶液与 1.5mol/L Na_2CO_3 溶液等体积混合）、NH_4HCO_3（固）、pH 试纸、HCl（6mol/L）。

四、实验内容与步骤

1．精制食盐水

称取 17g 粗食盐于 150mL 小烧杯中，以 50mL 水溶解后，用混合碱液调节其 pH 至 11 左右，使粗食盐中的 Ca^{2+}、Mg^{2+} 以沉淀析出。

$$Ca^{2+} + CO_3^{2-} \longrightarrow CaCO_3 \downarrow$$

$$2Mg^{2+} + 2OH^- + CO_3^{2-} \longrightarrow Mg(OH)_2 \cdot MgCO_3 \downarrow$$

加热至沸腾，抽滤（吸滤瓶要洁净），以除去 Ca^{2+}、Mg^{2+} 形成的沉淀及其他机械杂质。将滤液转移至烧杯中，用 6mol/L HCl 溶液调节其 pH 值至 7。

2．制取 $NaHCO_3$

将盛有滤液（$NaCl$ 溶液）的烧杯置于水浴中微热，控制溶液温度在 30 ～ 50℃之间。在不断搅拌的情况下分多次将 21g 研细的 NH_4HCO_3 粉末加到溶液中，继续保温并搅拌 30min，让反应得以充分进行。停止搅拌后，继续保温静置约 1h，使产生的 $NaHCO_3$ 颗粒增大，以利于分离和洗涤。抽滤，同时用少量蒸馏水或去离子水洗涤晶体两次，以除去黏附的铵盐，继续抽干，称量，母液回收。

3．制取 Na_2CO_3

将抽干后的 $NaHCO_3$ 晶体转移至蒸发皿中，于电炉或酒精灯上加热约 2h，并不断用玻璃棒搅拌，冷却，称重。以 $NaCl$ 消耗量计算 Na_2CO_3 的收率。

或将抽干后的 $NaHCO_3$ 晶体转移至蒸发皿中，加入约 10g（记下准确质量）Na_2CO_3 干粉末（用以防止黏结器壁），拌匀，送入烘箱，于 170 ～ 200℃下烘烤 20min。取出冷却，称量，除去中途加入的 Na_2CO_3，由食盐消耗量计算 Na_2CO_3 的收率。

4．产品检验

准确的产品检验应采用化学分析方法测定产品 Na_2CO_3 的含量。本实验可粗略检验，其方法为：取绿豆大小的产品于试管中，用 1 ～ 2mL 水溶解后，用 pH 试纸测其 pH 值，pH 值应接近 14。其他项目的检验略。

五、思考题

1．实验中若对原料食盐不进行提纯，对产品有何影响？为何不要求预先除去 SO_4^{2-}？

2．反应制取 $NaHCO_3$ 时，为什么要求控制温度在 30 ～ 35℃之间？

3．操作中，静置有何意义？

附录

摘自中华人民共和国国家标准 GB 3100—93《量和单位》。

1. 国际单位制的基本单位

量的名称	单位名称	单位符号	量的名称	单位名称	单位符号
长度	米	m	热力学温度	开［尔文］	K
质量	千克或公斤	kg	物质的量	摩［尔］	mol
时间	秒	s	发光强度	坎［德拉］	cd
电流	安［培］	A			

注：方括号中的字可以省略，去掉方括号中的字即为其名称的简称，下同。

2. 本书用到的国际单位制的导出单位

量的名称	单位名称	单位符号	量的名称	单位名称	单位符号
能［量］、功、热量	焦［尔］	J	电量	库［仑］	C
电压、电动势、电势	伏［特］	V	频率	赫［兹］	Hz
压力	帕［斯卡］	Pa	力	牛［顿］	N

3．习惯中用到的可与国际单位制并用的我国法定计量单位

量的名称	单位名称	单位符号	与SI单位的关系
时间	分	min	1min=60s
	［小］时	h	1h=60min=3600s
摄氏温度	度	℃	$273.15℃+t/℃=T/K$
质量	吨	t	$1t=10^3kg$
体积	升	L	$1L=10^{-3}m^3$

4．国际单位制的词冠

倍数与分数	名称	符号	例	倍数与分数	名称	符号	例
10^3	千	k	$1kJ=10^3J$	10^{-9}	纳	n	$1nm=10^{-9}m$
10^{-3}	毫	m	$1mm=10^{-3}m$	10^{-12}	皮	p	$1pm=10^{-12}m$
10^{-6}	微	μ	$1\mu m=10^{-6}m$				

附录2　一些弱酸、弱碱的解离常数（298K）

弱电解质	化学式	解离常数	弱电解质	化学式	解离常数
次氯酸	HClO	3.2×10^{-8}	乙酸	CH_3COOH	1.8×10^{-5}
氢氰酸	HCN	6.2×10^{-10}	草酸	$(COOH)_2$	$K_1=5.4\times10^{-2}$ $K_2=5.4\times10^{-5}$
氢氟酸	HF	6.6×10^{-4}	氯乙酸	$ClCH_2COOH$	1.40×10^{-3}
碳酸	H_2CO_3	$K_1=4.2\times10^{-7}$ $K_2=5.61\times10^{-11}$	苯甲酸	C_6H_5COOH	6.46×10^{-5}
氢硫酸	H_2S	$K_1=5.70\times10^{-8}$ $K_2=7.10\times10^{-15}$	氨水	$NH_3 \cdot H_2O$	1.8×10^{-5}
亚硫酸	H_2SO_3	$K_1=1.26\times10^{-2}$ $K_2=6.3\times10^{-8}$	羟胺	NH_2OH	9.12×10^{-9}
甲酸	HCOOH	1.77×10^{-4}	苯胺	$C_6H_5NH_2$	4.27×10^{-10}

附录3　酸、碱、盐溶解性表（293K）

阳离子＼阴离子	OH^-	NO_3^-	Cl^-	SO_4^{2-}	S^{2-}	SO_3^{2-}	CO_3^{2-}	SiO_3^{2-}	PO_4^{3-}
H^+		溶、挥	溶、挥	溶	溶、挥	溶、挥	溶、挥	微	溶
NH_4^+	溶、挥	溶	溶	溶	溶	溶	溶	溶	溶

阴离子 阳离子	OH^-	NO_3^-	Cl^-	SO_4^{2-}	S^{2-}	SO_3^{2-}	CO_3^{2-}	SiO_3^{2-}	PO_4^{3-}
K^+	溶	溶	溶	溶	溶	溶	溶	溶	溶
Na^+	溶	溶	溶	溶	溶	溶	溶	溶	溶
Ba^{2+}	溶	溶	溶	不	—	不	不	不	不
Ca^{2+}	微	溶	溶	微	—	不	不	不	不
Mg^{2+}	不	溶	溶	溶	—	微	微	不	不
Al^{3+}	不	溶	溶	溶	—	—	—	不	不
Mn^{2+}	不	溶	溶	溶	不	不	不	不	不
Zn^{2+}	不	溶	溶	溶	不	不	不	不	不
Cr^{3+}	不	溶	溶	溶	—	不	—	不	不
Fe^{2+}	不	溶	溶	溶	不	不	不	不	不
Fe^{3+}	不	溶	溶	溶	—	—	—	不	不
Sn^{2+}	不	溶	溶	溶	不	—	—	不	不
Pb^{2+}	不	溶	微	不	不	不	不	不	不
Bi^{3+}	不	溶	—	溶	不	不	不	不	不
Cu^{2+}	不	溶	溶	溶	不	不	不	不	不
Hg^+	—	溶	不	微	不	不	不	不	不
Hg^{2+}	—	溶	溶	溶	不	不	不	不	不
Ag^+	—	溶	不	微	不	不	不	不	不

说明："溶"表示那种物质可溶于水，"不"表示不溶于水，"微"表示微溶于水；"挥"表示挥发性，"一"表示那种物质不存在或遇到水就分解了。

附录4 一些难溶电解质的溶度积常数（298K）

化合物	$K_{ap}^{\ominus}$	化合物	$K_{ap}^{\ominus}$	化合物	$K_{ap}^{\ominus}$
AgBr	5.35×10^{-13}	$Ca(OH)_2$	5.02×10^{-6}	$MnCO_3$	2.24×10^{-11}
AgCl	1.77×10^{-10}	$CaSO_4$	4.93×10^{-5}	$Mn(OH)_2$	1.90×10^{-13}
Ag_2CO_3	8.46×10^{-12}	CdS	8.0×10^{-27}	MnS(无定形)	2.5×10^{-10}
Ag_2CrO_4	1.12×10^{-12}	$Cu(OH)_2$	2.2×10^{-20}	MnS(结晶)	2.5×10^{-13}
AgI	8.52×10^{-17}	CuS	6.3×10^{-36}	$PbCl_2$	1.70×10^{-5}
Ag_2S	6.3×10^{-50}	$Fe(OH)_2$	4.87×10^{-17}	$PbCO_3$	7.4×10^{-14}
Ag_2SO_4	1.20×10^{-5}	$Fe(OH)_3$	2.79×10^{-39}	$PbCrO_4$	2.8×10^{-13}
$Al(OH)_3$	1.3×10^{-33}	FeS	6.3×10^{-18}	PbI_2	9.8×10^{-9}
$BaCO_3$	2.58×10^{-9}	Hg_2Cl_2	1.43×10^{-18}	PbS	8.0×10^{-28}
$BaCrO_4$	1.17×10^{-10}	Hg_2S	1.0×10^{-47}	$PbSO_4$	2.53×10^{-8}
$BaSO_4$	1.08×10^{-10}	HgS(红)	4.0×10^{-53}	$Sn(OH)_2$	1.4×10^{-28}
$CaCO_3$	3.36×10^{-9}	HgS(黑)	1.6×10^{-52}	$Sn(OH)_4$	1×10^{-56}
$CaCrO_4$	7.1×10^{-4}	$MgCO_3$	6.82×10^{-6}	$ZnCO_3$	1.46×10^{-10}
CaF_2	3.45×10^{-11}	$Mg(OH)_2$	5.61×10^{-12}	$Zn(OH)_2$	3.0×10^{-17}

电　　对	电极反应	$\varphi^{\ominus}/V$
Li^+/Li	$Li^+ + e \rightleftharpoons Li$	-3.045
K^+/K	$K^+ + e \rightleftharpoons K$	-2.925
Ba^{2+}/Ba	$Ba^{2+} + 2e \rightleftharpoons Ba$	-2.91
Ca^{2+}/Ca	$Ca^{2+} + 2e \rightleftharpoons Ca$	-2.87
Na^+/Na	$Na^+ + e \rightleftharpoons Na$	-2.714
Mg^{2+}/Mg	$Mg^{2+} + 2e \rightleftharpoons Mg$	-2.37
Al^{3+}/Al	$Al^{3+} + 3e \rightleftharpoons Al$	-1.66
Mn^{2+}/Mn	$Mn^{2+} + 2e \rightleftharpoons Mn$	-1.17
Zn^{2+}/Zn	$Zn^{2+} + 2e \rightleftharpoons Zn$	-0.763
Cr^{3+}/Cr	$Cr^{3+} + 3e \rightleftharpoons Cr$	-0.74
Fe^{2+}/Fe	$Fe^{2+} + 2e \rightleftharpoons Fe$	-0.44
Cd^{2+}/Cd	$Cd^{2+} + 2e \rightleftharpoons Cd$	-0.403
$PbSO_4/Pb$	$PbSO_4 + 2e \rightleftharpoons Pb + SO_4^{2-}$	-0.356
Co^{2+}/Co	$Co^{2+} + 2e \rightleftharpoons Co$	-0.29
Ni^{2+}/Ni	$Ni^{2+} + 2e \rightleftharpoons Ni$	-0.25
Sn^{2+}/Sn	$Sn^{2+} + 2e \rightleftharpoons Sn$	-0.136
Pb^{2+}/Pb	$Pb^{2+} + 2e \rightleftharpoons Pb$	-0.126
Fe^{3+}/Fe	$Fe^{3+} + 3e \rightleftharpoons Fe$	-0.037
H^+/H_2	$2H^+ + 2e \rightleftharpoons H_2$	0.000
Sn^{4+}/Sn^{2+}	$Sn^{4+} + 2e \rightleftharpoons Sn^{2+}$	0.154
Cu^{2+}/Cu^+	$Cu^{2+} + e \rightleftharpoons Cu^+$	0.17
Cu^{2+}/Cu	$Cu^{2+} + 2e \rightleftharpoons Cu$	0.34
O_2/OH^-	$O_2 + 2H_2O + 4e \rightleftharpoons 4OH^-$	0.401
Cu^+/Cu	$Cu^+ + e \rightleftharpoons Cu$	0.52
I_2/I^-	$I_2 + 2e \rightleftharpoons 2I^-$	0.535
Fe^{3+}/Fe^{2+}	$Fe^{3+} + e \rightleftharpoons Fe^{2+}$	0.771
Ag^+/Ag	$Ag^+ + e \rightleftharpoons Ag$	0.799
Hg^{2+}/Hg	$Hg^{2+} + 2e \rightleftharpoons Hg$	0.854
Br_2/Br^-	$Br_2 + 2e \rightleftharpoons 2Br^-$	1.065

电 对	电极反应	$\varphi^{\ominus}/V$
O_2/H_2O	$O_2 + 4H^+ + 4e \Longrightarrow 2H_2O$	1.229
MnO_2/Mn^{2+}	$MnO_2 + 4H^+ + 2e \Longrightarrow Mn^{2+} + 2H_2O$	1.23
$Cr_2O_7^{2-}/Cr^{3+}$	$Cr_2O_7^{2-} + 14H^+ + 6e \Longrightarrow 2Cr^{3+} + 7H_2O$	1.33
Cl_2/Cl^-	$Cl_2 + 2e \Longrightarrow 2Cl^-$	1.36
PbO_2/Pb^{2+}	$PbO_2 + 4H^+ + 2e \Longrightarrow Pb^{2+} + 2H_2O$	1.455
MnO_4^-/Mn^{2+}	$MnO_4^- + 8H^+ + 5e \Longrightarrow Mn^{2+} + 4H_2O$	1.51
MnO_4^-/MnO_2	$MnO_4^- + 4H^+ + 3e \Longrightarrow MnO_2 + 2H_2O$	1.68
$PbO_2/PbSO_4$	$PbO_2 + SO_4^{2-} + 4H^+ + 2e \Longrightarrow PbSO_4 + 2H_2O$	1.69
H_2O_2/H_2O	$H_2O_2 + 2H^+ + 2e \Longrightarrow 2H_2O$	1.77
Co^{3+}/Co^{2+}	$Co^{3+} + e \Longrightarrow Co^{2+}$	1.80
O_3/O_2	$O_3 + 2H^+ + 2e \Longrightarrow O_2 + H_2O$	2.07

附录6 常见配离子的稳定常数（298K）

配 离 子	$K_稳^{\ominus}$	配 离 子	$K_稳^{\ominus}$
$[Ag(CN)_2]^-$	1.3×10^{21}	$[Zn(En)_3]^{2+}$	1.29×10^{14}
$[Cd(CN)_4]^{2-}$	6.02×10^{18}	$[FeF_6]^{3-}$	1.0×10^{16}
$[Fe(CN)_6]^{4-}$	1.0×10^{35}	$[Ag(NH_3)_2]^+$	1.12×10^7
$[Fe(CN)_6]^{3-}$	1.0×10^{42}	$[Co(NH_3)_6]^{3+}$	1.58×10^{35}
$[Hg(CN)_4]^{2-}$	2.5×10^{41}	$[Cu(NH_3)_4]^{2+}$	2.09×10^{13}
$[Zn(CN)_4]^{2-}$	5.0×10^{16}	$[Fe(NH_3)_2]^{2+}$	1.6×10^2
$[CuEDTA]^{2-}$	5.0×10^{18}	$[Ni(NH_3)_6]^{2+}$	5.49×10^8
$[ZnEDTA]^{2-}$	2.5×10^{16}	$[Zn(NH_3)_4]^{2+}$	2.88×10^9
$[Ag(En)_2]^+$	5.00×10^7	$[Ag(S_2O_3)_2]^{3-}$	2.88×10^{13}

注：注意配位体的简写符号为 En，乙二胺（$NH_2CH_2—CH_2NH_2$）；EDTA，乙二胺四乙酸根离子。

参考文献

［1］ 赵燕．无机化学．第2版．北京：化学工业出版社，2009.

［2］ 旷英姿．化学基础．第2版．北京：化学工业出版社，2009.

［3］ 智恒平，干洪珍．基础化学．北京：化学工业出版社，2008.

［4］ 林俊杰．无机化学实验．第2版．北京：化学工业出版社，2007.

［5］ 王秀芳．无机化学．北京：化学工业出版社，2005.

［6］ 贺红举．化学基础．北京：化学工业出版社，2007.

［7］ 王建梅．化学．北京：化学工业出版社，2002.

［8］ 张克荣．化学．北京：高等教育出版社，2001.

［9］ 王宝仁．无机化学．第2版．北京：化学工业出版社，2012.

［10］ 董敬芳．无机化学．第4版．北京：化学工业出版社，2007.

［11］ 姜洪文．分析化学．第3版．北京：化学工业出版社，2009.

［12］ 刘尧．化学．北京：高等教育出版社，2001.

元素周期表

IUPAC 2013

图例说明

- s区元素　p区元素
- d区元素　ds区元素
- f区元素　稀有气体

氧化态　单质的氧化态为0.(未列入；常见的为红色)

以 $^{12}C=12$ 为基准的原子量
(注▲的是半衰期最长同位素的原子量)

示例（元素格说明）

- 95 —— 原子序数
- **Am** —— 元素符号红色的为放射性元素
- 镅 —— 元素名称(注▲的为人造元素)
- $5f^77s^2$ —— 价层电子构型
- 243.06138(2)▲
- 氧化态 +2 +3 +4 +5 +6

电子层：K L M N O P Q

主表（原子序数 元素符号 名称 价层电子构型 原子量）

族	元素
IA	1 **H** 氢 $1s^1$ 1.008
IA	3 **Li** 锂 $2s^1$ 6.94
IA	11 **Na** 钠 $3s^1$ 22.98976928(2)
IA	19 **K** 钾 $4s^1$ 39.0983(1)
IA	37 **Rb** 铷 $5s^1$ 85.4678(3)
IA	55 **Cs** 铯 $6s^1$ 132.90545196(6)
IA	87 **Fr** 钫 $7s^1$ 223.01974(2)▲
IIA	4 **Be** 铍 $2s^2$ 9.0121831(5)
IIA	12 **Mg** 镁 $3s^2$ 24.305
IIA	20 **Ca** 钙 $4s^2$ 40.078(4)
IIA	38 **Sr** 锶 $5s^2$ 87.62(1)
IIA	56 **Ba** 钡 $6s^2$ 137.327(7)
IIA	88 **Ra** 镭 $7s^2$ 226.02541(2)▲
IIIB	21 **Sc** 钪 $3d^14s^2$ 44.955908(5)
IIIB	39 **Y** 钇 $4d^15s^2$ 88.90584(2)
IIIB	57~71 **La~Lu** 镧系
IIIB	89~103 **Ac~Lr** 锕系
IVB	22 **Ti** 钛 $3d^24s^2$ 47.867(1)
IVB	40 **Zr** 锆 $4d^25s^2$ 91.224(2)
IVB	72 **Hf** 铪 $5d^26s^2$ 178.49(2)
IVB	104 **Rf** 𬬻 $6d^27s^2$ 267.122(4)▲
VB	23 **V** 钒 $3d^34s^2$ 50.9415(1)
VB	41 **Nb** 铌 $4d^45s^1$ 92.90637(2)
VB	73 **Ta** 钽 $5d^36s^2$ 180.94788(2)
VB	105 **Db** 𬭊 $6d^37s^2$ 270.131(4)▲
VIB	24 **Cr** 铬 $3d^54s^1$ 51.9961(6)
VIB	42 **Mo** 钼 $4d^55s^1$ 95.95(1)
VIB	74 **W** 钨 $5d^46s^2$ 183.84(1)
VIB	106 **Sg** 𬭳 $6d^47s^2$ 269.129(3)▲
VIIB	25 **Mn** 锰 $3d^54s^2$ 54.938044(3)
VIIB	43 **Tc** 锝 $4d^55s^2$ 97.90721(3)▲
VIIB	75 **Re** 铼 $5d^56s^2$ 186.207(1)
VIIB	107 **Bh** 𬭛 $6d^57s^2$ 270.133(2)▲
VIIIB(VIII)	26 **Fe** 铁 $3d^64s^2$ 55.845(2)
VIIIB(VIII)	44 **Ru** 钌 $4d^75s^1$ 101.07(2)
VIIIB(VIII)	76 **Os** 锇 $5d^66s^2$ 190.23(3)
VIIIB(VIII)	108 **Hs** 𬭶 $6d^67s^2$ 270.134(2)▲
VIIIB(VIII)	27 **Co** 钴 $3d^74s^2$ 58.933194(4)
VIIIB(VIII)	45 **Rh** 铑 $4d^85s^1$ 102.90550(2)
VIIIB(VIII)	77 **Ir** 铱 $5d^76s^2$ 192.217(3)
VIIIB(VIII)	109 **Mt** 䥑 $6d^77s^2$ 278.156(5)▲
VIIIB(VIII)	28 **Ni** 镍 $3d^84s^2$ 58.6934(4)
VIIIB(VIII)	46 **Pd** 钯 $4d^{10}$ 106.42(1)
VIIIB(VIII)	78 **Pt** 铂 $5d^96s^1$ 195.084(9)
VIIIB(VIII)	110 **Ds** 𫟼 $281.165(4)▲$
IB	29 **Cu** 铜 $3d^{10}4s^1$ 63.546(3)
IB	47 **Ag** 银 $4d^{10}5s^1$ 107.8682(2)
IB	79 **Au** 金 $5d^{10}6s^1$ 196.966569(5)
IB	111 **Rg** 𬬭 281.166(6)▲
IIB	30 **Zn** 锌 $3d^{10}4s^2$ 65.38(2)
IIB	48 **Cd** 镉 $4d^{10}5s^2$ 112.414(4)
IIB	80 **Hg** 汞 $5d^{10}6s^2$ 200.592(3)
IIB	112 **Cn** 鿔 285.177(4)▲
IIIA	5 **B** 硼 $2s^22p^1$ 10.81
IIIA	13 **Al** 铝 $3s^23p^1$ 26.9815385(7)
IIIA	31 **Ga** 镓 $4s^24p^1$ 69.723(1)
IIIA	49 **In** 铟 $5s^25p^1$ 114.818(1)
IIIA	81 **Tl** 铊 $6s^26p^1$ 204.38
IIIA	113 **Nh** 鿭 $286.182(5)▲$
IVA	6 **C** 碳 $2s^22p^2$ 12.011
IVA	14 **Si** 硅 $3s^23p^2$ 28.085
IVA	32 **Ge** 锗 $4s^24p^2$ 72.630(8)
IVA	50 **Sn** 锡 $5s^25p^2$ 118.710(7)
IVA	82 **Pb** 铅 $6s^26p^2$ 207.2(1)
IVA	114 **Fl** 𫓧 289.190(4)▲
VA	7 **N** 氮 $2s^22p^3$ 14.007
VA	15 **P** 磷 $3s^23p^3$ 30.973761998(5)
VA	33 **As** 砷 $4s^24p^3$ 74.921595(6)
VA	51 **Sb** 锑 $5s^25p^3$ 121.760(1)
VA	83 **Bi** 铋 $6s^26p^3$ 208.98040(1)
VA	115 **Mc** 镆 289.194(6)▲
VIA	8 **O** 氧 $2s^22p^4$ 15.999
VIA	16 **S** 硫 $3s^23p^4$ 32.06
VIA	34 **Se** 硒 $4s^24p^4$ 78.971(8)
VIA	52 **Te** 碲 $5s^25p^4$ 127.60(3)
VIA	84 **Po** 钋 $6s^26p^4$ 208.98243(2)▲
VIA	116 **Lv** 𫟷 293.204(4)▲
VIIA	9 **F** 氟 $2s^22p^5$ 18.998403163(6)
VIIA	17 **Cl** 氯 $3s^23p^5$ 35.45
VIIA	35 **Br** 溴 $4s^24p^5$ 79.904
VIIA	53 **I** 碘 $5s^25p^5$ 126.90447(3)
VIIA	85 **At** 砹 $6s^26p^5$ 209.98715(5)▲
VIIA	117 **Ts** 鿬 293.208(6)▲
VIIIA(0)	2 **He** 氦 $1s^2$ 4.002602(2)
VIIIA(0)	10 **Ne** 氖 $2s^22p^6$ 20.1797(6)
VIIIA(0)	18 **Ar** 氩 $3s^23p^6$ 39.948(1)
VIIIA(0)	36 **Kr** 氪 $4s^24p^6$ 83.798(2)
VIIIA(0)	54 **Xe** 氙 $5s^25p^6$ 131.293(6)
VIIIA(0)	86 **Rn** 氡 $6s^26p^6$ 222.01758(2)▲
VIIIA(0)	118 **Og** 鿫 294.214(5)▲

★ 镧系

序数 符号 名称 构型 原子量
57 **La** 镧 $5d^16s^2$ 138.90547(7)
58 **Ce** 铈 $4f^15d^16s^2$ 140.116(1)
59 **Pr** 镨 $4f^36s^2$ 140.90766(2)
60 **Nd** 钕 $4f^46s^2$ 144.242(3)
61 **Pm** 钷 $4f^56s^2$ 144.91276(2)▲
62 **Sm** 钐 $4f^66s^2$ 150.36(2)
63 **Eu** 铕 $4f^76s^2$ 151.964(1)
64 **Gd** 钆 $4f^75d^16s^2$ 157.25(3)
65 **Tb** 铽 $4f^96s^2$ 158.92535(2)
66 **Dy** 镝 $4f^{10}6s^2$ 162.500(1)
67 **Ho** 钬 $4f^{11}6s^2$ 164.93033(2)
68 **Er** 铒 $4f^{12}6s^2$ 167.259(3)
69 **Tm** 铥 $4f^{13}6s^2$ 168.93422(2)
70 **Yb** 镱 $4f^{14}6s^2$ 173.045(10)
71 **Lu** 镥 $4f^{14}5d^16s^2$ 174.9668(1)

★ 锕系

序数 符号 名称 构型 原子量
89 **Ac** 锕 $6d^17s^2$ 227.02775(2)▲
90 **Th** 钍 $6d^27s^2$ 232.0377(4)
91 **Pa** 镤 $5f^26d^17s^2$ 231.03588(2)
92 **U** 铀 $5f^36d^17s^2$ 238.02891(3)
93 **Np** 镎 $5f^46d^17s^2$ 237.04817(2)▲
94 **Pu** 钚 $5f^67s^2$ 244.06421(4)▲
95 **Am** 镅 $5f^77s^2$ 243.06138(2)▲
96 **Cm** 锔 $5f^76d^17s^2$ 247.07035(3)▲
97 **Bk** 锫 $5f^97s^2$ 247.07031(4)▲
98 **Cf** 锎 $5f^{10}7s^2$ 251.07959(3)▲
99 **Es** 锿 $5f^{11}7s^2$ 252.0830(3)▲
100 **Fm** 镄 $5f^{12}7s^2$ 257.09511(5)▲
101 **Md** 钔 $5f^{13}7s^2$ 258.09843(3)▲
102 **No** 锘 $5f^{14}7s^2$ 259.1010(7)▲
103 **Lr** 铹 $5f^{14}6d^17s^2$ 262.110(2)▲